Marquis MacSwiney
of Mashanaglass

Sechs kamen geflogen

Deutsch von
Margaret Carroux

Rowohlt

Übertragen nach der im Verlag Michael Joseph Ltd., London, 1971 unter dem Titel *Six Came Flying* erschienenen Originalausgabe unter Berücksichtigung der Ergänzungen, die der Autor in die 1972 im Verlag Alfred A. Knopf, Inc., New York, erschienene amerikanische Ausgabe eingearbeitet hat

Umschlagentwurf von Werner Rebhuhn
Foto: V. Renaud / Jacana

1.–15. Tausend Februar 1973

Gesetzt aus der Garamond-Antiqua (Linofilm-Super-Quick)
Gesamtherstellung Clausen & Bosse, Leck/Schleswig
Werkdruckpapier von der Peter Temming AG, Glückstadt/Elbe
Printed in Germany
ISBN 3 498 04237 8

Meiner Frau
und allen,
die die freie Natur lieben

Die Schwäne kehren zurück

«Was ist denn, Katja? Was ist denn los?» Ich blinzelte in der Abendsonne. Als abgerichteter Jagdhund gibt sie sonst nie Laut. Aber jetzt saß sie kerzengerade neben mir, angespannt und zitternd. Ich strengte mich an, etwas zu sehen, und folgte der Richtung ihres Blicks über den Garten, aber meine Augen und Ohren konnten es mit den ihren nicht aufnehmen.

«Komm. Wir wollen spazierengehen.»

Zum erstenmal in ihrem Leben, seit sie erwachsen war, verfehlte das Wort «Spazierengehen» seine Wirkung. Katja blieb wie angewurzelt sitzen, während ich sie sprachlos anstarrte. Als sie wiederum einen seltsamen, schrillen Laut ausstieß, halb Jaulen, halb Bellen, schoß mir ein Gedanke durch den Kopf. Es war Februar, die richtige Jahreszeit für die Rückkehr der Schwäne. Es *könnten* die Schwäne sein, noch in weiter Ferne. Es könnten sogar Hans und Leda sein, «unsere» Schwäne, die von ihrem Winteraufenthalt zurückkommen, obwohl ich es kaum zu hoffen wagte. Wenn ich nur ein bißchen Geduld hätte, würde ich es bald wissen.

Die zahmen Fasane, Gänse und Enten hatten Futter und Wasser bekommen und waren für die Nacht vor Raubtieren sicher untergebracht. Wir hatten unsere Abendrunde beendet, waren über den Haupthof vor dem Haus gegangen und hatten die Schloßgräfte (Schloßgraben) überquert, um unseren Spaziergang auf dem fast einen Kilometer langen Pfad zu beginnen, der um den Park herumführt. Ein Fasanenhahn flog direkt vor meinen Füßen auf und protestierte erbittert gegen diese unerhörte Störung seiner Ruhe. Der Hund gab keinen Mucks von sich. Ich war einen Augenblick stehengeblieben trotz des rauhen Windes, der direkt aus Rußlands Eiswüsten über die norddeutsche Tiefebene blies. Es war die «Humboldtstunde», eine Eigentümlichkeit unseres Teils von Nordrhein-Westfalen, jene Stunde vor Sonnenuntergang, in der in der kristallklaren Luft jede Einzelheit plastisch hervortritt. Die Szene war durchaus vertraut: der breite, von einzelnen riesigen Blutbuchen unterbrochene Wiesenstreifen, die kleine Barockkapelle am Waldrand zu meiner Linken, der Garten und die Obstbäume zu meiner Rechten. Doch in dieser seltsamen, romantischen Beleuchtung hob sich jeder Zweig wie gestochen von den breiten goldenen und rosa Streifen am Himmel ab. Ich hatte den Park nie so verwandelt gesehen.

Dann hörte ich es, in weiter Ferne, und mein Herz begann zu schlagen. Das Quick-wick-quick-wick wurde immer lauter, während ich mich bemühte, etwas zu sehen; das rhythmische, mächtige, unverkennbare Geräusch fliegender Schwäne. Mein Herz begann heftiger zu schlagen. Seit fünf Monaten hatte ich auf diesen Augenblick gewartet. Natürlich konnte es ein anderes Paar sein, aber ich fegte den Gedanken ungeduldig beiseite. Es *mußten* Hans und Leda sein.

Dann sah ich sie niedrig über dem Horizont vor der im Westen untergehenden Sonne geradenwegs auf uns zukommen. Wie zwei Chamäleons hatten sie das Gold und Rosa des Himmels angenommen, so daß nur ein Teil ihrer halb beschatteten Unterseiten noch rein weiß war. Majestätisch näherten sie sich über den kahlen Buchen; sie flogen dicht beieinander, der große Schwan ein wenig vor seiner Schwänin, etwa dreißig Meter hoch, ihre langen Hälse vor ihren bootförmigen Körpern ausgestreckt. Hans und Leda? Es gab nur einen sicheren Test, der Test, der nie versagt hat.

«Oi – oi – oi», rief ich, es war der Lockruf, den Hans so gut kannte. «Huhu! Huhu!» Meine Stimme durchbrach die Stille des verzauberten Augenblicks, und ich blickte ängstlich auf, als sie oben vorbeiflogen. Zu meiner Freude schien der große Schwan zu schwanken, den Bruchteil einer Sekunde zu zögern, als er den Lockruf hörte. Dann schaute er nach unten.

In dem Augenblick, als der Schwan nach unten schaute, wußte ich, daß es Hans war. Ich nahm die Beine unter den Arm und rannte laut schreiend die etwa fünfzig Meter zurück zum Haus.

«Die Schwäne sind wieder da!» rief ich. «Hans und Leda! Sie kommen über den Fischteich!» Ohne auf eine Reaktion meiner Familie zu warten, stürmte ich durch die Seitentür in den Korridor, der zur ehemaligen Küche führt. Bis ich zur Futterkammer kam, zitterte ich vor Aufregung und fummelte ein paar kostbare Sekunden lang ungeschickt an dem Schloß herum. Ich schnappte mir einen Napf voll Mais aus der Kiste, stürzte wieder hinaus und blickte ängstlich über die Schloßgräfte zum Fischteich.

«Sie müssen inzwischen gelandet sein», sagte ich leise zu Katja, der schwarzen Labradorhündin, die geduldig neben mir saß. Verschiedene Enten, Kanadagänse und Schneegänse trieben sich auf dem dicken Eis herum. Kein Schwan war zu sehen. Nach meinen Berechnungen hätten sie einen großen schwungvollen Halbkreis über den Feldern hinter dem Haus beschreiben müssen, ehe sie gegen den Wind flogen wie ein Flugzeug, das zum Anflug ansetzt, um dann auf dem Fischteich niederzugehen. Mein Mut sank rasch. Warum sollten sie schließlich zurückkommen? Warum sollten sie hier überhaupt niedergehen? Sie waren «wilde» Schwäne, denen es freistand, zu kommen und zu gehen, wie es ihnen gefiel. Doch unser Verhältnis war von ganz besonderer Art, wie es sie nur selten gibt: uns als Laien war es gelungen, aus den wildlebenden Schwänen wirkliche und persönliche Freunde zu machen, und trotzdem hatten wir es fertiggebracht, daß sie ihre natürliche Unabhängigkeit und ihre freie Lebensweise bewahrten. Vor fünf Monaten, im frühen Herbst, hatten sie sich ihre Freiheit auf eine Weise genommen, die wir sowohl erhofft als auch gefürchtet hatten: im Morgengrauen waren sie verschwunden und hatten sich zu irgendeinem Fluß oder einer Schwanenkolonie aufgemacht, wohin, das wissen wir nicht. Hartnäckig wie der alte Seemann in der Ballade von Coleridge war ich den ganzen langen, kalten Winter hindurch der Familie mit meinen ewigen Beteuerungen auf die Nerven gefallen, daß sie bestimmt wiederkommen würden; eine Überzeugung, die nach dem Aufbruch der Schwäne alljährlich neue Blüten treibt.

Dann sah ich sie. Zwei Paar schwarze, runde und glänzende Augen linsten mißtrauisch über den Damm zwischen Fischteich und Schloßgräfte, und hinter ihnen tauchten zwei lange, periskopische Hälse auf. Nachdem sie oben eine kurze Ruhepause eingelegt hatten, machten sie ein paar schlurfende Schritte, wackelten mit den Schwänzen, schlitterten ungeschickt das Ufer hinunter und landeten bäuchlings auf dem harten Eis. Ich sagte «Platz!» zu Katja und begann die Schwäne zu rufen, rasselte mit dem Mais und lockte sie mit schmeichelnden Lauten, wie ich es immer tat, wenn ich ihnen etwas zu fressen anbot. Sie beschleunigten ihren Schritt, stampften mit ihren großen Schwimmfüßen über das Eis und rutschten dabei aus wie ungeübte Schlittschuhläufer.

Als ich sah, wie sie auf mich zumarschierten und zur Begrüßung die Köpfe hoben und senkten, schmolzen alle meine Zweifel dahin, und ich wurde von dankbarer Erleichterung erfüllt. Kaum waren sie auf den Hof gewatschelt, da ging ich behutsam zu ihrem «Futtertisch», einem Schachtdeckel an der Hausekke, etwa zehn Zentimeter über dem Boden. Ich hockte mich daneben, streute eine ansehnliche Menge Mais aus und rief sie immer noch leise.

«Kommt, ihr zwei Dummköpfe! Kommt und holt es euch!»

Alte Gewohnheiten sind zählebig. Als er noch etwa zwanzig Meter entfernt war, begann Hans heftig mit seinen riesigen Flügeln zu schlagen. Ohne den Hund zu beachten, kam er direkt auf mich zu, den Kopf gesenkt, den Hals zum Angriff vorgestreckt. Ich zog eine Augenbraue hoch, als er einen halben Meter vor mir scharf bremste und wenig zeremoniös anhielt. Als sei er wütend, daß ich mich nicht von der Stelle rührte, führte er mit dem Schnabel einen kurzen heftigen Stoß gegen meinen Ärmel.

«Hör auf, Hans! Gib nicht so an!»

Nachdem der Ehre Genüge getan war, machten sie sich über den Mais her. Ich beobachtete sie zärtlich und stellte befriedigt fest, daß sie offenbar beide gut in Form waren. Wir drei waren wieder zusammen. Das Jahr hatte endlich begonnen.

Wir bekommen Enten

Zwölf Jahre zuvor war ich die Stufen der einzigen erhaltenen Kapelle des zerstörten Doms zu Münster hinabgeschritten, meine Frau Thaddäa am Arm.

Während wir diese wenigen Stufen zusammen hinunterschritten, die Außenmauern der gewaltigen Kirche hinter uns, mußten wir einen Augenblick stehenbleiben, damit Freunde und Presse ihre Aufnahmen machen konnten. «Modeschöpfer heiratet» stand unter dem Bild, das später in einer Londoner Abendzeitung erschien. Der Modeschöpfer wäre nie auf den Gedanken gekommen, daß wir uns jemals mit Schwänen abgeben würden: dessen bin ich ganz sicher. In jenem Augenblick war er von der Szene ringsum gefesselt, vor allem von einem kleinen Mädchen, seiner «neu erworbenen» Tochter.

Walburga war groß für ihr Alter, blond und mit dem hellen Teint, der dazugehört. Allerdings war sie ein ziemlicher Wildfang, und ich fragte sie oft, ob sie vielleicht ein verkleideter kleiner Junge sei. Ich wußte von Fotografien her, daß sie ihrem Vater sehr ähnelte, den sie nie gesehen hatte und der sie übrigens auch nie gesehen hatte. Er war in Rußland gefallen, kurz vor einem Heimaturlaub, bei dem er seine zwei Monate alte Tochter kennenlernen sollte. Als ich sie anschaute mit ihrer roten Strickmütze, dem grauen Mantel und Gamaschen, da wurde ich mir klar, daß es für sie ein verwirrendes Erlebnis sein mußte, mich als neuen Vater zu bekommen, obwohl wir schon vor langer Zeit zu dem Schluß gelangt waren, daß wir uns mochten.

Während des anschließenden Frühstücks begegneten sich unsere Blicke mehrmals, und sie grinste spitzbübisch. Da Walburga genüßlich schmauste, sah ich keinen Anlaß zur Besorgnis. Was nun geschehen würde, war lange geplant. Sie sollte vorläufig bei dem Bruder meiner Frau und seiner Familie in Frankfurt bleiben und von dort aus in ein deutsches Internat gehen. Zu Anfang würde es schwer für sie sein, zum erstenmal ihr Zuhause zu verlassen, den großen alten Herrensitz mit dem weitläufigen Park, den Wäldern und Äckern und Wiesen. Es war ihr Erbe von ihrem Vater, aber ihre Mutter hatte den lebenslänglichen Nießbrauch. Dort hatte Walburga immer gelebt, und dorthin würde sie schließlich zurückkehren.

Wie mein neuer Schwager in seiner Tischrede erwähnte, wollte ich meine Frau mit mir nach England nehmen. Unsere Familien wußten und billigten es, doch an Ort und Stelle stieß der Entschluß auf weniger Verständnis. Als ich Thaddäa ein paar Blumen kaufen wollte, sagte mir die brave Frau in dem Geschäft ganz ernsthaft, die Einheimischen würden mir das nicht so bald verzeihen. Ich entführe die schöne Baronin, *ihre* schöne Baronin aus dem Schloß. Und die Blumenfrau war nicht die einzige, die Bedenken hatte. Die Köchin fragte meine Frau, ob sie wirklich wisse, was sie tue.

«Ausländer sind Ausländer», sagte sie in besorgtem Ton und mit gerunzelter Stirn. «Sie sind nicht wie wir. Manche essen nicht einmal mit Messer und Gabel!» Meine Frau versicherte ihr, sie wisse genau, was sie tue. Aber die Köchin war nicht getröstet, ging kopfschüttelnd davon und klagte über diesen Lauf der Dinge.

Als meine Frau in meine winzige Junggesellenbehausung im Londoner Westend eingezogen war, gewöhnte sie sich rasch ein. Aber es ist ein gewaltiger Unterschied, ob man in einer Londoner Etagenwohnung lebt oder in einem stattlichen Haus, umgeben von einem Schloßgraben voller Wasser, eigenem Park und Garten und mit herrlichen alten Bäumen als Kulisse. Sie gab es nie zu, denn das hätte nicht zu ihr gepaßt, aber ich glaube, ihr fehlte das zarte Grün im Frühjahr und die bunten Herbstfarben. Kein städtischer Park macht den Wechsel der Jahreszeiten auf dieselbe Weise deutlich. Ich weiß, daß ihr auch ihre Rosen fehlten, denn wann immer sie konnte, ging sie in den Rosengarten im Inner Circle des Regent's Park.

Es war eine frohe Zeit, und noch nie war ich glücklicher gewesen. Ich hatte alles, was ich mir je gewünscht hatte. Ich war glücklich verheiratet und führte das Großstadtleben, das ich für mein persönliches Wohlergehen immer als wesentlich angesehen hatte. Ich gehörte zu Londons «obersten zwölf», wie wir genannt wurden, weil ich für eins von Londons führenden Modehäusern Entwürfe zeichnete. Ich war glücklich bei meiner Arbeit und in meinem erwählten Beruf.

Die Jahre können sehr rasch vergehen, wenn die Welt gut ist, und London war immer gut zu uns. Meine Frau liebte London, verbrachte aber den größten Teil des Sommers in Deutschland, um mit ihrer Tochter zusammenzusein. Vielleicht sollte ich sagen *unsere* Tochter, denn ich habe sie vom Tag unserer Heirat an als die unsere angesehen. Meine Herbst- und Winterkollektion wurde immer im Juli vorgeführt, und Ende des Monats, wenn die Modeschauen für die Presse vorbei waren, fuhr ich zu ihnen. Am Morgen einer solchen Presse-Modenschau, während meine Frau in Deutschland war, ist unser Sohn Patrick geboren.

Wir zogen in eine größere Wohnung, aber sonst änderte sich nicht viel in unserem Leben. Walburga war jetzt in einem Internat in der Nähe des Bodensees, kam aber immer Weihnachten und Ostern zu uns; den Sommer verbrachten Thaddäa und Patrick in Deutschland. Eines Tages kam es mir plötzlich zum Bewußtsein, daß Walburgas Schulzeit sich ihrem Ende näherte; wenn wir je nach Deutschland übersiedeln sollten, dann wäre das vielleicht der richtige Augenblick. Was meine Arbeit betraf, so mußte ich in bestimmten entscheidenden Monaten in London sein; aber während der normalen Verkaufszeit hätte ich auch in Timbuktu wohnen können.

Eines Sommerabends im Jahre 1962 machten wir einen Spaziergang zum Primrose Hill. Es war schon dämmerig, als wir oben ankamen. Unter uns zog sich der Hügel hinunter zum Londoner Zoo und zum Regent's Park, und die aufstrebende, sich stets wandelnde Londoner Silhouette bildete auf allen Seiten den glitzernden Hintergrund.

«Ich habe mir etwas überlegt», sagte ich, als wir auf die Parkleuchten hinunterschauten, die kleine Lichtpfützen um sich verbreiteten. «Meinst du nicht, daß wir in Westfalen leben sollten?»

Sie drehte sich überrascht um. Als sie lächelte, spürte ich sofort, wie glücklich der Vorschlag sie gemacht hatte. Sie schaute einen Augenblick weg und dachte vielleicht an den Ort, den sie seit ihrer ersten Heirat immer als ihr Zuhause angesehen hatte.

«Ja, es wäre gut, wenn es sich machen ließe», sagte sie sehr ruhig. «Es gibt so viel, um das wir uns kümmern müßten, das habe ich bei meinen Besuchen gesehen. Seit wir hier in London sind, haben sich viele kleine Sachen eingeschlichen, die mir nicht gefallen. Das letzte Mal, als ich da war, wanderten Fremde auf dem Grundstück herum, im Park, und sie waren unhöflich, als ich fragte, was sie da täten. Ja, es wäre gut.»

Die Dinge begannen sich zu überstürzen. Von den beiden selbständigen landwirtschaftlichen Betrieben auf dem Gut ist die Hofwirtschaft die wichtigere, nicht nur, weil ein Teil der Äcker und Wiesen das Schloß umgeben, sondern auch, weil der Pächter direkt gegenüber wohnt und ihm das Recht zusteht, die Nebengebäude zu benutzen. Kaum waren wir eingezogen, da erhielt der Pächter der Hofwirtschaft irgendwo anders ein interessantes Angebot und beschloß, die Landwirtschaft aufzugeben. Wir bedauerten sein Fortgehen; sein Vater hatte schon vor ihm die Wirtschaft gepachtet, und wir hatten gehofft, sein Sohn würde sie später übernehmen.

Sofort begann die Suche nach einem neuen Pächter. Unser Rentmeister wollte uns behilflich sein, den richtigen Mann zu finden, und nach einiger Zeit fand er Herrn Balz, einen vortrefflichen, erfahrenen Landwirt mit modernen Ideen. Überdies hatte er fünf Kinder, darunter einen Jungen fast genau in Patricks Alter. Während all dies im Gange war, begannen wir, den Besitz mit anderen Augen zu betrachten. Nach und nach sahen wir, daß viel getan werden mußte. Zum Beispiel war es selbst für einen Stadtmenschen wie mich offensichtlich, daß die Gewässer vernachlässigt waren. Das Schloß steht auf einer Insel, die von der fast kreisrunden Schloßgräfte gebildet wird, und außerdem gibt es noch Teiche, die eine Fläche von fast zehn Morgen bedecken. Doch viele

Dämme waren gebrochen, der Wasserstand war niedrig, und jeder Quadratzentimeter Wasser war bedeckt mit Wasserlinse, die die ganzen Gewässer wie eine feste Masse erscheinen ließ. An den Ufern blühten Unmengen von Wasseriris und Schilf; an einer Stelle der Schloßgräfte, wo nach dem Krieg eine Holzbrücke zerstört worden war, reichte das Schilf von einem Ufer zum anderen.

Um mir eine Vorstellung zu machen, wie es ursprünglich ausgesehen hatte, stöberte ich in den Archiven herum und grub alte Landkarten und dergleichen aus, um mir die erwünschte Aufklärung zu verschaffen. Da ich mich nie mit Halbheiten zufriedengebe, redete ich ununterbrochen von diesen Mißständen, denn das Problem hatte jetzt Vorrang bei mir.

«Wir müssen die Schloßgräfte unbedingt in Ordnung bringen. Aber wie?»

«Ich habe keine Ahnung», antwortete Thaddäa mit ihrer üblichen Ruhe. «Vermutlich könnten wir das Grünzeug mit irgendwas besprühen. Aber wenn du die Ufer und die Brücke meinst, dann müssen wir wohl einen Unternehmer beauftragen, und das würde eine Menge Geld kosten.»

Der neue Pächter verlangte alle möglichen Verbesserungen, und es war einfach kein Geld übrig für Luxusdinge. Als ich wieder einmal hinausging, um mir den Dschungel anzusehen, fiel mir plötzlich auf, daß praktisch gar keine Tiere da waren. Wenn ich früher aus London hergekommen war, um hier den Sommer mit Thaddäa und den Kindern zu verbringen, hatte es mir immer Freude gemacht, die Enten zu beobachten, die der frühere Pächter gehalten hatte. Er muß mindestens fünfzig Hausenten dieser oder jener Art gehabt haben. Doch jetzt war das Wasser tatsächlich entvölkert, abgesehen von kleinen Wasserhühnern und gelegentlich vorbeikommenden Schwärmen von Stockenten. Es mußten die Enten gewesen sein, die das Wasser von Kraut freigehalten hatten. Ich stürzte zurück ins Haus und platzte vor Stolz über meine wichtige Entdekkung.

«Enten, Enten, Enten und noch mal Enten!» schrie ich in die weite, leere Halle hinein. Thaddäa schaute oben von der ovalen Eichentreppe herunter. «Warum bist du mit einemmal so aufgeregt?»

«Enten!» rief ich die Treppe hinauf. «Wasservögel, die die Teiche sauberfressen sollen. Und wenn sie es nicht tun, essen wir sie!»

«Na, wir könnten es immerhin versuchen», antwortete sie, als sie langsam die Treppe herunterkam. «Wir würden nichts dabei verlieren, wie du schon sagtest. Ich dachte gerade, wie nett es wäre, ein Schwanenpaar zu haben. Hier waren immer Schwäne, und sie sehen so hübsch aus auf dem Wasser. Du bekommst also deine Enten und ich meine Schwäne, und dann sind wir beide glücklich.»

«O ja, Schwäne, unbedingt, du bekommst Schwäne.»

Ich gestehe, daß meine überschäumende Begeisterung schnell verebbte, denn plötzlich stand mir das Bild aus meiner Ruderzeit an der Universität Dublin vor Augen, wenn wir in Vierern und Achtern auf dem Liffey ruderten und immer einen ängstlichen Blick auf den ungeheuer großen Schwan und seine Schwänin richteten, die in der Nähe des Wehrs etwas flußabwärts vom Ruderclub des Trinity College am Ufer nisteten. Der Schwan pflegte darauf zu warten, daß die Boote oberhalb des Wehrs wendeten, ein sich lange hinziehender Vorgang mit viel «Backbord anholen, Steuerbord streichen» und ähnlichen Anweisungen des Steuermanns. Sobald das Boot gedreht war mit dem Bug stromaufwärts zu unserem Bootshaus, kam der Schwan mit Macht vom Ufer heran. In dem Augenblick, in dem der Steuermann rief: «In die Auslage, fertig, los!», begann er dem schlanken pfeilförmigen Boot nachzuschwimmen. Kaum hatte sich das Boot in Bewegung gesetzt, da schwang er sich in die Luft und hielt schnurstracks auf den Rücken des Steuermanns zu.

Ich ruderte als Schlagmann, knapp einen Meter vom Rücken des Steuermanns entfernt. Von diesem Platz aus, das kann ich Ihnen versichern, bietet ein Schwan, der offenbar Böses im Schilde führt, einen furchteinflößenden Anblick, besonders wenn er in Augenhöhe auf einen zufliegt. Es gewährte mir keinen Trost, daß mir ein Leichtgewicht von Steuermann als Schild diente. Der Schwan tat dem Steuermann nie etwas, sondern schwenkte immer im letzten Augenblick ab, wobei seine Augen boshaft glitzerten. Ich hatte solche Angst vor dem Vogel, daß ich von Herzen erleichtert war, als mich der Captain des Ruderclubs in einen Vierer steckte, wo ich als Nummer zwei ruderte. Das bedeutete, daß ich einen Steuermann und zwei handfeste Burschen zwischen mir und dem Schwan hatte.

«Aber wo können wir Schwäne herbekommen?» fragte ich unschuldig und dachte an die bösen und tückischen Augen auf dem Liffey.

«Ich weiß es nicht. Vielleicht aus England?»

Ich begann mich für die Idee zu erwärmen. Es wäre lustig, wenn englische Schwäne auf westfälischen Gewässern schwimmen. «Ja, ich glaube, ich könnte leicht ein Paar kaufen.»

«Na, versuch es doch, wenn du das nächste Mal in England bist», meinte sie, und dabei ließen wir es bewenden.

Ich zögerte die Sache mit den Schwänen etwas hinaus. Ich wollte zuerst ein paar Enten besorgen und fand, daß die großen Vögel später kommen könnten. Die Gegend war damals ein Froschparadies. Nie zuvor hatte ich so viele Frösche gesehen oder gehört; es gab buchstäblich Tausende, und wer immer den Lebenszyklus des Frosches studieren wollte, hätte ein ergiebiges und lohnendes Betätigungsfeld gefunden. Man konnte ihnen nicht entgehen; sie waren auf den Wegen, im Schilf, auf den Höfen vor dem Haus, sogar in den Gehölzen des Parks. Es war ein beliebter Sport der Einheimischen, einen Sonntagnachmittag damit zu verbringen, die Frösche bei ihren Vergnügungen zu beobachten. Auf dem Höhepunkt der Paarungszeit und während der langen, heißen Sommertage quakte es an allen Ecken und Enden. Manche hatten höchst seltsame Stimmen, volltönend und ganz urzeitlich. Andere wieder gaben ein langes, dröhnendes Schnarchen von sich. Die Mehrzahl quakte einfach, und selbst der mürrische Hecht, der dann und wann an die Oberfläche kam, um sie anzugreifen, konnte wenig tun, um den unwahrscheinlichen Froschbestand zu mindern. Keine Ahnung hatten sie, daß ihre Tage gezählt waren.

Bei erster Gelegenheit machte ich mich auf die Suche nach dem richtigen Buch. Die Erfahrung hatte mich gelehrt, daß es für jedes Thema immer ein «richtiges» Buch gibt: Wie man Forellen fängt, Wie man Geflügel zieht, Wie man auf dem Kopf steht, Wie man es selbst macht, und so weiter. Kaum war ich in London angekommen, begab ich mich zu H. M. Stationery Office, damals in der Oxford Street, zückte meine sechs Shilling und bekam *Ducks and Geese.*[1] Ich war völlig fasziniert, denn es bot ungefähr alles, was ich wissen mußte. Es erschloß mir unerhörte Perspektiven, wies auf unzählige Möglichkeiten hin. Das Exemplar ist jetzt schmutzig und voller Eselsohren; ich ziehe es immer noch häufig zu Rate.

In *Ducks and Geese* versunken, begann ich Pläne für die Besetzung der Gewässer zu machen. Als ich in meinem Hotelbett lag, ließ ich die Namen genießerisch über meine Zunge gleiten: Cayugaenten, Spitzschwanzenten, Khaki Campbells, Indian Runners und Gott weiß was noch, von Löffelenten bis zu jeder Rasse, die man anführen möchte. Ich studierte das Ganze und kam zu dem Schluß, daß wir sowohl ein paar Zierwasservögel als auch die nützlicheren Spezies anschaffen könnten.

Geschwellt von meinem neuerlangten Wissen und voll der üblichen Begeisterung verkündete ich großartige Pläne, als ich nach Deutschland zurückkam. Erst da entdeckten wir, daß wir beide keine Vorstellung hatten, wie wir es anfangen sollten, einen solchen Bestand zu bekommen. England war für mich der einzige Ort, deshalb schrieb ich sofort an einen bekannten Züchter in Suffolk, der freundlicherweise bereit war, uns befruchtete Eier abzugeben; das war freundlich von ihm, weil er normalerweise nur ausgewachsene Vögel verkauft. Aber leider scheiterten wir an den Einfuhrbestimmungen und erhielten keine Genehmigung, Eier zu importieren.

Die Zeit verstrich, und nichts geschah. Doch eines Tages fuhren meine Frau und ich von einer Pferdeschau nach Hause, als ich durch die Windschutzscheibe ein paar herrlich fette weiße Enten auf einer Wiese sah. Ich parkte den Wagen, und wir marschierten in das Bauernhaus. Die Tatsache, daß es Pekingenten waren, beeindruckte mich tief; eine halbe Stunde später kam ich wieder zum Wagen, einen Karton mit fünfunddreißig sorgfältig eingewickelten Enteneiern unterm Arm. «Ja, Liebling», sagte Thaddäa, als ich den Motor anließ. «Jetzt brauchst du sie bloß noch ausbrüten zu lassen.» Ich könnte schwören, daß ich eine Spur Bosheit in ihrer Stimme entdeckte.

«Ach, da ist doch nichts dabei», antwortete ich fröhlich.

Das Glück blieb mir treu. Eine unserer Pächterinnen hatte eine brütige Pute, die sie mir leihen wollte, damit ich das große Experiment beginnen könne. Ich muß gestehen, daß es meine erste Erfahrung mit einer brütenden Pute war; bisher war ich mit dieser Spezies nur Weihnachten in Berührung gekommen, ich mit dem Messer in der Hand, die Pute mausetot. Ich brauchte nicht lange, um zu erkennen, daß dies zweifellos das bösartigste und dümmste Geflügel ist, dem zu begegnen ich je das Pech hatte. Sie hatte widerliche Angewohnheiten: hackte nach meinen Händen, trat ihr Futter mit Füßen und verstreute es ringsum in dem Auslauf, den ich für sie hergerichtet hatte, und manchmal wollte sie überhaupt nicht fressen. Aber eins muß man ihr lassen, ihre Aufgabe erfüllte sie vorzüglich, und bald hatten wir siebenundzwanzig dralle, hübsche Entlein; hungrige Entlein, hungrig auf Wasserlinse, hoffte ich. Ich betrachtete diese Entlein mit einem Stolz und einer Freude, wie ich sie seitdem nie wieder empfunden habe; sie erschlossen mir eine ganz neue Welt.

Diese Vögel müssen die bestumsorgten Geschöpfe der ganzen Welt gewesen sein, wie sie da in ihrem Gehege umherwatschelten. Derweil war ihre «Mutter» zu allen möglichen Streichen aufgelegt. Sie liebte es, das Gehege zu verlassen, konnte aber nie wieder hinein, weil sie zu dumm war, den Hopser und Sprung, mit denen sie herausgekommen war, in umgekehrter Reihenfolge zu machen. Manchmal verschwand sie im Park und kam zu den unwahrscheinlichsten Zeiten zurück. Sie war großartig, wenn es darum ging, die Küken des Nachts warm zu halten und trocken, wenn es regnete, oder sie zu beschützen, wenn Gefahr drohte, vorausgesetzt, sie hatte sich nicht gerade unerlaubt entfernt. Aber ihre Possen wurden so lästig, ihr unbarmherziges Zuhacken so heimtükkisch, daß wir sie ihrer Eigentümerin wieder zustellten, als sich Anzeichen erkennen ließen, daß sich das flaumige Gelb der Entlein in reines Weiß verwandelte.

Zuerst bekamen wir Kükenfutter. Dann nahmen wir immer öfter ein altes Brett und fischten damit die Wasserlinsen aus dem nächsten Teich. Wir füllten einen Eimer nach dem anderen mit diesem Kraut und schütteten es in die Sitzbadewanne der Enten. Das war eine altmodische Zinkschüssel, etwa fünfzehn Zentimeter tief mit einem Durchmesser von ungefähr einem Meter, die wir ihnen ursprünglich als ersten «Swimming-pool» gegeben hatten. Sie verschlangen das ganze grüne Zeug und baten buchstäblich um mehr.

Als wir sie auf die Teiche hinausließen, wußte ich, daß ich recht gehabt hatte. Ich erinnere mich an einen besonders heißen Sommertag, als wir vor dem Haus saßen und nach dem Essen unseren Kaffee tranken. Die Enten waren auf der Schloßgräfte, fünfzehn Meter entfernt hinter dem Rosenbeet. Als ich wie üblich begann, eine Rede zu schwingen, bemerkte ich, daß Walburga ihre langen Beine ausstreckte und das blonde Haar schüttelte. Sie warf ihrer Mutter einen verstohlenen Blick zu, der nur eins bedeuten konnte: jetzt spinnt er wieder.

«Sie haben ganz eindeutig schon einen Erfolg erzielt mit dem Kraut. Nächstes Jahr müssen wir uns wirklich noch ein paar mehr anschaffen.»

Keine Antwort.

«Ärgerlich ist nur, daß sie so bäurisch sind. Wir müßten versuchen, dekorativere Vögel zu bekommen. Solche, die hübsch *aussehen.*»

«O ja, das finde ich auch», sagte Thaddäa. «Jetzt ist es vielleicht an der Zeit, die Schwäne zu besorgen.»

«Geh nicht so nah an die Schwäne heran!»

«Ja», sagte ich, aber überaus wohl war mir nicht bei dem Gedanken. Wenn sie Schwäne haben wollte, dann war es allerdings nur recht und billig, daß sie sie auch bekäme. Als ob meine Pekingenten das unterstreichen und bewirken wollten, daß mir bei der Aussicht auf Schwäne noch weniger wohl sei, kamen sie heraus aufs Gras und marschierten durch die Rosenbeete zum Vorhof.

Die sogenannten «Höfe», große, ungepflasterte Flächen vor westfälischen Schlössern, Herrensitzen und Bauernhäusern gleichermaßen, sind zumeist auf drei Seiten von Gebäuden umgeben. Unser Hof ist unterteilt durch einen langen, geschwungenen Lattenzaun, vor dem Rhododendron- und Fliederbüsche stehen, doch der Blick nach Süden ist frei, wo Wasser und Bäume, die Kapelle und die offene Landschaft das Auge erfreuen.

Ich hatte immer noch ein Gefühl der Verwunderung, daß ich hier war. Ein eiliger Eichelhäher, der sich, beim Flug auf- und absteigend, in den Schutz der großen Bäume rettete, war für mich ebenso bemerkenswert wie die fetten, watschelnden Enten im Vordergrund. Der Eichelhäher war auf dem Weg, sich dem Gemeinschaftsleben in den Bäumen und rundherum anzuschließen, wo zahllose Vögel hausten. Unter dem Baldachin schützender Zweige leben Kaninchen, gelegentlich ein Hase und Fasanen, und sie finden dort ihr Futter.

«Ich weiß, daß die Schwäne, die deine Großmutter hier hatte, aus Hagenbecks Zoo in Hamburg stammten. Sie waren ziemlich groß», sagte Thaddäa zu Walburga. «Der Schwanenmann hieß Hans, und er hatte eine Frau, deren Namen ich vergessen habe. Eigentlich war es sehr traurig. Die Schwänin wurde auf der hinteren Wiese von Kühen zu Tode getrampelt, und das Schwanenkind ließ der Vater verhungern. Im Winter wurden sie in einem Stall untergebracht, und er ließ das unglückliche Kind nicht fressen. Es wurde erst entdeckt, als es zu spät war.»

Ich betrachtete meine Familie voll Freude und Stolz und dachte, was für eine kuriose Familie es doch sei. Eine Familie mit zwei Nationalitäten, Frau und Tochter deutsch, Vater und Sohn irisch. Wir sprechen englisch oder deutsch, wie wir gerade Lust haben, und manchmal auch einen Mischmasch von beidem.

Nicht, daß mein Sohn und ich rein irisch wären. Wir können deutsches, französisches, polnisches, englisches und spanisch-brasilianisches Blut ebenso geltend machen wie das heimatliche irische, was es uns überaus erschwert, gegen irgendein bestimmtes Volk voreingenommen zu sein.

Ich schaute mich auf der Insel um und versuchte, mir einen Schwan vorzustellen, der auf der Schloßgräfte vorbeigleitet, entrückt und still wie die Schwäne, die ich anderswo gesehen hatte. Es war nicht schwierig, sich das vorzustellen. Warum, überlegte ich mir, sollte meine Frau eigentlich nicht ihre Schwäne haben, bloß weil ich vor ihnen Angst hatte?

Schon seit meiner frühen Kindheit hatte ich mich vor ihnen gefürchtet. «Komm den Schwänen nicht so nahe, Liebes», pflegte mein Kindermädchen Salmon jedesmal zu sagen, wenn wir Kinder loszogen, um die Enten auf dem Teich in St. Stephen's Green in Dublin zu füttern. «Geh nicht so nah an die Schwäne heran, Liebes, sie beißen!» Eine ängstliche Hand packte dann meine. Sie ließ mich nie irgendeinem Tier nahe kommen, nicht einmal Sam, dem Jagdhund meines Vaters, der sanft wie ein Lamm war. Salmon fürchtete sich vor allem, was keine menschliche Gestalt hatte. Deswegen brachte sie mir die Angst bei, und ihre tägliche Erziehung sollte mir in meinem späteren Leben viel verderben und mich manchen glücklichen Augenblicks berauben.

Als ich vier war, erhielten wir eine rechtzeitige Warnung, daß mein Vater, der damals in Frankreich war, wegen seiner politischen Betätigung verhaftet und erschossen werden sollte, wenn er nach Irland zurückkäme. Auf die Dienste des armen Kindermädchens Salmon wurde nun verzichtet. Ellen, unsere Köchin aus der Grafschaft Kerry, sollte sich um mich kümmern; Elizabeth, dem Stubenmädchen, wurde die Betreuung meiner beiden Schwestern übertragen; und mit unserer gütigen Mutter, die die Oberaufsicht über diese kleine Horde führte, übersiedelten wir nach Italien. Wir landeten in dem Dorf Olevano Romano, etwa vierzig Kilometer von Rom entfernt, das auf einem Felsen hoch oben im Gebirge erbaut war. Tatsächlich schien das ganze Dorf da oben in der Hitze zu hängen, bereit, in die flache Ebene hinabzugleiten, die unten lauerte. Meine Mutter ließ uns dort und ging zu unserem Vater nach Rom. Wenn er schon eine Weile im Ausland leben mußte, dann war Rom der logische Ort. Er hatte bereits sechzehn Jahre seines Lebens im Vatikan verbracht und drei Päpsten gedient, und von einem von ihnen, Papst Leo XIII., war ihm die erbliche Marquiswürde verliehen worden. Er war ein fröhlicher und bemerkenswerter Mann, ein Gelehrter und Historiker, der zehn Sprachen fließend beherrschte. Wenn er uns an den Wochenenden mit meiner Mutter besuchte, fand ich ihn immer ein wenig ehrfurchtgebietend. Abgesehen davon, daß wir uns manierlich benehmen mußten, gab es so viel, was man von ihm lernen konnte. Alles, was er tat, tat er ein bißchen besser als jeder andere.

Im großen und ganzen war es indes ein idyllisches Dasein für Kinder. Wir wohnten in einer Art Paradies mit Olivenhainen, Weinbergen und so viel Freiheit, wie Kindern meiner Generation zugebilligt wurde. Aber wenn ich auch in der Sonne lebte und die schreckhafte Salmon losgeworden war, so war ich doch eine Einstellung nicht losgeworden, die der ihren sehr nahekam. Maulesel waren es jetzt, vor denen ich gewarnt wurde. «Geh nicht so dicht an die Maulesel heran, Junge. Sie treten und beißen!» pflegte Ellen zu sagen. Maulesel und Frauen waren die Haupttransportmittel; die Maulesel trugen die großen Körbe mit Trauben oder Oliven oder Holz, während die Frauen die riesigen, am Dorfbrunnen gefüllten Wasserkrüge trugen. Ein Hochwuchten, ein Schwung, ein wenig Hilfe von einer Nachbarin, und die großen Kupfergefäße waren auf dem Kopf und wurden dort mit erstaunlichem Gleichgewichtsgefühl getragen, während die Trägerin lässig dahinging, dabei strickte und plauderte, als ob sie nicht mehr als einen leichten Hut auf dem Kopf habe. Die Maulesel sahen ganz sanft aus, wenn sie in der Sonne herumstanden, angebunden an der langen Mauer der nahen Mühle, wo das Olivenöl gepreßt wurde. Sie sahen so traurig und riesig und unschuldig aus. Aber beißen und treten taten sie allerdings – mit einer gut gezielten Wildheit, wie ich sie bis dahin und auch später selten gesehen habe.

Ich lernte in Italien herzlich wenig über Tiere, abgesehen von Eidechsen. Sie faszinierten mich. Sie pflegten in der Sonne zu liegen und davonzuflitzen, wenn ich näher kam, oder senkrecht eine Wand hinaufzujagen, wo sie dann anhielten, mich starren Blicks und mit pochenden Flanken anstarrten und schließlich fortstürzten.

Vor Schlangen wurden wir oft gewarnt. Wir sahen häufig welche, tote und lebendige, aber meistens tote. Ich erinnere mich noch an diese traurigen kleinen Steinhaufen neben der Straße, die den zerschmetterten Kopf bedeckten; unter ihnen strebte der lange, schlanke Körper fort, während ein Rinnsal von Blut, das in dem heißen, weißen Staub schon schwarz wurde, Schwärme von Fliegen anzog.

Unser einziger «ernstlicher» Zusammenstoß mit einer lebendigen Schlange fand in einem kühlen, kleinen Tal statt, in das wir zu gehen pflegten, um wilde Alpenveilchen zu pflücken. Ellen trat auf einen Stock, und der «Stock» wurde lebendig. Ellen auch! Plötzlich befand sie sich in der Luft, und während sie noch hoch oben war, machte sich die Schlange davon, so schnell sie nur konnte. Bis zum heutigen Tag bin ich nicht sicher, wer den größeren Schreck bekommen hat, die schlafende Schlange oder Ellen, doch der Vorfall lehrte uns aufzupassen, wohin wir unsere Füße setzten.

Nach drei herrlichen Jahren in Italien und ein paar Monaten, die wir in Deutschland bei unseren Vettern verbrachten, kehrten wir in unser Haus in Dublin zurück. In Irland war Frieden eingezogen. Der Irische Freistaat war gegründet, die Verträge waren unterzeichnet worden; der Bürgerkrieg war zu Ende. Mein Vater wollte uns zu Hause haben. Vor allem wollte er, daß ich in Irland erzogen würde, in dem Land, das ihn für sich beansprucht hatte; er war in Frankreich geboren und dort erzogen worden und hatte auf dem Kontinent gelebt, bis er über vierzig war – aber sein größter Wunsch war es immer gewesen, im Lande unserer Herkunft zu leben.

Ich war nicht so glücklich darüber. Mit sieben Jahren fand ich die heimatliche Heide kalt und naß und anders, und ich sehnte mich nach Italiens Hitze und Sonnenschein. Zu allem Unglück mußte nun auch mein Unterricht ernstlich beginnen, und das gefiel mir nicht im mindesten. Meine Schwestern und ich wurden der Obhut einer reizenden Gouvernante anvertraut, die die schwierige Aufgabe hatte, mich zum Arbeiten zu bringen. Die Disziplin war streng und entsprach den Maßstäben, die vor vierzig oder fünfzig Jahren für Kinder auf dem Kontinent galten, und tagtäglich mußten wir unserer Gesundheit zuliebe lange und häufig langweilige Spaziergänge erdulden. Selbst auf diesen Spaziergängen waren wir stets unter Aufsicht eines Erwachsenen.

Andererseits hatten wir insofern Glück, als wir viel Berührung mit der Welt der Erwachsenen hatten. Die Creme der irischen Intelligenz fand sich am Eßtisch oder in den Wohnzimmern meiner Eltern ein, und irgend jemand Interessantes aus dem In- oder Ausland schien immer in dem Haus in der Upper Fitzwilliam Street aufzukreuzen. Ein Kind sollte gesehen, aber nicht gehört werden. Von jungem Gemüse wurde nicht erwartet, daß es mitredete und Meinungen äußerte, wenn Generalgouverneure, Außenminister, der Präsident des Freistaats, Professoren, päpstliche Nuntien oder dergleichen Persönlichkeiten anwesend waren; erwartet wurde eine höfliche und vernünftige Antwort auf Fragen. Tatsächlich war es überraschend, wie schnell wir diese Regeln lernten, und wieviel wir dadurch lernten, daß wir den Mund halten mußten.

Natürlich hatten meine Schwestern und ich unsere Lieblinge. Der gütige und liebenswerte Dr. Douglas Hyde, gälischer Gelehrter, Gründer der Gälischen Liga und später erster Präsident der Irischen Republik, war einer davon. Er hatte einen weißen Kakadu, den ich interessiert beäugte und von dem ich mich wohlweislich fernhielt. Ihm gehörte auch ein prächtiger Ford, Modell «T», mit einem schimmernden Messing-Kühler. Da mein Vater Autos haßte, pflegte Dr. Hyde oft vorbeizukommen, um meine Mutter zu einer Spazierfahrt abzuholen, und wenn ich zufällig da war, wurde ich zum Mitfahren aufgefordert. Ich durfte den Wagen vom Gough bis zum Phoenix-Denkmal in Dublins Phoenix Park fahren, und komischerweise hätte ich den Wagen fast vor der Residenz des Vizekönigs, die heute als *Arus an Ucterain* bekannt ist, in den Graben gefahren.

Unter unseren häufigeren Gästen war noch einer, der einen nachhaltigen Eindruck bei mir hinterließ, und das war Dr. Oliver St. John Gogarty. Der lebhafte, geistreiche und hochbegabte Mann mit seiner Liebe zu den Klassikern war Arzt, Dichter, Flieger, Reiter, Gelehrter, Politiker und außerdem Senator des Irischen Freistaats. Senatoren gehörten zu denjenigen, die auf der von den Rebellen geführten Liste von Personen standen, die sofort zu erschießen waren, und am 20. Januar 1923 wurde er von den Gegnern der Provisorischen Regierung entführt. Er wurde in ein Haus am Salmon Weir am Liffey gebracht, was dem guten Doktor gar nicht paßte. Er beschloß zu fliehen und bat die Leute, die ihn gefangenhielten, ihn hinauszubringen, damit er seinen Darm entleeren könne, da er, wie er sagte, vor Angst Durchfall bekommen habe. Seinem Wunsch wurde schließlich entsprochen. In dem Augenblick, da er hinausschlüpfte, warf er seinen Begleitern seinen Mantel über den Kopf und sprang in den Liffey. Der Fluß hatte Hochwasser und war eisigkalt; während er in den tobenden Fluten schwamm, gelobte er, der Flußgöttin ein Paar Schwäne darzubringen, wenn er das Ufer erreiche.

Nach einer Viertelstunde landete er heil und sicher. Er hielt sein Versprechen. Am 24. März 1924 wurde in Gegenwart seiner Frau, seiner beiden Söhne und seiner Tochter von W. T. Cosgrave, dem Präsidenten des Irischen Freistaats, W. B. Yeats und Mr. und Mrs. Lennox Robinson die Zeremonie vollzogen.[2] Deshalb denke ich bei Schwänen immer an Gogarty.

Schwäne faszinierten diesen Herrn. Für ihn und seinen Freund Yeats war die klassische Geschichte «Leda und der Schwan» ein beliebtes Gesprächsthema. Außerdem trug Gogartys erster veröffentlichter Gedichtband den Titel *An Offering of Swans*. Die Schwäne, die er dem Liffey schenkte, wurden am Wehr flußabwärts vom Ruderclub des Trinity College aufs Wasser gesetzt; deshalb ist die Möglichkeit nicht von der Hand zu weisen, daß der Schwan, der so gern Jagd auf die Boote machte, der ursprüngliche Gogarty-Schwan war. In Dublin geht die Rede, daß es keine Schwäne auf dem Fluß gab, ehe jenes Paar dort ausgesetzt wurde, und daß die heutigen Schwäne alle von ihm abstammen.

Ich ruderte gern, auch wenn mein Vater es nicht schätzte. Er fand, nicht ohne eine gewisse Berechtigung, daß die Stunden, die ich auf dem Wasser verbrachte, meine Studien beeinträchtigten. Ich ruderte nicht nur im Vierer, sondern fuhr auch gern allein in einem Skullboot hinaus, um zu spüren, wie nach Beendigung eines jeden Schlags der schlanke Bootskörper unter mir dahinglitt. Skullen ist ein bißchen wie Radfahren. Wenn das Gleichgewicht nicht vollkommen ist, wenn eine Hand höhergehoben wird als die andere, kann die Folge ein unerwartetes Bad im Fluß sein. Das Rudern bereitete mir Vergnügen, aber ich versuchte auch, meinen Mut dadurch zu stählen, daß ich zu dem Schwan hinunterfuhr. Natürlich kam er heraus – und ich stürzte ins Wasser. Die Vorschrift lautete, daß man das Boot nicht verlassen durfte; entweder mußte man sich nach dem Kentern auf den Kiel setzen oder das Boot wieder aufrichten, wenn man geschickt genug war. Ich war froh, wenn ich auf dem Kiel saß, und noch froher, wenn ich gerettet wurde. Der Schwan tat mir nichts, aber er schwamm dauernd um mich herum und beäugte mich böse bis zu dem gnädigen Augenblick meiner Erlösung.

Angst kann überwunden werden, selbst wenn der Vorgang einigermaßen schmerzhaft ist. Ich werde mich immer aus meinen Dubliner Tagen an mein Entsetzen erinnern, wenn ich gestürzte Zugpferde sah. Damals waren Pferde so weitverbreitet wie Lastwagen heute, sie zogen die Lieferwagen für Milch und Brot, von Wäschereien und natürlich Kohlenwagen. Die Kohlenwagen schienen immer überladen zu sein, und es kam zu Unfällen auf den Straßen mit Kopfsteinpflaster. Ein Pferd fiel hin, versuchte sich aufzurappeln, und bei dem anschließenden Durcheinander war die Hilflosigkeit des Tiers etwas, das ich kaum mitansehen konnte. Als ich ein bißchen älter war, machte ich die interessante Entdeckung, daß sich meine Feigheit in Schach halten ließ, wenn ich mich aktiv daran beteiligen konnte, ein Pferd wieder auf die Beine zu bringen.

Hätte ich jeden Tag mit Schwänen zu tun, überlegte ich mir, würde es vielleicht auch gehen. In einem Punkt bestand kein Zweifel: wenn wir Schwäne haben sollten, dann mußten sie von der Themse kommen. Welcher Spaß, täglich Schwäne zu betrachten, die mit würdevoller Anmut in der Nähe von Cookham oder Windsor oder weiter unten bei Hampton Court herumgeschwommen waren!

Als ich im Juli jenes Jahres in England war, fuhr ich mit Freunden zum Bradford College, um ihren Sohn zu besuchen. Es war ein schöner, warmer Tag, von Bienen summend, die eifrig ihrem Geschäft nachgingen, und wir fuhren weiter zum Fluß, um das Boot des Sohns auszuprobieren. Dieses wunderbare Fahrzeug zu bauen hatte ihn ungefähr anderthalb Jahre gekostet, und es trug uns brav über die Fluten. Aber was eine erfreuliche Fahrt hätte sein können, wurde durch die Angler an den Ufern zu einer Qual. Kofferradios plärrten, jedes auf einen anderen Sender eingestellt und bestrebt, die anderen zu übertönen. Es war zu viel. Als das Boot wieder an Land gezogen und verstaut war, flohen wir nach Pangbourne.

Hier gab es keine störenden Radios, und auf der Terrasse einer Teestube gegenüber einer Schleuse ließen wir uns nieder und erholten uns am Rande des Wassers. Wir unterhielten uns damit, einen gefräßigen Fisch mit Krumen zu füttern, der gewiß in die Reuse eines musikalischen Anglers stromaufwärts hätte geraten sollen. Nach einer Weile gesellte sich ein Schwan zu uns. Er glitt zu uns heran, ohne das Wasser auch nur zu kräuseln. Er schlich sich heran auf der Suche nach Futter. Wir gaben ihm kleine Stückchen Teekuchen und beobachteten, wie die Brocken die lange Kehle hinunter in den Muskelmagen rutschten. Es war ein sehr friedlicher Schwan, schlank und überaus weiß. Er war weit genug weg, so daß ich ihm das Futter zuwerfen konnte, ohne ihn mir zu nahe kommen zu lassen.

«Das ist ein Schwan der Art, wie ich ihn haben will», sagte ich mir. «Still und unaggressiv; genau der richtige Vogel für mich.» Dann dämmerte es mir plötzlich, daß ich just an dem richtigen Ort war, um etwas über den Ankauf eines Schwanenpaars in Erfahrung zu bringen. Die Einheimischen hier am Themseufer würden über den Kauf und Verkauf von Schwänen genau Bescheid wissen.

Der Wirt hatte es sich bequem gemacht, rauchte mit Genuß eine Pfeife und lehnte sich mit dem Rücken an die Wand des Cafés. Er sah absolut nicht beschäftigt aus, deshalb näherte ich mich ihm ohne die geringsten Gewissensbisse, ob ich ihn stören würde.

«Guten Tag», begrüßte ich ihn und stellte mich so hin, daß ich ihm nicht die Sonne nahm. «Ich suche ein Paar Schwäne und fragte mich, ob Sie mir wohl helfen könnten.»

Er nahm die Pfeife aus dem Mund und schaute mich einen Augenblick prüfend an. Er war, glaube ich, nicht sicher, ob ich es ernst meinte. Jedenfalls bedachte er die Sache gründlich.

«Wenn ich ein Paar Themse-Schwäne kaufen wollte», sagte er schließlich, «wissen Sie, was ich tun würde?»

«Nein, was würden Sie tun?»

«Ich glaube, ich würde zum Thames Conservancy Board gehen. Das sind die Leute, die alles mit dem Fluß regeln.» Er kratzte sich das Kinn mit der Hand, die die Pfeife hielt, und starrte ohne viel Begeisterung auf ein großes Boot voller Ausflügler, das gerade in eine Schleusenkammer einfuhr. «Ja, ich vermute, daß Sie Ihre Schwäne vom Board bekommen können.»

Ich dankte ihm höflich. Doch als ich nach London zurückfuhr, begann ein Zweifel an mir zu nagen. Gehörten nicht alle Schwäne auf der Themse Ihrer Majestät der Königin? Aber was für ein Unsinn. Mein Informant wohnte an der Themse, die seine Schwelle bespülte, und mußte es bestimmt wissen. Oder vielleicht verwaltete das Thames Conservancy Board die Schwäne für die Königin? Und wenn das Thames Conservancy Board mir entweder keine Vögel verkaufen wollte oder keine Befugnis dazu hätte? Dann müßte ich mich eben nach einem Züchter umsehen.

Am nächsten Tag rief ich das Board an. Zu meiner Erleichterung hielt die Telefonistin mich nicht für einen Verrückten, und der Beamte, mit dem sie mich verband, schien meine Anfrage auch als ganz normal anzusehen.

«Es tut mir leid. Wenn Sie etwas über Anlegeplätze oder Schleusen oder Angelscheine wissen wollten, oder auch über im Wasser treibende Leichen, dann wäre es etwas anderes. Aber die Schwäne auf der Themse gehören entweder Ihrer Majestät der Königin oder einer der beiden Zünfte der Stadt London, die eine behördliche Genehmigung haben, sie auf der Themse zu halten. Ich würde vorschlagen, daß Sie sich mit dem Büro des Lord Chamberlain* in Verbindung setzen. Aber machen Sie sich keine Sorgen – Sie werden Ihre Schwäne bekommen. Es gibt, weiß Gott, genug davon. Unter uns gesagt, sie werden geradezu froh sein, sie loszuwerden!»

Ich fühlte mich wie ein Läufer dicht vorm Ziel, dankte ihm und hängte auf. Sie loszuwerden, na, so was. Schwäne in Hülle und Fülle, offenbar, und sie werden verschenkt, bloß um sie loszuwerden. Ich hatte mich schon Schecks über

* Haushofmeister des Königlichen Haushalts. Anm. d. Übers.

beträchtliche Summen ausschreiben sehen und war auch dazu bereit. Jetzt schien es, als ob einem die Schwäne mehr oder weniger zufliegen.

Mit vor Aufregung zitternden Fingern bei der Aussicht, ihnen nicht länger nachjagen zu müssen, wählte ich das Büro des Lord Chancellor von England* und erfuhr dabei lediglich, daß der höchste juristische Beamte des Staates nicht mit Schwänen handelt. Ob ich nicht vielleicht das Büro des Lord Chamberlain gemeint habe? Da wurde ich ganz klein und häßlich. Ich war einigermaßen beschämt; als ehemaliger praktizierender Rechtsanwalt am Gericht in Dublin hätte ich es wissen müssen.

Ich versuchte es im Büro des Lord Chamberlain. Wen ich bitte sprechen möchte?

«Keine Ahnung», sagte ich, «aber es handelt sich um Schwäne.»

«Bitte, bleiben Sie einen Augenblick am Apparat.»

Die angenehme Stimme, die sich dann meldete, schien jemandem zu gehören, der über Schwäne Bescheid wußte, und ich betete wieder den ganzen Sermon herunter, daß ich ein Paar Schwäne haben wolle, daß ich es beim Thames Conservancy Board versucht habe und daß ich selbstverständlich nur zu gern mit meinem Scheckbuch aufkreuzen würde.

«Nun, zuerst einmal», sagte die Stimme, «würde es sich gar nicht darum handeln, daß Sie die Vögel kaufen müssen. Sie brauchen nichts zu tun, als die Einzelheiten schriftlich darzulegen, die Sie mir gerade vorgetragen haben, und uns die Eingabe zu schicken. Ach, übrigens, wieviel Wasser, sagten Sie, haben Sie?»

«Einen großen Teich, einen Schloßgraben und einen Fischteich, insgesamt etwa acht oder zehn Morgen Wasser.»

Es trat das ein, was oft als ein gewichtiges Schweigen bezeichnet wird.

«Nun, das sollte genügen. Könnten Sie eine Zusicherung abgeben, daß die Schwäne glücklich sein würden?»

Nun war es an mir, zu zögern. «Das kann ich nicht sagen. Ich weiß wirklich nicht, was einen Schwan glücklich macht. Übrigens weiß ich auch nicht, wie ein glücklicher Schwan aussieht, wissen Sie es?»

«Kann ich nicht behaupten», antwortete die Stimme mit einem leisen Lachen. «Wo sollen die Schwäne denn hingehen?»

«Nach Westfalen.»

«Oh!» Während der langen Pause, die nun folgte, war mein Gesprächspartner offenbar dabei, die Sache rasch neu zu überdenken. «Wollen Sie damit sagen, daß es dort keine Schwäne gibt?»

«Doch, es gibt welche, aber ich möchte englische Schwäne haben.» Ich saß jetzt auf hohem Roß und sah im Geist schon den hingerissenen und entzückten

* Lordkanzler, Präsident des Oberhauses und der Kanzlei des Obersten Gerichtshofs. Anm. d. Übers.

Ausdruck auf dem Gesicht meiner Frau, wenn ich mit einem Paar Themse-Schwänen für unsere geliebte Schloßgräfte und die Teiche nach Hause käme.

«Aber warum wollen Sie englische Schwäne haben?»

Eine vernünftige Frage, aber schwer zu beantworten. Es ist einer der Flüche des Telefons, daß es einem die Feinheiten des Mienenspiels versagt.

«Ach, ich möchte sie verschenken.»

Es trat ein frostiges, fast gequältes Schweigen ein. Als sich die Stimme wieder meldete, fällte sie in tadelndem Ton ihr Urteil. «Mein lieber Herr, ich muß schon sagen, ist es nicht ein bißchen viel verlangt, daß Ihre Majestät Ihnen ein Schwanenpaar schenken soll, damit Sie es weiterverschenken?»

Demütig gab ich zu, daß das einleuchtend sei. Die Schwäne entschwanden rasch in das Land der Träume. Seine Schlußfolgerung und sein Gesichtspunkt waren stichhaltig. Es hätte von schlechtem Geschmack meinerseits gezeugt, wenn ich darauf hingewiesen hätte, daß ich nicht gekommen sei, um ein Geschenk zu erbitten, sondern mit ehrlichen Kaufabsichten, und daß zweitens der Empfänger meine Frau sein sollte. Es war offenbar zu spät, das zu sagen.

«Nun», seufzte ich, «Sie wissen vermutlich nicht, wo ich ein Schwanenpaar bekommen könnte?»

Die Stimme wurde wieder freundlich, fast fröhlich. Der Tadel war erteilt und hingenommen worden. Der Ehre war Genüge getan, die Welt war wieder gut.

«Fahren Sie doch zu den Norfolk Broads. Da gibt es Hunderte, die niemandem gehören. Sie brauchen sie nur zu fangen.»

«Aber mache ich den Eindruck, als sei ich jemand, der ein Schwanenpaar fangen könnte?» Ein entsetzliches Bild stand mir plötzlich vor Augen: ich habe einen flügelschlagenden Schwan am Bein gepackt und wir beide waten durch das Schilf und die Untiefen der Broads.

«Ehrlich gesagt, nein, aber wenn Sie keine Lust zu derlei Dingen haben, könnten Sie sich auch mit einer der Zünfte der Stadt London in Verbindung setzen, den Weinhändlern oder den Färbern, und sich von ihnen ein Paar geben lassen. Viel Glück jedenfalls. Ich hoffe, Sie werden sie bekommen.»

So, das war das. Einesteils war ich enttäuscht, daß ich meine Schwäne nicht bekommen hatte, andererseits ehrlich froh, daß das Eigentum der Königin so wacker und ehrenhaft verteidigt worden war. Immerhin konnte ich mich noch an die beiden hochwohllöblichen Zünfte wenden. Und an eine wandte ich mich, kaum daß ich den Hörer aufgelegt hatte.

«Es handelt sich um Schwäne», sagte ich und wurde sofort mit dem Zunftsekretär verbunden. Der liebenswürdige Herr hörte sich geduldig meine Geschichte an, ehe er sprach. «Schauen Sie, ich möchte wirklich nicht ablehnend oder unfreundlich erscheinen, aber ich habe heute nachmittag eine Sitzung und bin mitten in den Vorbereitungen. Gerade jetzt bin ich so in Druck, daß ich anfange, mich immerzu im Kreis zu drehen. Bitte versäumen Sie nicht, mich morgen anzurufen, da würden wir ein paar Minuten Zeit haben, um die Sache ausführlich zu besprechen.»

Zu meiner Schande muß ich gestehen, daß ich nicht wieder angerufen habe. Meine Londoner Tage näherten sich ihrem Ende, und ich hatte keine Zeit mehr. Ich kehrte ohne Schwäne in meinem Gepäck nach Westfalen zurück und war ein bißchen niedergeschlagen. Wenn ich das nächste Mal in England war, würde ich es erneut versuchen.

Ich erzählte es meiner Frau. Ich erzählte ihr die ganze Geschichte von Anfang bis Ende und hatte das Gefühl, sie enttäuscht zu haben. Sie lachte bloß.

«Mach dir nichts draus», sagte sie. «Es ist schade um deine englischen Schwäne. Aber hast du dir je überlegt, daß du vielleicht bei der Einfuhr dieselben Schwierigkeiten gehabt hättest wie bei den Enteneiern?»

«Nein, auf den Gedanken bin ich gar nicht gekommen. Du magst recht haben.»

«Angenommen, du *hättest* die Schwäne bekommen, angenommen, sie wären am Flughafen Düsseldorf *angekommen* und dann *zurückgeschickt* worden, was hättest du dann gemacht?»

«Wahrscheinlich wäre ich die Wände hochgegangen, aber rückwärts!»

Sechs kamen geflogen

Als Kind hatte ich immer alles mit anderen teilen wollen; die gräßlichen Marshmallows, von denen es sechs für einen Penny gab, eine Tüte Bonbons oder sonst etwas. Später wollte ich dann, daß andere an der Freude teilhaben, die mir ein Ort bereitet hatte. Als ich im September 1963 nach Paris fahren mußte, überredete ich meine Frau, mich zu begleiten. Ich hatte gehofft, daß sie, während ich Stoffe für die neue Frühjahrs- und Sommerkollektion aussuchte, die Läden und das Leben in der Stadt genießen würde.

Ich habe keine Ahnung warum, aber von Paris erwartet man immer, daß es warm und mild und freundlich ist. Doch in jenem Herbst war es alles andere als warm und mild. Ein schneidender Wind fegte durch die Straßen von einem Faubourg zum anderen; eine schiefergraue Seine bezog ihre Farbe von einem bleiernen Himmel, und abgefallene Blätter wirbelten durch den Tuileriengarten. Schaufensterbummeln war nur etwas für Spartaner. Keiner von uns war traurig, als wir Paris verließen; keiner von uns hatte je in seinem Leben so gefroren. Als wir in Dortmund umstiegen, entdeckten wir, daß es zwar in Deutschland um mehrere Grade wärmer war, aber immer noch bemerkenswert kalt.

Zum Glück hatten wir Vorkehrungen getroffen, daß «Jonathan», der Wagen meiner Frau, an unserer Bahnstation für uns bereitstand. Gegen ein Uhr morgens bog meine Frau von der Straße in unseren Einfahrtsdamm zu Hause ein – und beide waren wir starr vor Staunen. Als die langen, kalten Lichtstrahlen der Scheinwerfer über den Kapellenteich glitten, tauchten flüchtig schwimmende, unvertraute Gestalten auf.

«Ich glaube es ja nicht», sagte meine Frau, «aber ich hätte schwören können, daß ich Schwäne sah.»

«Mir kam es auch so vor. Aber wahrscheinlich wird sich herausstellen, daß die Enten abends nicht in ihren Stall gehen wollten und beschlossen haben, die Nacht auf dem Wasser zu verbringen.»

«Du magst recht haben, aber ich glaube es nicht. Laß uns noch mal hinschauen.» Sie schaltete den Rückwärtsgang ein und fuhr vorsichtig zurück, so daß wir von demselben Punkt aus auf das Wasser sahen. Tatsächlich, wie eine Flottille geisterhafter Boote glitt da langsam eine Gruppe Schwäne auf uns zu. Sie kamen zögernd, aber mit vollendeter Eleganz, und ihre Köpfe bewegten sich auf und ab, als sie heranschwammen, um uns in Augenschein zu nehmen.

«Sechs», sagte sie. «Kannst du das glauben? Nicht zwei, sondern sechs!» Die ganze Sache war irgendwie märchenhaft. Wenn sie in diesem Augenblick vor unseren Augen so plötzlich verschwunden wären, wie sie aufgetaucht waren, hinweggezaubert durch den Wink eines Zauberstabs, dann hätten wir das hingenommen. Die Wärme des zentralgeheizten Hauses, auf die wir uns so lange gefreut hatten, war vergessen; fünf Minuten oder länger müssen wir da gesessen und die Schwäne verzückt angestarrt haben, ehe Thaddäa den Motor wieder anließ. Wir wären gern länger geblieben, aber wir fürchteten, die Schwäne zu stören.

Nach dem ganzen Gerede, den Erkundigungen, den Telefongesprächen und allem übrigen waren plötzlich sechs aus eigenem Antrieb gekommen, als ob sie gewußt hätten, wie willkommen sie waren. «Es ist wirklich zu schön, um wahr zu sein», sagte ich und schenkte zwei ansehnliche Portionen Whisky in zwei große Gläser. Wir waren so aufgeregt, daß uns danach zumute war, in dem großen Eßzimmer herumzutanzen wie ein paar Schulkinder, und vielleicht hätten wir es auch getan, wenn nicht andere im Haus geschlafen hätten.

«Aber wo kommen sie her?» fragte Thaddäa dauernd. «Sie müssen doch jemandem gehören. Hast du gesehen, wie sie auf uns zukamen? Vielleicht sind sie an Menschen gewöhnt!» Ihre Augen glitzerten buchstäblich vor Freude.

«Ich möchte mal wissen, wie lange sie schon hier sind. Wann mögen sie wohl gekommen sein?»

«Das wissen die Götter. Wir müssen Patrick morgen früh fragen. Vielleicht hat er sie kommen sehen. Aber wichtig ist nur, daß sie bleiben!»

«Bestimmt tun sie das», murmelte ich, keineswegs selbst davon überzeugt.

Später, als ich die Bettdecke über mich zog, hatte ich immer noch ein klares Bild von diesen ätherischen Geschöpfen vor Augen, die schweigend auf uns zuglitten, ohne das stille Wasser zu trüben. Aber wie um alles in der Welt sollte ich sie zum Hierbleiben bewegen? In diesem Augenblick wünschte ich nichts sehnlicher. Ich zergrübelte mir das Gehirn, aber mir kam nicht ein einziger konstruktiver Gedanke.

«Ich bin sicher, daß sie bleiben werden!» verkündete ich noch einmal mit lauter Stimme, die ohne echte Überzeugung, aber voller Hoffnung war. Woraufhin meine Frau, das immer logisch und praktisch denkende Mitglied der Familie mit einem Anflug von Skepsis, darauf hinwies, daß sie, wenn sie kommen können, auch wieder gehen können. Wahrscheinlicher wäre, daß im Morgengrauen kein Schwanz mehr zu sehen wäre.

Ich schlief unruhig in dieser Nacht und hatte häßliche Träume von verlassenen Gewässern und von Angriffen dunkelgrüner Schwäne auf mich. Ich stand früher auf als sonst, eilte mich mit dem Waschen und Anziehen und stürzte nach unten, auf das Schlimmste gefaßt. Aus einem der Fenster in der Halle sah ich hinaus und erblickte ein Zauberland mit weißem Gras und von Rauhreif überzogenen Filigranbäumen. Der Vorhof sah kalt aus, und das Eis auf den Pfützen glitzerte stahlgrau in der kraftlosen Sonne. Eine dünne Rauchfahne stieg aus dem Schornstein des Pächterhauses auf und ließ die Szene noch kälter und winterlicher erscheinen. Der Pächter selbst kam mit einem Eimer forschen Schritts aus der Richtung des Kuhstalls, von wo ich das leise Muhen von Rindvieh hörte. Über den Bäumen des Parks zeigten sich Ringeltauben, stiegen auf bis über die Baumwipfel und verschwanden dann wieder zwischen ihnen. Nicht zum erstenmal fand ich, daß es wie ein Breughel-Bild war.

Ich schaute auf die Schloßgräfte vor dem Haus, als ich mir den Mantel anzog. Dort war kein Schwan zu sehen. Ich empfand einen Augenblick etwas Ähnliches wie Panik. Und wenn sie weg wären? Ich ging hinaus und machte mich zum Kapellenteich auf, wo wir die Vögel im Scheinwerferlicht des Volkswagens gesehen hatten. Kein Schwan weit und breit. Ich überquerte den Dammweg zur Landstraße und ging zu der Stelle, wo wir sie zuerst gesehen hatten. Unbeschreibliche Erleichterung. Alle sechs waren da; ich rannte zurück zum Haus. «Die Schwäne sind noch da!» rief ich triumphierend, als ich in die Frühstücksecke des Eßzimmers stürzte, ohne mir die Mühe zu machen, Hut und Mantel abzulegen. «Gib mir ein Stück Brot.»

«Oh, das ist wunderbar», sagte sie und goß mir eine Tasse Kaffee ein. «Jetzt kannst du dich hinsetzen und frühstücken. Wenn sie jetzt da sind, werden sie nach dem Frühstück auch noch da sein.»

Trotz ihrer scheinbaren Ruhe glaube ich, daß meine Frau sich mit ihrem Frühstück beeilte. Ich schlang meins geradezu hinunter, weil es mich wieder zum Teich zog. Dann schnitt ich ein paar dicke Scheiben Brot ab, während Thaddäa sich Gummistiefel und ihren Mantel anzog, und auch ich zog mich so warm an, wie ich nur konnte. Als wir vor die Haustür traten, sahen wir, daß die Schwäne nicht mehr auf dem Kapellenteich waren, sondern auf der Schloßgräfte. Sie mußten mir gefolgt und unter der Brücke in der Nähe der Kapelle durchgeschwommen sein. Wir gingen über den Rasen zur Schloßgräfte und begannen, ihnen Brotstücke zuzuwerfen.

Meine Frau war in ihrem Element. Sie lächelte vor Freude, als die schönen Geschöpfe immer näher zu der Stelle kamen, an der wir standen. Ich zog mich immer ein Stückchen zurück, wenn sie näher kamen. Sie mochten die schönsten Schwäne der Welt sein, aber für mich waren sie immer noch Schwäne und als solche mit Respekt zu behandeln. Mir gefiel es ganz und gar nicht, als der große Schwanenmann aus dem Wasser auf den Rasen kam, und ich hielt so viel Abstand zwischen ihm und mir, wie es sich mit Anstand nur machen ließ.

Meine Gefühle waren sehr gemischt. Meine Frau war außer sich vor Freude. Selten hatte ich sie so freudig erregt über etwas gesehen. Irgendwie mußten die

Schwäne dazu gebracht werden hierzubleiben, aber ich muß gestehen, daß ich ihnen sehr behutsam gegenübertrat. Abgesehen von den Warnungen meines Kindermädchens hatte ich irgendwo gelesen, daß Schwäne sehr gefährlich seien, wenn sie Junge haben, und dies hier war offensichtlich eine Familie. Da Vorsicht das bessere Teil der Tapferkeit ist, beschloß ich, vorsichtig zu sein.

Unser Brot war bald alle. «Weißt du, was du tun mußt?» sagte Thaddäa, nachdem wir lange Zeit dagestanden und die Schwäne betrachtet hatten. «Mais kaufen. Ich erinnere mich, daß wir die Schwäne früher immer mit Mais fütterten.»

Entzückt über die Gelegenheit, etwas Nützliches zu tun, stieg ich ins Auto und fuhr zur Landwirtschaftlichen Genossenschaft. Ich bezahlte vier Mark und kam mit zehn Pfund gelbem Mais wieder heraus. Auch schnorrte ich etwas altbackenes Brot in einer Bäckerei.

«Sie füttern!» sagte ich mir, als ich im Triumph nach Hause zurückeilte. «Auf diese Weise können wir sie bei uns halten. Sie füttern, bis sie platzen. Dann werden sie bleiben, weil es soviel zu fressen gibt!»

Als ich, mit den Leckerbissen beladen, ankam, entriß meine Frau sie mir und begann die Schwäne wieder zu füttern, während ich mich in respektvoller Entfernung hielt.

Zwar konnte ich den Schwanenvater, die Schwanenmutter und die Schwanenkinder unterscheiden, aber sonst wußte ich praktisch nichts von Schwänen. Mir fiel auf, daß das Gefieder von dreien der Jungen weiß und grau meliert war, während das vierte, das immer ein wenig zurückzubleiben schien, schneeweiß war bis auf ein bißchen Grau auf dem Kopf. Mir fiel auch auf, daß sie sich uns in einer bestimmten Reihenfolge näherten: Schwanenmann, Schwanenmutter, die drei dunklen Jungen, dann ein kleiner Abstand und schließlich der kleine Weiße, der immer etwas nervöser war als die anderen.

«Schwäne» wurde jetzt das Hauptgesprächsthema. Beim Essen drängte mich meine Frau ständig, ich müsse unbedingt etwas tun, damit die Vögel hierblieben. Es sei schön und gut, wenn wir uns da hinstellen und sie bis zum Übermaß füttern, meinte sie. Es sei sicher ein angenehmer Zeitvertreib; es könne sogar dazu führen, daß sie eine Weile blieben. Doch zu guter Letzt würden sie unweigerlich fortfliegen, und dann hätten wir sie zum letztenmal gesehen. Schließlich sei ich ein MANN und sollte imstande sein, etwas zu *tun*. Ich gab zu, daß ich ein Mann sei, aber ich sah eigentlich nicht ein, was das damit zu tun hat. Was lag *ihnen* daran, ob ich ein Mann bin?

Später erfanden wir häufig Vorwände, um hinauszugehen und nachzusehen, ob die Schwäne noch da seien. Manchmal trafen wir uns dann ganz zufällig, wenn wir beide dasselbe Ziel anstrebten, aber jeder gab vor, mit anderen Dingen beschäftigt zu sein. Keiner ließ sich zum Narren halten, und die Schwäne hatten einen Festtag.

Die Schwäne lernten uns jetzt kennen. Wir brauchten nur die Stimme ein wenig zu heben und zu rufen: «Komm, komm!» dann waren sie schon da, eifrig und willfährig. Sie fraßen ohne weiteres alles, was wir ihnen an Brot und Mais gaben. Doch trotz dieser regelmäßigen Gaben betrachteten sie mich nach wie vor mit demselben Mißtrauen wie ich sie. Wenn ich ihnen zu nahe kam, erlaubten sie sich ein langes, reptilienartiges Zischen, das eine Warnung zu enthalten schien. Ich pflegte mich dann hastig etwa einen Meter zurückzuziehen und ihnen als Versöhnungsgabe eine Handvoll Mais hinzuwerfen.

Die Tage vergingen, und zu unserem Entzücken und zu unserer Freude blieben die Schwäne da. Aber wir erzielten keineswegs die Fortschritte, die meine Frau erhofft hatte. Meine großen Pläne, sie hinter Schloß und Riegel zu bringen, waren nach einer Woche noch in ebenso weiter Ferne wie am Tag nach ihrer Ankunft. Mir fiel einfach keine Methode ein, wie ich sie fangen könnte, ohne Leib und Leben zu gefährden, *meinen* Leib und *mein* Leben. Außer mich ins Wasser zu stürzen und jedes Tier zu packen, sah ich keine Möglichkeit, ihrer habhaft zu werden, und das zu tun war ich nicht bereit. Der Papa Schwan war ein strammer Bursche. In dieser Beziehung sah ich übrigens wenig Unterschied zwischen ihm und seiner Brut.

Bei dieser Lage der Dinge wäre es vielleicht ewig geblieben, wenn das Eis nicht gekommen wäre. Das Eis beginnt als eine dünne Schicht auf der Wasseroberfläche, eine plötzliche stählerne Bewegungslosigkeit, die ein graues Glitzern in der späten Sonne hervorruft. Es ist ziemlich einfach, dieses erste Eis mit einer langen Holzstange aufzuschlagen; die Wasservögel sammeln sich dann in dem so entstandenen Loch und halten es offen. Aber ein Loch zu schlagen wird von Tag zu Tag weniger lustig. Bei größerer Kälte wird das Loch immer kleiner, obwohl die Enten daran gearbeitet und es bis zum späten Nachmittag beträchtlich erweitert haben. Friert es ein paar Tage hintereinander, dann wird das Aufschlagen des Eises fast zu einer Herkulesaufgabe.

In jenem Winter betrachtete ich das Eis mit gemischten Gefühlen. Einerseits war es uns nützlich beim Bau einer Brücke über die Schloßgräfte zu den Wiesen, die zu bauen wir den ganzen Sommer geplant hatten. Sie sollte die alte Brücke ersetzen, die nach dem Krieg mit Vorbedacht zerstört wurde, als die Gefahr bestand, daß die zur Arbeit in Deutschland gezwungenen Polen und Russen plündern würden.

Herr Balz und ich hatten alle möglichen Pläne geschmiedet. Um die Pfähle, die wir geschlagen hatten, in das Bett der Schloßgräfte zu rammen, die an dieser Stelle zwanzig Meter breit ist, hatten wir vorgehabt, Pontons zu bauen und die Arbeit von dort aus auszuführen. Das war gut und schön, nur waren wir nie dazugekommen, die Pontons zu bauen. Als das Eis nun dick genug war, um beträchtliche Lasten zu tragen, machten sich Herr Balz und Herr Schütte, ein anderer Pächter, mit Hilfe einiger Landarbeiter an die Arbeit. Der ganze Plan der Brücke wurde mit der Schneide einer Axt auf das Eis «gezeichnet». Nachdem Löcher in das Eis gesägt worden waren, wurden die Eichenpfähle, die über dreieinhalb Meter lang waren und einen Durchmesser von mehr als dreißig Zentimeter hatten, durch die Löcher hinabgelassen und buchstäblich mit Seil und Kette in das Bett des Grabens hineingebohrt, während oben jemand mit einem Vorschlaghammer draufschlug. Die Pfähle wurden bis zum nächsten Tag mit Stützen stehengelassen, und inzwischen hatte sich die Eisdecke geschlossen und hielt sie gleichsam wie in einem Schraubstock senkrecht. Die Arbeit dauerte eine ganze Woche, aber als sie beendet war, waren wir sehr zufrieden, denn wir wußten nun, daß das Vieh in Zukunft rasch vom Kuhstall auf die Weide gebracht werden konnte und nicht erst durch das Tor am Einfahrtsdamm und über die Landstraße getrieben werden mußte.

Aber wenn das Eis ein Segen für den Brückenbau war, so war es fast ein Fluch im Hinblick auf die Schwäne, und wir beurteilten unsere Aussichten, sie zu behalten, nicht allzu rosig. Wir boten ihnen Wasser an in Patricks Plastik-Badewanne, aber das verschmähten sie und zogen es vor, zum Bach zu wandern. Allerdings kamen sie bereitwillig, um sich Futter zu holen, doch wir begannen, unsere ständige Suche nach ihnen als eine Last zu empfinden. Es war offensichtlich, daß uns ein ungewöhnlich harter Winter bevorstand und die Vögel an keine natürliche Nahrungsquelle würden herankommen können. Wir konnten nichts tun, überlegten wir uns, als ihnen tagsüber mehr Futter zu geben und häufiger. Aber wir wußten, daß die Vögel jederzeit fortfliegen könnten und wir sie dann nie wiedersehen würden.

An diesem Punkt nahm meine Frau die Dinge in die Hand. Sie griff nach dem Telefon und traf eine Verabredung mit Dr. Helmut Reichling, dem Zoodirektor in Münster. An einem Mittwoch fuhren wir hin und suchten ihn in seinem Büro auf. Zwar waren wir begierig, seine Vorschläge zu hören, doch muß ich gestehen, daß ich im stillen hoffte, ich würde mich nicht zu weit mit den Schwänen einlassen müssen.

Das erste, was er wissen wollte, war, welcher Spezies sie angehören. Das brachte mich außer Fassung. «Ganz gewöhnliche weiße Schwäne», sagte ich. «Es gibt aber mehr als eine Art weiße Schwäne», erklärte er. Als er uns weiter ausfragte, wußten wir keine Antwort und deshalb ging er zu seinem Bücherschrank und nahm ein großes, illustriertes Buch von Jean Delacour heraus, von dem ich nie gehört hatte, und bat uns, die Schwäne nach den Illustrationen von Peter Scott zu identifizieren.

Wir schämten uns sehr über unseren völligen Mangel an Wissen. Als wir auf das Bild eines Höckerschwans deuteten, war er, glaube ich, enttäuscht. Er sagte uns, daß der Höckerschwan ein recht alltäglicher Vogel sei: wollten wir sie wirklich behalten? O ja, wir wollten sie unbedingt behalten, sagten wir, und wiederum schämten wir uns ein bißchen, daß wir etwas so Gewöhnliches behalten wollten. Der freundliche Direktor erklärte uns dann, daß in diesem Fall die ganze Sache außerordentlich einfach sei. Erstens müßten wir eine Art Gehege bauen und die Schwäne hineintreiben; da sei gar nichts dabei. Mir sank der

Mut. «Sie können das leicht sagen», dachte ich bei mir. «Sie wissen, wie man so etwas macht!» Dann sagte er, sobald die Schwäne in dem Gehege seien, werde er den Experten des Zoos zu uns schicken, damit er sie beschneide. Da ich meine fast bodenlose Unwissenheit schon enthüllt hatte, fand ich, daß es auf ein bißchen mehr nicht mehr ankommen würde, und deshalb fragte ich, was «beschneiden» bedeutet. Er erklärte mir, daß es drei Möglichkeiten gebe, einen Vogel am Fliegen zu hindern. Entweder schneidet man die Flugfedern ab, was bewirkt, daß der Vogel nicht fliegen kann, bis ihm neue gewachsen sind, woraufhin das Ganze noch einmal gemacht werden muß, oder man durchschneidet den Streckmuskel, was nicht immer gelingt, oder aber man durchschneidet die letzten Gelenke eines Flügels, die am weitesten vom Körper entfernt sind. Die beiden letztgenannten Operationen machen den Vogel permanent flugunfähig, und man nennt sie Beschneiden oder Stutzen. Die dritte Methode sollte bei unseren Schwänen angewandt werden.

Wir verabredeten, daß der Experte am nächsten Montag kommen sollte, was mir vier Tage Zeit gab, um alles für ihn vorzubereiten. Abgesehen von dem Problem, die Schwäne unter den herrschenden Wetterbedingungen noch vier Tage draußen zu lassen, war noch die Kleinigkeit zu bewältigen, das Gehege zu bauen und sie hineinzubringen. Als ich nach Hause fuhr, standen mir Bilder vor Augen vom Bau des Geheges und von den Schwänen, die in dem Augenblick fortflogen, in dem wir versuchten, sie hineinzubringen. Mir standen noch andere Bilder vor Augen von dem Experten, der ankam und nichts fand, was er beschneiden konnte.

Das Leben ist in den Wintermonaten in der Landwirtschaft geruhsamer. Die Felder liegen noch unter ihrer Schneedecke; alle Tiere sind behaglich in den Ställen, die Kühe liegen oder stehen auf dicken Lagen warmen Strohs. Die Leute, die sonst die Felder bestellen, erledigen alle möglichen Arbeiten im Haus, bessern ihre Geräte aus oder kümmern sich in der Zeit zwischen den Mahlzeiten der Tiere und ihren eigenen um Dinge, zu denen sie sonst nicht kommen. Es fiel mir nicht schwer, den Bau eines Schwanengeheges zu organisieren. Der prachtvolle alte Stefan, der das Vieh füttert, wurde meine rechte Hand.

Wir nahmen fünf Pfosten von dem Haufen, der immer bereitliegt, und hackten fünf Löcher in den tiefgefrorenen, steinharten Boden hinter dem alten Brauhaus.[3] Vier der Löcher waren etwa ein Meter zwanzig auseinander und bildeten ein Quadrat. Der fünfte Pfosten wurde in die Mitte der dem Graben zugewandten Seite gesetzt, die etwa sechs Meter vom Ufer entfernt war. Als die Erde wieder eingefüllt und festgetreten war, fand ich, daß die Umzäunung stabil genug sei, um eine Viehherde aufzunehmen. Wir zogen kräftigen Maschendraht von einem Pfosten zum anderen und ließen eine etwa einen Meter breite Öffnung frei, durch die wir die Schwäne hineintreiben konnten und die später mit Maschendraht geschlossen werden sollte, sobald die Schwäne drinnen waren. Dann legten wir rings um die Umzäunung etwa einen Meter hoch

Strohballen, um einen Windschutz zu schaffen. Als Krönung des Ganzen schlugen wir vier runde Nägel mit großen Köpfen in den Torpfosten, an denen wir den Maschendraht festhaken konnten, sobald die Schwäne innerhalb der Umzäunung waren.

Die Vögel hatten gelernt zu kommen, wenn sie gerufen wurden oder das Rasseln des Maises in der Aluminium-Eierpfanne hörten, die ich benutzte, um sie zu füttern. Ich hatte auch entdeckt, daß sie bereitwillig kamen, wenn ich einen lauten Lockruf ausstieß, was sehr nützlich war, wenn sie außer Sichtweite waren. Deshalb machte ich mir keine Sorgen darüber, wie ich sie dazu bringen sollte herzukommen. Sorgen machte ich mir nur darüber, was ich tun sollte, wenn sie kämen. Es ist zweierlei, ob man Futter hinstreut, und sich dann zurückzieht, oder ob man den ersten Schritt tut und die großen Vögel vor sich hertreibt. Wer wußte, ob sie sich nicht umdrehen und angreifen würden?

Der Sonntagnachmittag war schön und klar. Ich stand neben meinem Gehege und begann zu rufen. Ich rief und rief und rief. Weit und breit kein Schwan zu sehen. Kein langer Hals, kein spitzer Schwanz. Ich begann Huhu! zu rufen und hätte genauso gut den Mond anbellen können. Es war hoffnungslos. Nun wußte ich, daß meine schlimmsten Befürchtungen sich verwirklicht hatten, daß die Schwäne fort waren. Am nächsten Tag würde der Experte kommen, und es würde nichts für ihn zu tun geben. Ich stampfte mit den Füßen auf vor Kälte und Enttäuschung und rief immer noch.

Ein Bach fließt durch unser Land; einer jener tückischen Bäche, die heute wasserlos und morgen reißend sind, wenn es zufällig stark geregnet hat. Er dient auch als Demarkationslinie zwischen der Hofwirtschaft und dem Betrieb des anderen Pächters, Herrn Wallmeyer, der einen beträchtlichen Teil unseres Landes gepachtet hat. Herr Wallmeyer ging zufällig an seiner Grenze am Bach entlang, als ich da stand und mir die Seele aus dem Leib schrie.

«Rufen Sie Ihre Schwäne?»

«Allerdings. Sie sind vielleicht da drüben?»

«Alle sechs sind unten am Bach. Warten Sie einen Augenblick, dann treibe ich sie zu Ihnen hinüber.» Thaddäa war zu mir gekommen, und wir sahen zu, wie er sich durch den Stacheldrahtzaun an der Kuhweide arbeitete und das Ufer zum Bach hinunterschlitterte. Eine Minute verging, aber nichts schien zu geschehen. «Er wird sie verscheuchen», stöhnte ich, «er wird sie wegjagen, statt sie herzutreiben. Wie um alles in der Welt will er sie und sich selbst über den Bach kriegen?»

Aus irgendeinem Grunde kam ich gar nicht auf den Gedanken, daß der Bach auch zugefroren sein könnte, aber ein paar Minuten später tauchten der Kopf und lange Hals eines Schwans über dem diesseitigen Ufer auf. Dann kam rasch noch einer und noch einer, bis wir sie alle sechs sehen konnten und auch Herrn Wallmeyer, der die Nachhut bildete.

Das Vorantreiben der Tiere ging qualvoll langsam. Es ist kennzeichnend für einen Städter wie mich, daß er ewig in Eile ist – alles muß geschwind gehen. Der Landmann ist anders – bei ihm braucht alles seine Zeit. Der Städter neigt dazu, über den langsamen Landmann die Nase zu rümpfen; der Landmann dazu, den Stadtmenschen mit einem gewissen belustigten Augenzwinkern zu betrachten. Doch bewegt sich der Landmann langsam, weil er sein Geschäft versteht; wenn er mit Tieren zu tun hat, weiß er, daß es klüger ist, sich langsam zu bewegen und sie nie direkt anzusehen. Tiere bewegen sich in der Regel langsam, es sei denn, es besteht Gefahr. Angreifende Tiere gehen schnell auf ihre Beute zu.

Während ich vor Ungeduld zappelte, trieb unser Nachbar die Tiere vor sich her und zischte durch die Zähne. Manchmal sprach er auch leise mit ihnen. Wenn sie rechts oder links ausbrachen, ließ er sie gehen und sammelte sie dann immer wieder im selben Rhythmus ein. Wenn sie schneller gingen, ging er auch schneller, aber er übte nie spürbaren Druck auf sie aus. Sie marschierten in ihrer gewohnten Reihenfolge, erst über das stoppelige Gras, über einen Teil des gefrorenen Fischteichs, über den Deich und schließlich über die Schloßgräfte. Kaum hörten sie mich mit dem Mais rasseln, da begannen sie sich zu beeilen. Ich ging langsam rückwärts und gelangte mit jedem vorsichtigen Schritt dem Gehege näher. Sie kletterten das Ufer hinauf, und eine Minute später hielten sie auf die Öffnung in der Strohwand zu. Als ich das sah, begann ich, Körner genau in die Öffnung zu streuen.

«Es geht wie geschmiert», sagte ich keck zu Thaddäa. Mit einemmal wurden die Schwäne von einer leichten Panik gepackt, sie begannen sich zu zerstreuen und in allen Richtungen davonzustieben.

«Kreisen Sie sie ein. Kreisen Sie sie langsam ein!» rief unser Nachbar.

Wir taten, wie uns geheißen wurde. Die Vögel liefen hierhin und dorthin, als wir auf sie zugingen. Ein Schwan, der sich bedroht fühlt, kann sich an Land sehr schnell umwenden. Er dreht sich auf einem Fuß herum, zischt und hebt die Flügel, hält den Kopf hoch und schlägt mit dem Schwanz auf den Boden. Einer der jungen Schwäne tat genau das und ging schnurstracks auf mich zu. Ich würde plötzlich ganz aufgeregt und verspürte den Drang, ihm auszuweichen, als eine Stimme sagte: «Heben Sie die Arme und gehen Sie auf ihn zu.» Ich gehorchte automatisch. Zu meiner Überraschung wirkte es Wunder. Der Vogel drehte sich um und ging zu den anderen zurück, und mir war, als habe ich einen großen Sieg errungen.

Wir machten es ganz richtig. Die sechs Schwäne scharten sich zusammen, und wir trieben sie ganz langsam durch die Öffnung. Sobald sie drinnen waren, zerrten wir den Maschendraht vor den Eingang, hakten ihn an den Nägeln fest, und die Schwäne gehörten uns. Ich sah Thaddäa triumphierend an. Wir hatten unsere Schwäne, und wenn am nächsten Tag alles gut ging, würden wir sie zeit ihres Lebens haben. Beruhigt bei diesem Gedanken, legten wir die letzten Strohballen vor die Öffnung und machten uns daran, unsere Gefangenen zu füttern und zu bewundern. Wir starrten sie an, als ob wir sie noch nie gesehen hätten.

Den Rest des Tages verbrachten wir mit Kommen und Gehen vom und zum Schwanengehege. Die Vögel begrüßten uns mit leisen, wiehernden Lauten und schienen nicht im mindesten aggressiv oder verstimmt zu sein über die morgendliche Aufregung. Sie fraßen, was alles wir ihnen auch gaben, ließen sich auf dem Stroh nieder und schienen ganz zufrieden zu sein. Als wir an jenem Abend zu Bett gingen, hörten wir den Wind heulen, der über das westfälische Flachland fegte. Wir dachten an unsere sechs Schwäne, die hinter ihrem Strohwall in Sicherheit waren. Doch trotz aller Freude und Befriedigung darüber, daß wir sie eingefangen hatten, begann ich mich zu fragen, ob es eigentlich richtig sei, was wir taten.

Der Morgen des Operationstages war kalt und klar. Der Wind hatte sich gelegt, und jeder ausgeatmete Lufthauch verwandelte sich in einen Dampfstrahl. Als ich hinausging, um mir die Gefangenen anzusehen, begrüßten sie mich mit ihrem leisen Gewieher und hoben die Köpfe. Sie schienen eine recht gute Nacht verbracht zu haben, denn keiner von ihnen sah aus, als ob er leide, halb tot sei oder sonst etwas Schlimmes habe. Sie nahmen das Futter, das ich ihnen gebracht hatte, bereitwillig. Ich fing an, sie sehr gern zu haben, wie sie da waren. Ich blieb viel länger, als ich sollte, was bedeutete, daß ich eine halbe Stunde zu spät zum Frühstück kam.

Als meine Frau losfuhr, um den Experten aus Münster abzuholen, fragte ich mich, wie mir wohl zumute sein werde, wenn die ganze Sache vorbei war. Das Problem bestand nicht länger darin, die Schwäne bei uns zu behalten, sondern darin, wie man mit ihnen verfahren sollte. Ich holte mir noch etwas Brot und schlenderte hinüber zu dem Pferch. Dann stützte ich mich mit den Ellbogen auf einen der Strohballen, betrachtete unsere Gefangenen noch einmal und warf ihnen derweil kleine Brotstückchen zu.

Thaddäa kam gegen elf Uhr mit dem Experten zurück, Herrn Emmerich. «Wissen Sie, ich bin noch nie hiergewesen», sagte er ernst, als wir uns die Hand gaben. «Wenn Sie nichts dagegen haben, würde ich mich gern ein wenig umschauen, ehe ich mich an die Arbeit mache. Die dauert nämlich nicht sehr lange.»

Sein Verhalten hatte etwas sehr Beruhigendes. Als wir zusammen umherwanderten, sah er sich die Wasserflächen an, oder vielmehr das, was normalerweise Wasser war, auf denen die Schwäne leben sollten. Wir hatten entschieden den Eindruck, daß er die Situation und uns dazu kurz abschätzte. «Eine Menge Wasser, Gras und Wasserpflanzen. Ich wünschte tatsächlich, ich könnte etwas von dem Grünzeug für die Wasservögel im Zoo mitnehmen.» Er äußerte sich begeistert über die großen Trauerweiden, deren Blätter buchstäblich über dem Wasser trauern. Als wir auch den letzten Teich besichtigt hatten, sah er mich an und sagte langsam und deutlich: «Ja, ich glaube, daß Schwäne hier glücklich wären.» Ich lächelte und dachte an den getreuen Untertan Ihrer britannischen Majestät, der mich als erster veranlaßt hatte, über das Glück von Schwänen nachzudenken.

Noch heute sind wir stolz darauf, daß sich Herr Emmerich so lobend über das Gehege äußerte, das der alte Stefan und ich gebaut hatten. Er stützte sich auf den obersten Ballen und sah über den Strohwall auf die Schwäne hinab. Sechs glitzernde Augenpaare schauten ihn ihrerseits an. Sie betrachteten ihn mit auf die Seite gelegten Köpfen in der reizenden Art, die Schwäne an sich haben, wenn sie zu etwas aufschauen.

«Ich brauche einen Platz drinnen zum Arbeiten und irgendeine Art Tisch. Ist das möglich?»

Zum Glück hatten wir das Gehege direkt vor dem alten Brauhaus gebaut, wo ein nichtbenutzter Stall war. Es dauerte nur ein paar Minuten, bis Herr Balz und ich gleich hinter der Tür einen Behelfstisch zusammengebastelt hatten aus vier Ballen Stroh als Unterlage und einer alten Tür als Tischplatte.

«Ein guter Aufenthaltsort für die Schwäne», meinte Herr Emmerich. «Es ist wichtig, sie drinnen zu lassen, damit die scharfe Kälte nicht an die Wunden kommt.» Ich sah zu, wie er seine «chirurgischen» Instrumente auspackte, die aus einem Holzhammer, zwei Hobeleisen eines gewöhnlichen Holzhobels, einem riesigen Klappmesser (es ein Taschenmesser zu nennen, wäre eine Beleidigung gewesen), einer Flasche mit einem Desinfektionsmittel und einem Knäuel feinen, reinleinenen Garns bestand.

«Wollen Sie mir helfen und die Schwäne bei der Operation halten?» Das warf mich um. Ich hatte nicht die Absicht gehabt, Hand an die Schwäne zu legen. Hatte ich nicht schon in einem sehr frühen Lebensabschnitt gelernt, daß ein Schwan einem Menschen mit einem Flügelschlag ein Bein brechen kann? Wenn jemand einen Beinbruch davontragen sollte, dann wollte jedenfalls nicht ich derjenige sein.

«Vielleicht wäre es am besten, wenn Herr Balz sie einfängt und festhält...» schlug ich vor. «Vielleicht könnte ich für ihn das Gehege auf- und wieder zumachen?»

Wenn meine Frau wegen meiner Feigheit eine schlechtere Meinung von mir hatte, dann hat sie es jedenfalls nie gesagt. Sehr wahrscheinlich hielt sie mir meine städtische Ängstlichkeit zugute, die ihr ebenso fremd war wie mir ihr Verständnis für Tiere. Wir sahen zu, wie Herr Balz den ersten jungen Schwan einfing und hineintrug, und ich befleißigte mich, das Tor auf- und zuzumachen. Als er nach überraschend kurzer Zeit wieder herauskam, folgte ich ihm, als er den zweiten jungen Schwan hineintrug, denn er sagte mir, es sei interessant, wie Herr Emmerich das mache.

Herr Emmerich stand neben seinem Behelfstisch, auf dem alle Geräte für das Geschäft ausgebreitet waren. Als ihm der junge Schwan gebracht wurde, zog er den linken Flügel in eine gestreckte Lage und wickelte das Leinengarn mehrfach oberhalb des Teils herum, der zu behandeln war. Er machte eine knapp über einen Zentimeter breite Bandage. Als er dann nach dem Holzhammer und einem der Hobeleisen griff, trat ich schleunigst den Rückzug nach draußen an. Ich konnte den Gedanken nicht ertragen, die Sache mitanzusehen. Ich hatte das Verhalten des jungen Schwans beobachtet; das arme Ding war so ruhig und hilflos gewesen, daß ich mit einem Gefühl der Scham wegging.

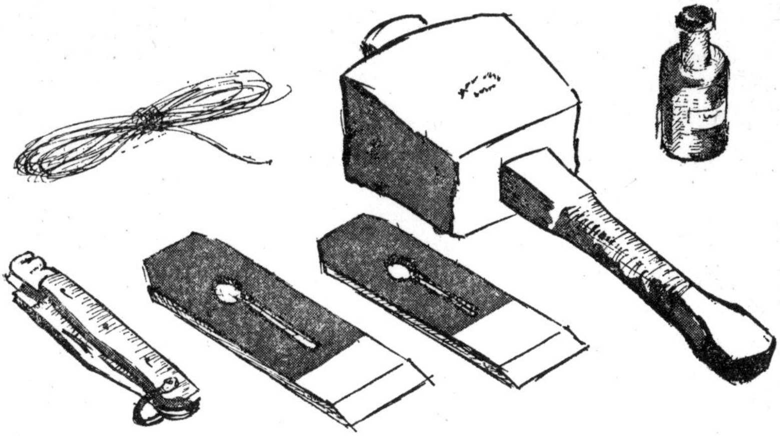

Als ich an meinem prachtvollen Gehege stand, begann ich von neuem mit dem Problem zu ringen, das mich schon seit dem vorigen Abend gequält hatte. War es richtig, wenn wir diese Geschöpfe der Fähigkeit des Fliegens beraubten? Hatten wir das Recht dazu, bloß weil wir Schwäne haben wollten, sie so zuzurichten, daß sie sich *nie wieder* in die Luft schwingen könnten? Ich stand neben meiner Frau in der bitteren Kälte und blickte hinunter auf das Elternpaar; er so stolz und mächtig, und sie so elegant. Ich dachte daran, daß sie ihre vorjährigen Jungen in eine Situation gebracht hatten, aus der es kein Entkommen mehr gab. Auf der Suche nach offenem Wasser und Sicherheit waren sie zu uns gekommen und in eine lebenslängliche Falle geraten. Ich hatte ganz stark das Gefühl von Verrat unsererseits. Wenn wir den stolzen Schwan und seine Schwänin operieren ließen, würden sie *nie wieder* zum Himmel auffliegen können. Bis zu ihrem Todestag wären sie wie ihre Kinder erdgebunden. Und schlimmer noch: *nie wieder* würden sie so makellos und unversehrt und vollendet schön sein wie in diesem Augenblick in dem Gehege.

Sie können mich für einen sentimentalen Narren und Romantiker halten und deswegen geringer von mir denken, aber die Kombination der Wörter *nie* und *wieder* erzeugten in mir einen inneren Schauder. Ich sah meine Frau an, und nach ihrem Gesichtsausdruck schien es mir, daß sie von den gleichen Gedanken beseelt sein mußte.

«Liebling», sagte ich etwas verschämt, «ich finde, die Eltern sollten nicht beschnitten werden. Wenn wir sie in Ruhe lassen, werden sie gewiß bei den Kindern bleiben. Fliegen sie weg, haben wir immer noch die Kinder. Vier Schwäne müßten reichen.»

«Ich glaube, du hast recht», sagte sie nachdenklich.

«Natürlich mußt du es entscheiden. Es sind sozusagen deine Schwäne.»

Sie zögerte eine Sekunde und schaute mich mit ihren verständigen braunen Augen an, die Stirn ein wenig gerunzelt. «Lassen wir es bei den Eltern. Lassen wir es drauf ankommen.»

Ich ging hinein, um Herrn Emmerich von unserem Entschluß zu unterrichten. «Ich glaube, Sie haben recht», sagte er. «Wie wäre es, wenn wir die Flugfedern der Alten stutzen, so daß sie bis zur nächsten Mauser hierbleiben? Wenn Sie dann zu dem Entschluß kommen, sie fliegen zu lassen, wenn die neuen Federn wachsen, dann werden sie völlig frei und ungebunden sein. Wenn Sie mit mir kommen», fügte er hinzu, «dann zeige ich Ihnen, wie es gemacht wird.»

Diesmal hatte ich keine Gewissensbisse beim Zuschauen, und deshalb ging ich mit ihm hinein, während Herr Balz den Schwanenvater holte. Herr Emmerich breitete den Flügel aus und griff nach dem Messer. «Schauen Sie. Hier sind die großen Federn am Ende des Flügels. Die Flugfedern. Das Messer muß haarscharf sein, damit es nicht zerrt und den Vogel womöglich verletzt. Wenn ich diese Federn nur an einem Flügel abschneide, gerät der Vogel aus dem Gleichgewicht, weil dieser Flügel nicht denselben Hub ausüben kann wie der nicht behandelte Flügel, so daß der Vogel nicht fliegen kann. Jetzt schauen Sie zu!» Mit einer geschickten und geübten Bewegung, die sehr einfach zu sein schien, durchschnitt er die Kiele der letzten sechs Federn an der Flügelspitze; eine schnelle und völlig schmerzlose Operation. Dasselbe wurde bei der Schwänin gemacht, und ein paar Augenblicke später war das Werk vollendet.

Zweierlei hatte ich an diesem Vormittag gelernt. Ich hatte gelernt, daß die Schwäne nicht so zum Fürchten sind, wie es scheint, und ich hatte aus Herrn Emmerichs und Herrn Balz' ganzem Verhalten gelernt, wie einfach es offenbar ist, mit den Tieren umzugehen, vorausgesetzt, man war sanft und hatte *ihr Wohlbefinden* im Sinn; zwei Lehren, die ich mir zu Herzen nehmen mußte, wenn ich mich mit ihnen je würde selbst befassen müssen. Derweil ließen sich Eltern und Kinder drinnen im warmen Brauhaus und vorm Wind geschützt friedlich auf dem Stroh nieder, gut versorgt und wahrscheinlich zum erstenmal in ihrem Leben unter Dach und Fach, und warteten, was nun kommen würde.

Ich hatte kein schlechtes Gewissen mehr wegen der Schwäne.

Der Mann mit den Schwänen

Wir liebten diese Schwäne. Wir waren ein bißchen vernarrt in sie. Wir verbrachten viel Zeit mit ihnen, nicht nur, weil wir besorgt waren, wie sie sich nach der Operation fühlten, sondern auch, weil wir uns an ihnen freuen wollten. Ich ging gern in den Stall und betrachtete die Vögel. Sie waren etwas ganz Besonderes für mich, viel mehr als bloß sechs Schwäne. Wie Kinder in einem Märchen hatten wir uns Schwäne gewünscht, und der Wunsch war erfüllt worden. Das ganze keltische Blut geriet in Wallung, und wenn sich die Vögel in Schwanenjungfrauen verwandelt hätten, hätte ich es wohl mehr oder weniger unschwer hingenommen.

Sie taten nichts, was bemerkenswert gewesen wäre. Sie blieben sechs Schwäne, und zwar sechs Schwäne, denen es recht gut ging. Soweit wir feststellen konnten, ohne sie hochzuheben und genau zu untersuchen – so weit ging meine Begeisterung nun wieder nicht –, heilten die Wunden der kleinen Schwäne recht gut. Jedenfalls war auf der Flanke der beschnittenen Seite kein Blut zu sehen. Alle Vögel waren munter und freuten sich über jeden, der zu ihnen kam.

Es war ein ziemlich stetiger Strom von Besuchern, und alle brachten ihnen etwas zu fressen. Die Balz-Kinder kamen, und auch der alte Stefan, dem alle Tiere lieber sind als Menschen. Sogar Herr Balz schaute dann und wann herein. Wie alle anderen auch, sagte er dann, er wolle sich nur überzeugen, ob es den Schwänen gut geht. Dieser stetige Besucherstrom zu unregelmäßigen Zeiten bewirkte, daß die Vögel Menschen akzeptierten. Da alle diese Menschen, ob jung oder alt, ihnen Futter brachten oder mit ihnen sprachen, wurden die Schwäne im Laufe der Zeit immer zutraulicher. Sobald jemand den Gang betrat, um über die niedrige Wand des offenen Verschlages zu schauen, kamen sie herbei, stießen kleine Schnaufer aus und hoben die Köpfe.

Die Außentemperatur war in den zwei Wochen, in denen wir die Vögel drinnen behielten, stark gestiegen. Uns war gesagt worden, es werde etwa vierzehn Tage dauern, bis die Wunden ganz geheilt seien, und wenn es dann draußen warm genug sei, könnten wir die Vögel auf die Schloßgräfte hinauslassen. Eines sonnigen Morgens fanden wir, daß der Moment gekommen sei, und rissen schwungvoll alle Türen auf. Es dauerte eine kleine Weile, bis die Schwäne begriffen, was vor sich ging, aber dann kamen sie schnell heraus. Sie gingen im Gänsemarsch und kamen an der Stelle vorbei, wo das Gehege gewesen war, das der alte Stefan inzwischen wieder beseitigt hatte, und begaben sich eiligst zum Wasser.

«Sie sind wirklich schön», murmelte ich bewundernd, als sie an uns vorbeikamen und uns nicht einmal eines Blickes würdigten.

Das erste, was sie taten, war sich gründlich zu waschen. Als das zu ihrer Zufriedenheit erledigt war, schwammen sie unter der neuen Holzbrücke in Richtung auf den Kapellenteich, der Schwanenvater allen stolz voran. Wir stürzten auf die andere Seite der Insel und sahen die Prozession um die Biegung herumkommen. Wir waren von Besitzerstolz geschwellt und standen wie die Narren mit Brot in der Hand da und warteten darauf, daß die Schwäne zu dem Ufer kämen, an dem wir standen.

Sie schwammen ziemlich großspurig auf uns zu, als ob sie uns einen Riesengefallen täten, und nahmen unsere Gaben entgegen. Jedes Bröckchen Brot schnappten sie auf, drehten ab, zischten und kamen wieder näher, schwammen im Kreis umeinander und beobachteten erwartungsvoll, wo das nächste Stückchen Brot landen würde und wer von ihnen es bekäme.

«Komm, Hans», sagte meine Frau zu dem Schwanenmann. «Komm, Hans.»

«Hans?» fragte ich. «Wo hast du denn das her?»

«Der alte Schwan wurde Hans genannt, und dieser soll genauso heißen», erklärte sie beiläufig. «Und die Schwänin wird Leda heißen.»

«Aber Leda war eine Frau, kein Schwan», wandte ich ein. «Zeus nahm die Gestalt eines Schwans an.»

«Soviel weiß ich auch, aber trotzdem wird sie Leda heißen. Immerhin kannst du nicht leugnen, daß sie weiblich ist.»

Das Orakel hatte gesprochen, und ich fand, es klang gut. Es war eine harmonische Verbindung. «Und wie ist es mit den anderen?» fragte ich und erhielt die Antwort, darüber würden wir später nachdenken.

Es sprach sich bald herum, daß die Schwäne wieder auf dem Wasser waren. Fremde und Nachbarn begannen mit altem Brot vorbeizukommen. Die Schwäne füttern auf dem Damm, der zu unserem Einfahrtstor führt, wurde eine Lokalmode; die Schwäne fuhren dabei nicht schlecht. Da sie jetzt sowohl natürliches als auch geschenktes Futter bekamen, gewöhnten wir uns an, sie regelmäßig zu bestimmten Tageszeiten mit Mais zu füttern. Ich führte eine Morgenfütterung nach unserem Frühstück ein, eine Nach-dem-Mittagessen-und Kaffee-Fütterung und eine letzte ungefähr um fünf Uhr nachmittags, etwa zu der Zeit, da die zahmen Enten sich auf dem Vorhof des «Hinterhauses» einfanden, des an den Nordgiebel des Herrenhauses angebauten Nebengebäudes. Ich rief sie, wenn sie in Sicht waren, oder stieß den Lockruf aus, wenn sie nirgends zu sehen waren. Dann streute ich das Futter auf das Gras und zog mich zurück, um sie aus sicherer Entfernung zu beobachten. Ich war immer noch nicht erpicht darauf, ihnen zu nahe zu kommen.

Sie lernten, auf dieses Rufen sehr rasch zu reagieren, und mit der Zeit brauchte ich nur noch auf den Stufen vor der Haustür zu rufen, und alle sechs kamen. Schwäne haben ein bemerkenswertes Gehör und ein fast noch beachtlicheres Sehvermögen. Höchst befriedigend war die Tatsache, daß die Vögel, wenn wir vom Haus aus riefen, ihre Bewunderer am Einfahrtstor stehenließen.

Eines stürmischen Tages, als der Westwind mit den herabgefallenen Blättern spielte und sie in kleinen Wirbeln über das Gras trieb, war ich mit der Nachtischfütterung später dran als gewöhnlich. Ich öffnete die Tür der Halle und trat instinktiv einen Schritt zurück. Am Fuße der vier Stufen, die zum Haus hinaufführten, stand geduldig die ganze Schwanengesellschaft. Als ich erschien, begrüßten sie mich mit leisem Gewieher und erhobenem Kinn.[4] Ich streute ihnen ihren Mais hin und rannte weg, um meine Frau zu rufen, damit sie die Schwäne mit mir zusammen vom Fenster meines Arbeitszimmers aus beobachten konnte.

Daß sie zum Haus kamen, wurde eine Gewohnheit. Daß sie regelmäßig und reichlich gefüttert wurden und kein Mensch ihnen gegenüber aggressiv war, machte sie zutraulich. Sie hatten die Situation, in der sie sich befanden, nicht nur akzeptiert, sondern schufen eigene Regeln. Das war auch gut, denn die Zahl der Schönwetterfreunde, die sie auf dem Damm zu füttern pflegten, begann zu schrumpfen, als die Tage kälter wurden.

Gegen Ende November begann wieder der bitterkalte Wind aus dem Osten über Europa zu fegen. Die Temperatur sank stark ab, und das Eis, das zuerst überall nur eine dünne Kruste bildete, begann rasch dicker zu werden, bis es unmöglich wurde, es für die Wasservögel aufzuhacken. Die Schwäne wurden ein Problem. Es war ein Problem, das rasch gelöst werden mußte, und mit Futter allein war es nicht getan.

«Du mußt sie nach drinnen bringen», verlangte meine Frau nachdrücklich. «Es hat keinen Zweck, sie draußen zu lassen. Früher wurden hier die Schwäne immer nach drinnen gebracht.»

Ich war ganz ihrer Meinung und sehr dafür. Aber es gab keinen Ort, wo man sie hintun konnte. Arbeiter waren dabei, die gemauerten Trennwände im Brauhaus einzureißen, und so war ihr Stall nicht mehr da. «Wir können sie schließlich nicht bei den Kühen unterbringen, und der Pferdestall ist voll, also wo sollen die unglücklichen Tiere hin?» Unsere Schwierigkeiten schienen ausweglos zu sein.

«Am besten sprechen wir mit Herrn Balz darüber.»

«Ja, tun wir das.»

Es wurden beträchtliche Veränderungen im alten Brauhaus vorgenommen, einem schönen Gebäude im holländischen Stil. Nachdem die gemauerten Zwischenwände nun fort waren, war das Erdgeschoß so, wie es vor siebenhundert Jahren gebaut worden war. Beim Einbau der im Erdgeschoß vorgesehenen modernen Schweinekoben sollte darauf geachtet werden, daß die Baustruktur des alten Gemäuers innen nicht beeinträchtigt würde.

Der Bau über dem Erdgeschoß stammt aus dem 17. Jahrhundert. Es war geplant, eine Getreidetrocknungsanlage unmittelbar unter dem riesigen Dach einzubauen, einen Kornspeicher im zweiten Stock und die Räume zum Mahlen und Mischen im ersten. Aber hier stießen die Planer auf Schwierigkeiten. Die Fußböden des zweiten und des obersten Stockwerks ruhen auf großen Eichenbalken; nachdem sie dreihundert Jahre lang Lasten getragen hatten, hingen sie gefährlich durch. Die Architekten schüttelten die Köpfe, holten ihre Rechenschieber heraus und errechneten, daß die für diese Balken vorgesehene Last, wenn die Ernte eingebracht war, das ganze Gebäude zum Einsturz bringen würde. Die Fachleute waren übereinstimmend der Meinung, daß es keine Lösung gebe und die Pläne für die oberen Stockwerke *in toto* aufgegeben werden müßten.

Da ich von Natur aus neugierig bin, hatte ich das Gebäude studiert, weil alte Gebäude mich interessieren und ich als Designer schon lange eine besondere Art habe, Probleme anzupacken. «Unmöglich» ist zufällig eins der Wörter, die mich ärgern. Außerdem wollten wir das Gebäude sehr gern verwenden. Zweitausend Quadratmeter Lagerfläche zu verlieren bloß wegen der Ansicht irgendeines Fachmanns war mehr, als wir uns leisten konnten. Ich überprüfte das Gebäude noch einmal. Wir hatten sieben Pfeiler unten in der Mitte des Erdgeschosses, die die Mittelunterstützung des Gewölbes waren. Sie waren gemauert und trugen ein gemauertes Obergeschoß, das so solide und massiv war wie nur irgendeine Wand. Als ich mir die durchhängenden Balken ansah, die die Basis des zweiten und, wenn man will, dritten Geschosses waren, kam mir ein Gedanke. Wenn die durchhängenden Balken abgestützt werden könnten durch Holzpfeiler, die senkrecht darunter gestellt werden, direkt über dem toten Punkt der massiven Mauerpfeiler im Erdgeschoß, dann würde die Belastung für jeden einzelnen Querbalken nur halb so groß sein.

Wir bestellten Herrn Schröder, den ortsansässigen Zimmermann, einen Fachmann für Fachwerkbauten. Er warf einen Blick auf die riesigen durchhängenden Querbalken und schüttelte den Kopf, als ich Abstützungen vorschlug. Ein paar Tage später kam er mit seinen Leuten. Sie schnitten ihr Holz auf das richtige Maß zu und hobelten die neuen Holzpfeiler in die richtige Lage. Sie brauchten zwei Tage dazu. Die massiven Eichenbalken, die robust und elastisch waren, wurden buchstäblich wieder gerade, und es konnten neue Fußböden auf ihnen verlegt werden. Schließlich wurde die Frischluft-Trockenanlage mit Windkanal und Trockenkammern im obersten Geschoß eingebaut. In der Erntezeit wird das Getreide nun in einen Trichter im Erdgeschoß geschüttet, mit Hilfe einer Förderbandanlage ins oberste Geschoß befördert und dort durch ein mehrfach verzweigtes Röhrensystem auf acht große quadratische «Kisten» verteilt, von denen jede fünf Tonnen Korn aufnehmen kann. Wenn das Korn trocken ist, wird es aus den Kisten durch den Fußboden in das darunterliegende Vorratslager geleitet. Dann rutscht es je nach Bedarf in Trichter, die im Fußboden eingelassen sind, und gelangt zu einer modernen elektrischen Mühle im ersten Stock; das Endprodukt wird mit Soja und anderen Zutaten gemischt und in die Schweinefutterbehälter und Silos unten in den Schweinekoben geblasen oder durch Röhren hinüber in den Kuhstall. Eine solche senkrechte Schüttanlage spart unendlich viel Arbeitskräfte, denn sie kann von einem Mann bedient werden.

Herr Balz kam nach dem Abendessen zu einem Kriegsrat ins Arbeitszimmer. Nachdem er es sich in einem Sessel bequem gemacht hatte, befaßten wir uns mit dem Problem, wo wir die Schwäne im Winter unterbringen können. Es sei nirgends Platz, erklärte er mürrisch. Seit die Umbauten im Brauhaus begonnen haben, wisse er selbst nicht, wo er mit einigen seiner Tiere bleiben solle. Dann kam ihm plötzlich ein Gedanke: die alten Schweinekoben zwischen dem Brauhaus und dem Kuhstall. Das Gebäude sei schon lange in schlechtem Zustand; die Kosten, es wiederherzustellen, seien zu hoch, und es war vorgesehen, es abzureißen.

«Diese Koben werden für nichts anderes gebraucht. Für die Schwäne brauchen Sie nur ein Dach über dem Kopf. Die Koben könnten mit Stroh ausgelegt werden, und dann wären sie schön warm, und sie sind so groß, daß sich die Tiere frei bewegen können. Auch gibt es genug Licht, und es besteht keine Gefahr, daß sie ‹stallblind› werden.»

Was er sagte, war einleuchtend und überzeugend. Von ‹Stallblindheit› hatte ich zum erstenmal gehört, und ich fragte ihn, ob Tiere wirklich blind würden, wenn der Stall zu dunkel sei. Es könne vorkommen, sagte er, obwohl es nicht unbedingt bedeutet, daß die Tiere für immer erblinden.

Am nächsten Morgen ging ich hinaus und sah mir die alten Schweinekoben an. Das Dach war an mehr als einer Stelle undicht und verschiedene Glasscheiben fehlten, aber die Fachwerkwände schienen recht stabil zu sein. Weitere Pluspunkte waren ein Fußboden aus Backsteinen und eine Reihe schöner steinerner Futtertröge längs der Trennwand zwischen den einzelnen Koben. Auch war in einer Ecke eine Wasserleitung. Der alte Stefan machte sich an die Arbeit, und am frühen Nachmittag war der größte der Schweinekoben bezugsbereit. Obwohl wir nicht die Absicht hatten, ihn gleich zu verwenden, wollten wir ihn für den Notfall bereit haben.

Nachdem die Fischteiche und die Schloßgräfte zugefroren waren, hatte sich die Schwanenfamilie auf den Bach und den Mühlenteich zurückgezogen. Dort gibt es immer massenhaft natürliche Nahrung, und es ist ein Lieblingsplatz durchziehender Wildenten. Der Teich ist teilweise verschlammt, und im

Morast und Schilf finden die Vögel immer viel zu fressen. Weil Bach und Teich tiefer liegen als die anderen Wasserflächen und auch durch hohe Ufer und die Bäume im Park geschützt sind, muß die Temperatur sehr stark absinken, ehe das Wasser gefriert. Beruhigt, weil ich wußte, daß sie nicht wegfliegen konnten, war ich dafür, die Schwäne so lange als möglich dort zu lassen. Es war weniger mühsam, als sie im Stall zu halten. Außerdem erschienen sie neuerdings zu jeder regelmäßigen Fütterungszeit an den Stufen zum Haus und marschierten über den Rasen oder das Eis, um rechtzeitig da zu sein.

Doch in einer sündhaft kalten Nacht vom Samstag zum zweiten Adventssonntag sank das Thermometer auf minus 23 Grad. Sogar der Bach fror zu. Als wir am Sonntagvormittag gegen elf Uhr von der Kirche zurückfuhren, sahen wir die Schwäne auf dem Mühlenteich. Wir hielten an und stiegen aus, um nachzuschauen: sie waren unheimlich still und änderten nicht einmal ihre Stellung, als wir zu ihnen hinunterschauten.

«Das gefällt mir nicht. Sie scheinen eingefroren zu sein», sagte Thaddäa besorgt.

Mir gefiel es auch nicht. Sie hockten in einer merkwürdigen kleinen Gruppe zusammen. Wir riefen sie, und sie drehten die Köpfe, um uns anzuschauen, machten aber sonst keinen Versuch, sich zu bewegen. Mit meinem üblichen Sinn für Dramatik sah ich schon im Geist, daß ihre Beine im Eis eingefroren seien und ich sie befreien müsse. Ich war kein bißchen erpicht darauf, meine Fähigkeiten unter Beweis zu stellen.

Wir fuhren schnell nach Hause. Kaum war ich ausgestiegen, ging ich ins Haus, zog mich vollständig um und meine Gummistiefel an. Meine Frau sah mich an, als ich herunterkam, und an ihrem Gesichtsausdruck erkannte ich sofort, was sie sagen wollte. Zuerst Frühstück.

«Nein, ich muß erst sehen, ob sie wirklich eingefroren sind.»

Ich ging am Kapellenteich vorbei zum Mühlenteich und schwang den Beutel Mais in der Hand, den ich vorher eilig gefüllt hatte. Ich sagte mir immer wieder, es sei wahrscheinlich eine dumme Idee, daß sie eingefroren seien. Aber wenn es keine dumme Idee wäre und ich sie wirklich retten müßte, dann war es sehr zweifelhaft, ob ich das schaffen würde. Merkwürdigerweise hatte ich keine Angst um mich. Ich dachte daran, daß ich ja keinerlei Erfahrung besaß und sie vielleicht aus schierer Ungeschicklichkeit und Mangel an Wissen verletzen würde.

Als ich auf den Schauplatz kam, waren die Schwäne immer noch in derselben Stellung. Sie schienen sich zu freuen, mich zu sehen, und begrüßten mich mit viel Kinnheben, machten aber keinen Versuch, aufzustehen. Als ich näher an sie heranging, zischten sie laut. Ich beschloß eine List anzuwenden und warf etwas Mais auf das Eis, knapp außer Reichweite ihrer langen Hälse. Ich versuchte sie zum Aufstehen zu bewegen, indem ich mit ihnen sprach. Aber sie rührten sich nicht, und ich war verzweifelt. Ich warf noch ein wenig Mais vor den Schwanenvater. Erfolg. Mit einiger Mühe erhob er sich, wobei es ein kleines reißendes Geräusch gab. Danach folgten alle Familienmitglieder seinem Beispiel, und jedes hinterließ ein Oval weicher Brustfedern, die sie am Eis festgehalten hatten.

Sie konnten nicht länger im Freien bleiben, wenn nicht dasselbe noch einmal passieren sollte. Ich kam zu dem Schluß, daß ich keine andere Wahl hatte, als sie möglichst schnell auf den Haupthof zu bringen und in den Stall, der schon für sie bereit war.

Schließlich gelang es mir, sie auf den Damm hinaufzulocken. Aber es ging entsetzlich langsam. Es war so kalt, daß auch fließendes Wasser zufror, es war Ostwind, und ich war hungrig. Ich dachte daran, daß meine Familie im warmen Haus beim Frühstück saß, und ich begann Kaffee zu riechen. Obwohl ich mich für einen Narren hielt, daß ich dem Rat meiner Frau nicht gefolgt war, machte ich verbissen weiter. Wenigstens bewegten sich die Schwäne in der richtigen Richtung, obwohl sie sehr müde zu sein schienen. Sie folgten dem Schwanenvater, der hinter mir herkam, während ich rückwärts ging und dann und wann etwas Mais streute. Wenn ich wegging, würden sie gewiß zum Mühlenteich zurückkehren, und ich würde wieder ganz von vorn anfangen müssen. Kein Frühstück war das wert.

«Kommt, ihr lieben Schwäne, ihr dummen Schwäne, ihr idiotischen Schwäne.» Als es mit Höflichkeit nicht mehr ging, belegte ich sie mit Kosenamen, die nicht gerade stubenrein waren. Zumindest trug meine Schimpferei dazu bei, mich warm zu halten, wenn sie auch sonst nicht viel Erfolg hatte. Beleidigt waren die Vögel jedenfalls nicht im mindesten. Obwohl wir den Pfad entlangzogen, der um den Kapellenteich herumführt, kamen wir keineswegs zielstrebig voran. Ab und zu setzte es sich einer der Vögel in den Kopf, daß die Lösung all ihrer Probleme auf dem Kapellenteich liege. Die anderen gingen ihm dann nach oder versuchten, den Weg zurückzugehen, den wir so mühselig hinter uns gebracht hatten. Als wir schließlich in gleicher Höhe mit der Kapelle waren und nur noch eine relativ kurze Strecke zurückzulegen blieb, ging Hans aufs Gras zu der einen großen Kiefer, die da steht, und ließ sich erschöpft und endgültig protestierend dort nieder. Das war das Zeichen für eine allgemeine Demoralisierung. Die Schwäne begannen sich in alle Richtungen zu zerstreuen und sich hinzusetzen. Wie ein Landsknecht fluchend, trieb ich sie wieder zu einer Gruppe zusammen; aber Hans hatte genug. Er schlüpfte an mir vorbei und eilte wieder zum Bach. Mir blieb keine andere Wahl, als ihn gehen zu lassen. Besser fünf Vögel in den Stall zu bringen, als dem Schwanenvater über Stock und Stein nachzusetzen und die ganze Bande zu verlieren.

Inzwischen fror ich nicht nur und hatte Hunger, sondern war obendrein noch mißgestimmt. Meine Geduld war allmählich erschöpft. Ich beschloß, sie vor mir herzutreiben, statt sie hinter mir herzulocken. Ich trieb sie unerbittlich vor mir her. Sie waren ziemlich erschöpft und ließen sich häufig nieder, um sich auszuruhen. Brutal scheuchte ich sie wieder auf, denn ich sagte mir, je erschöpfter sie wären, um so besser würde ich sie lenken und in den Stall bringen können. Das erwies sich zum Glück als richtig; im Handumdrehen sanken sie dankbar auf dem dicken Strohlager nieder, während ich in einen der steinernen Futtertröge Mais streute und in den anderen Wasser goß. Hans konnte warten. Wenn er nicht wußte, was gut für ihn war, dann konnte er sich auch noch ein bißchen länger so behelfen.

Als ich zum Frühstück hineinging, waren meine Frau und mein Sohn tief beeindruckt von meiner Leistung und versorgten mich, als ob ich einer unserer kostbaren Schwäne sei. Vom Kaffee, der Zentralheizung und einem anständigen Frühstück erwärmt, machte ich mich dann wieder auf die Suche nach Hans. Ich war jetzt besserer Stimmung und kam mir wie ein Held vor.

Als der Bach zufror, hatte er starke Strömung gehabt. Die Wellenbewegung war zum Stillstand gekommen, und das Eis hatte eine andere Farbe – eine Art Flaschengrün. Als ich hinkam, versuchte Hans gerade, es zu trinken. So überzeugt war er, er könne, wenn er nur lange genug versuchte, etwas zu trinken bekommen, daß er jedesmal, wenn ich ihn schon neben mir auf dem Damm hatte, wieder hinunterstürzte und einen neuen Versuch machte. Es war recht rührend, aber zu guter Letzt hatte ich es satt und trieb ihn ebenso unerbittlich vor mir her wie seine Frau und Kinder. Der arme Kerl war fix und fertig, als ich ihn schließlich im Stall hatte. Nachdem er sich einen ordentlichen Schluck Wasser zu Gemüte geführt hatte, ließ er sich bei seiner Familie nieder.

In diesem ersten Winter lernten wir die Schwäne gut kennen. Wir versorgten sie selbst. Wir schleppten Futter und Wasser, besuchten sie zwischen den Fütterungszeiten und unterhielten uns mit ihnen, wobei wir uns alles mögliche ausdachten, bloß um zu sprechen. Das geschah ganz absichtlich, denn Tiere fühlen sich sicher, wenn man mit ihnen redet. Die Feinde eines Tiers schleichen sich leise heran, wenn sie jagen. Eine freundliche Stimme, das Klappern eines Eimers, selbst einer Mistgabel haben einen erfreulichen Klang, wenn er zum täglichen Leben gehört.

Obwohl sie recht glücklich zu sein schienen, bemühten sie sich immer, ins Freie zu kommen. In der Wand war eine kleine Tür, etwa 60 mal 60 cm groß, die zu dem ehemaligen Ferkelauslauf führte, der schon längst abgebaut worden war. Diese Tür hatten wir hinter einem Strohballen versteckt, aber sie spürten sie auf. Eines Tages gelang es ihnen, die Tür zu öffnen, während ich gerade zuschaute. Ich war so überrascht, daß ich in den Schweinestall hineinstürzte, die Tür schloß und einen Strohballen davorpackte. Als ich unversehrt wieder herauskam, wurde mir plötzlich klar, was geschehen war. Während meines raschen Vorgehens hatte ich ein paar Schwäne beiseite geschoben, ohne auch nur mit der Wimper zu zucken. Sie hatten mir *nichts* getan, sondern waren mir rasch aus dem Weg gegangen. Es war der Wendepunkt. Ich wußte nun, daß sich mein Verhältnis zu den Schwänen geändert hatte. Meine Ängste waren unbegründet gewesen.

Die Schwäne unternahmen noch viele Versuche, durch diese Tür ins Freie zu kommen, und oft gelang es ihnen. Nachdem sie einmal wußten, wo sie war, schoben sie tatsächlich die Strohballen beiseite, um heranzukommen. Sie liebten es, sich schleunigst zum Kapellenteich auf den Weg zu machen, aber ihre Spuren im Schnee verrieten sie. Ich trieb sie dann wieder zusammen und brachte sie nach Hause. Die Rückkehr in den Stall endete jedesmal mit kleinen wimmernden Protesten, die aufhörten, sobald ich Futter hervorholte.

Nun, da das Hindernis der Angst fortfiel, war der Weg frei für meine angeborene Neugier, und ich begann, die Vögel ernstlich zu studieren. Ich glaube, die rasche, zustoßende Bewegung von Hansens schlangenartigem Hals gab mir den ersten Anstoß. Wenn ich mich anschickte, ihm ein Stückchen Brot hinzuwerfen, ließ er seinen Hals in meine Richtung schnellen und zielte auf höchst beunruhigende Weise nach meiner Hand. Das ist eine Bewegung, die jedermann kennt; wie viele Menschen hatte ich es für eine Art Angriff gehalten. Jetzt war ich nicht mehr so sicher. Ich riskierte es, ihm das Stück Brot hinzuhalten und es ihn aus meiner Hand nehmen zu lassen. Es klappte nicht immer. Manchmal verfehlte er das Brot und schnappte die Hand. Zu meinem Schaden lernte ich rasch, daß der obere Teil des Schnabels rauh wie ein Reibeisen ist, deshalb ging ich dazu über, einen Handschuh anzuziehen. Es war ein robuster Handschuh aus Pferdeleder, aber um den Daumen herum war er bald aufgerauht durch Hansens zupackenden Schnabel.

Es ist angebracht, hier gleich eine Warnung auszusprechen. Jean Delacour[5] schreibt: «Sehr *zahme* männliche Schwäne greifen Tiere und Menschen leicht an und versetzen ihnen mit ihren mächtigen Schwingen heftige Schläge: für *Kinder* können sie gefährlich sein.» (Hervorhebungen von mir.) Das ist ein Rat, der von Leuten, die kecker sind, als ich es war, beherzigt werden sollte.

Ende Dezember fuhr ich für einen Monat nach England. Thaddäa mußte nun allein die Schwäne versorgen, und der alte Stefan säuberte wie üblich den Stall. Das war ein schöner Spaß für sie. Es wurde noch kälter, und die Wasserleitung im Stall fror ein, so daß jeder Tropfen Wasser vom Haus herübergeschleppt werden mußte. Bald verwandelte sich auch das Wasser in dem steinernen Tränkbecken in einen ziemlich schmutzigen Eisblock. Der Block wurde täglich größer, wenn zu den Fütterungszeiten neues Wasser hinzugefügt wurde und gefror, ehe die Vögel mit Trinken fertig waren.

Als das Eis bis an die Oberkante des Troges reichte, mußte Thaddäa ringsum kochendes Wasser draufgießen, damit es sich löste und Stefan es mit einem Brecheisen herausholen konnte. Das heiße Wasser brachte sie auf eine Idee; als sich ein neuer Eisblock bildete, brachte sie den Schwänen heißes Wasser zum Trinken. Wenn es auf das Eis gegossen wurde, kühlte es sich rasch ab, und sie tranken das lauwarme Zeug ganz gern. Meine eigenen Gefühle waren gemischt, als ich ihre Briefe las; es tat mir leid, daß ich nicht da war, um ihr zu helfen, aber ich war froh, der Kälte zu entgehen.

Thaddäa hatte alle Hände voll zu tun. Sie hatte nicht nur ihren Haushalt zu versorgen, sondern auch den der Schwäne. Bis zum Ende des Winters verfütterten wir an sie nicht weniger als zwei Zentner Mais, außerdem eine Mischung von Weizen, Hafer, Gerste und Roggen. Auch gaben wir ihnen alles an grünem Gemüse, was wir bekommen konnten, fein gehackt und gemischt mit geriebenen rohen Rüben und Karotten. Und überall schnorrten wir altbackenes Brot.

Zum Glück waren die Schwäne immer noch gewissermaßen eine Sensation, auch wenn die Besucher sie nicht mehr am Einfahrtstor füttern konnten. Meine Frau verständigte sämtliche Ladeninhaber der Umgegend, die sich alle tüchtig ins Zeug leugten und mitsammelten. Wenn wir, nachdem alle instruiert worden waren, in die eine oder andere der beiden nahegelegenen Städte kamen, pflegten die Bäcker, Lebensmittelhändler oder Cafébesitzer unter den Ladentisch zu greifen und eine Gabe herauszuholen. Ein Café, das um die Mittagszeit leichte Mahlzeiten serviert, ging sogar so weit, die Reste auf den Tellern der Gäste zu sammeln. Bald fraßen die Vögel Kuchen, Butterbrot und Geflügelpasteten, alles mit gleicher Unvoreingenommenheit und gut durcheinandergemischt. Sie schienen dabei so gut zu gedeihen, daß wir sie ganz bedenkenlos mit dieser seltsamen Mischung fütterten.[6] Ich erhielt dabei einen neuen Namen. Als ich eines Vormittags in das Café kam, um eine Tasse Kaffee zu trinken, hörte ich, wie die junge Kellnerin der Besitzerin zurief: «Frau Eschaus, der Schwanenmann ist da. Haben wir was für ihn?»

Eine weitere Spenderin war Frau Müller, die Pächterin der Bahnhofswirtschaft. Sie hatte eine Schwäche für die Schwäne; jedesmal wenn ich kam, um mir Zigaretten zu holen, fragte sie mich, wie es den Schwänen gehe. Da saßen immer Eisenbahnbeamte oder Landarbeiter oder Leute aus der Stadt, die ihr Isenbeck-Bier oder einen Korn tranken oder auch «Vater und Sohn», nämlich ein kleines Glas starken Wacholderschnaps, der mit einem kleinen Glas Bier hinuntergespült wird. Sie stellten mir dann alle möglichen Fragen über die Größe und das Gewicht der Schwäne und ob sie wirklich so bösartig seien, wie es scheine.

Was mich immer wieder erstaunte, war die Begeisterung der Leute für Schwäne, und wir fanden die Aufmerksamkeit der Geschäftsinhaber rührend. Der einzige Nachteil dieses fabelhaften Systems war, daß die Ladeninhaber recht ärgerlich waren, wenn wir nicht regelmäßig kamen. Wir beide lernten, ein Gesicht aufzusetzen, von dem wir hofften, daß es reumütig wirke, wenn uns Vorwürfe gemacht wurden.

Eines Tages ging ich zum Bahnhof, um meine Lucky Strikes zu kaufen, als ein Fenster aufgerissen wurde. «Sind Sie der Mann mit den Schwänen?» fragte eine heisere weibliche Stimme etwas barsch.

«Ja, das bin ich», antwortete ich etwas unsicher, denn aus irgendeinem Grunde erwartete ich gemeine Schimpfreden.

«Dann warten Sie!» befahl die Stimme.

Ich stand in der Kälte, fragte mich, was das wohl bedeuten solle, und war gleichzeitig leicht belustigt. Die Fensterscheiben waren aus Milchglas, und das Fenster öffnete sich so, daß ich nichts sehen konnte. Nach einer Weile schoß ein Arm, den ich nur bis zum Ellbogen sehen konnte, heraus und schlenkerte eine Tüte mit altbackenem Brot. Ich nahm die Tüte, doch als ich mich gerade bei der Eigentümerin des Arms bedanken wollte, wurde mir das Fenster vor der Nase zugeschlagen.

Als ich nach Hause fuhr, begann meine Phantasie wie wild zu arbeiten. Ich wußte, daß der Arm einer alten Frau gehörte, also mußte ich zu meinem Bedauern den Gedanken fallenlassen, er könne womöglich einer bezaubernden Schwanenjungfrau gehören, die für ihre Schwestern sorgt. Ich war bestimmt ungerecht, aber mir stand ein Bild vor Augen von einer verbitterten alten Dame, einer widerwilligen Wohltäterin der gefiederten Welt, mit einem Gesicht wie eine Runkelrübe. Jedesmal, wenn ich mir Zigaretten kaufen wollte, wiederholte sich der Vorgang, sobald ich mich dem Bahnhof näherte. Das Fenster öffnete sich, der Arm schoß heraus und schwenkte eine Tüte mit altbackenem Brot. Die Stimme blaffte in einem Ton, der alles andere als freundlich war: «Für die Schwäne!», und das Fenster wurde schnell wieder zugemacht. Wem die Stimme gehört, ist bis heute ein Rätsel geblieben.

Während meines Aufenthalts in London gelang es mir, in den öffentlichen Bibliotheken einiges zu lesen. Wenn ich schon nicht die Praxis erlangen konnte, wollte ich wenigstens die Theorie lernen und mit der Literatur über die Vögel vertraut werden. Zum Beispiel lernte ich, daß der Höckerschwan, *Cygnus olor* (Gamelin) eine der drei Spezies ist, die im nördlichen und mittleren Eurasien brüten; die beiden anderen sind der Singschwan, *Cygnus cygnus cygnus* (L.) und der Zwergschwan, *Cygnus columbianus bewickii* (Yarell), die nur im nördlichen Eurasien brüten. Der Höckerschwan wird von Delacour[7] wie folgt beschrieben: «ein schwerer, mächtiger Vogel... zweifellos der hübscheste aller Schwäne, da seine Proportionen und Haltung weit harmonischer sind als bei jeder anderen Spezies.» Die Spezies ist in ihrem Verbreitungsgebiet überall zu finden; die meisten Menschen in Europa kennen sie. Sie ist leicht auszumachen, weil sie als einzige unter den reinweißen Schwänen einen vorstehenden Höcker an der Schnabelwurzel hat, während die anderen Spezies glattschnäbelig sind. Der Schnabel selbst ist rosa-orange, mit Schwarz eingefaßt, das auch um die Nasenlöcher herumreicht. Die Füße sind in der Regel schwarz. Der Hals ist lang und häufig dick. Auch der Schwanz ist lang und ziemlich spitz. Die Schwänin ist gewöhnlich kleiner als der Schwanenmann.

Ich wurde mir auch darüber klar, daß Hansens und Ledas Schwanzwackeln und Fußtrocknen[8] für diese Spezies sehr charakteristisch waren, ebenso wie das

«Aufwölben» der Flügel beim Schwimmen. Sie plustern die Halsfedern auf, wenn sie wütend sind oder Aggression bekunden, und wölben dann auch die Flügel. Wie ich schon beobachtet hatte, neigen sie dazu, nur mit einem Fuß zu schwimmen, außer wenn sie beunruhigt sind. Dann gebrauchen sie beide und ziehen über das Wasser mit einer wogenden und ziemlich ruckhaften Bewegung, wobei sie eine beträchtliche «Bug»-Welle hervorrufen, da beide Füße Kraft anwenden. Obwohl sie gesellig sind und leicht zahm werden, können sie überaus aggressiv sein, vor allem während der Brutzeit oder wenn sie ihr Territorium festlegen oder verteidigen. Diese Auskunft, fand ich, ließ unter Umständen nichts Gutes für die Zukunft erwarten, wie freundlich die Schwäne auch im Augenblick erscheinen mochten.[9]

Der Höckerschwan wird auch Stummer Schwan genannt, denn er ist stiller als die anderen Spezies, und sein Ruf ist weniger laut. Er schnauft, stößt einen Laut aus, der wie ein leises «Nöck» klingt, und knurrt, aber er schlägt auch schrillere Töne an und den jungen Schwänen gegenüber einen durchdringenden, wiehernden Kommandoton. Die jungen Schwäne haben kleine, piepsende Stimmen. Die üblichste Form der Äußerung ist indes ein scharfes Zischen.[10]

Als ich nach Deutschland zurückkehrte, fühlte ich mich sehr kenntnisreich und meiner Frau eindeutig überlegen. Die Vögel waren noch im Stall. Da sie seit Wochen nicht gebadet hatten, waren sie nicht mehr reinweiß, sondern schmutziggrau. Dennoch waren sie in gutem Zustand und nicht dünner geworden. Durch ständige Wiederholung hatten sich die Eltern an ihre Namen gewöhnt. Während meiner Abwesenheit hatte Thaddäa viel mit ihnen gesprochen, so daß ich das ganz spontan übernahm, als ich begann, ihr die Arbeit abzunehmen.

Ich hatte mir vorgenommen, soviel als möglich über die einzelnen Tiere herauszufinden, solange ich Gelegenheit hatte, sie täglich zu sehen. Aus meiner Lektüre in England hatte ich den Schluß gezogen, daß es deutliche Unterschiede im Verhalten zwischen dem Schwanenmann und der Schwänin geben müsse. Auch wenn ich ein Laie bin, so habe ich doch ein Paar Augen im Kopf, sagte ich mir. Enttäuschenderweise war nichts Welterschütterndes zu merken. Der Schwan war stärker, offensichtlich der Chef und der am wenigsten schüchterne von den Vögeln; die Schwänin war zierlicher gebaut, sehr viel sanfter und recht scheu. Aber das Verhalten der beiden war ziemlich gleich. Deshalb konzentrierte ich mich darauf, möglichst viel über ihre erkennbaren körperlichen Unterschiede zu lernen, wobei ich mir vorstellte, daß ich, wenn ich damit fertig sei, die beiden unmöglich miteinander verwechseln könne, wenn ich einen von ihnen allein sah. Es war weit wichtiger, sie unterscheiden zu können, als es scheint, wenn es so schlichtweg gesagt wird. Ich plante, die Vögel zu studieren, und überlegte mir, daß sofortiges Erkennen es mir sehr erleichtern würde, ein spezifisches Verhalten auf das Geschlecht des beobachteten Vogels zurückzuführen.

Ich lernte auch, daß das durchdringende und ziemlich schreckliche Zischen gar nicht zum Fürchten ist. Alle sechs schienen zu zischen, wenn sie erregt oder vielleicht ein bißchen unsicher oder sogar ängstlich waren, je nach der Situation. Wenn sie ängstlich waren, dann richteten sie sich auf den Beinen ziemlich hoch auf; der Schwanz wischte über den Boden, und mit ausgebreiteten Flügeln drehten sie sich wie eine Ballettänzerin und zischten gleichzeitig. Am häufigsten machten sie das, wenn ich plötzlich hinter ihnen auftauchte. Dann schwangen sie zu mir herum, nicht mit der Absicht, etwas zu *tun* oder mich auch nur zu bedrohen, sondern einfach, weil sie es nicht schätzten, wenn jemand von hinten herankam. Wenn dergleichen geschah, dann stießen sie auch manchmal rasch mit dem Schnabel zu. Da niemals eine aggressive Handlung, etwa ein wirklicher Angriff, darauf folgte, zog ich den Schluß, daß diese vorschnellende Bewegung des Halses mehr eine Warnung als alles andere war.

Auch Thaddäa beobachtete ich, die ungewöhnlich gut mit allen Tieren umgehen kann. Ich bin immer noch fasziniert, wenn ich sie beobachte, sei es mit einer Kuh, einem Pferd, einem Hund oder einem Schwan. Ich glaube, es hat etwas mit der nachdrücklichen Art und Weise zu tun, wie sie ihre Hände benutzt, und mit ihrer ruhigen, tiefen Stimme. Damals studierte ich sie fast so genau wie die Schwäne im Stall und versuchte, hinter ihr Geheimnis zu kommen.

Ich habe nicht diese Sicherheit wie sie, obwohl ich zugebe, daß ich mit Elefanten gut auskomme. Elefanten habe ich immer gern gehabt, und komischerweise scheinen die großen Tiere das zu wissen. Ich erinnere mich einer «Zirkus»-Party, die Atwater Kent auf seiner prachtvollen Besitzung Bel Air Estate in Hollywood gab. Die Party fand auf seiner Terrasse statt; ich stand ziemlich hinten, lehnte mich an eine Steinbalustrade und beobachtete Miss Gene Tierney, die ungemein elegant war in einem Kleid aus weißer Broderie anglaise, als sich plötzlich eine schwere «Hand» auf meine Schulter legte, eine Hand, die kleine schnüffelnde Laute von sich gab. Ich blickte an dem langen grauen Arm entlang und direkt in die blutunterlaufenen Augen einer Elefantenkuh.

Ich wollte Miss Tierney sehr gern kennenlernen. Leider hatten andere dasselbe vor; außerdem hatte ich einen häßlichen Impetigo-Ausschlag im Gesicht, was mich befangen machte. Deshalb begnügte ich mich damit, mit der Elefantenkuh Freundschaft zu schließen. So reizend und sanft sie auch war, ich hatte dennoch das Gefühl, daß sie kein wirklicher Ersatz war.

Elefanten haben mich schon seit meiner frühen Kindheit fasziniert, und ich wollte immer einen haben, «wenn ich groß bin». Dieser Wunsch, einen Elefanten zu besitzen, entstand an dem Tag, als mein jüngster Vetter, meine jüngere Schwester und ich über dem Kopf des schlafenden Königs Ferdinand von Bulgarien, der zufällig gleichzeitig mit uns im Schloß meines Onkels in Hessen weilte, «Zirkus» spielten. Wir waren angewiesen worden, uns während des königlichen Nachmittagsschlafs ruhig zu verhalten, und hatten ein Zimmer zum Spielen ausgewählt in dem Glauben, daß er uns dort nicht hören könne. Aus Versehen hatten wir genau das Zimmer ausgesucht, das über dem seinen lag.

Unter den wachsamen Augen von Müttern und Onkel und Tanten und den verständnisvolleren von älteren Schwestern und Vettern mußten wir uns öffentlich und ausgiebig bei ihm entschuldigen. Der König war huldvoll; nachdem wir dieses peinliche Geschäft hinter uns gebracht hatten, versammelte er uns um seinen Lehnstuhl und erzählte uns von seinen beiden Elefanten. Ich glaube, ihm waren diese Tiere vom König von Siam geschenkt worden, demselben König, von dem mein Vater einstmals einen Orden erhielt, um den er zu beneiden war, denn er berechtigte ihn zu sechzehn Ehefrauen. Jedenfalls erzählte uns König Ferdinand, wie gern er seine Elefanten gehabt habe und daß er, als er noch in Sofia regierte, sich dann und wann davonstahl, um sie zu besuchen und ihnen die Fußnägel zu feilen. Aus irgendeinem Grunde hat sich diese Geschichte meinem Gedächtnis unauslöschlich eingeprägt.

Ich habe es nie so weit gebracht, einen Elefanten zu besitzen, doch habe ich eine Reihe von Elefantenfreunden in verschiedenen Zoos, die, was mich immer sehr rührt, mir die Ehre erweisen, mich wiederzuerkennen, wenn ich sie besuche, oder die zumindest so tun. Aber abgesehen von den Elefanten habe ich niemals mit Tieren «umgehen» können, bis ich die Schwäne kennenlernte. Uns fiel auf, daß die Schwanen*familie* eine ausgeprägte Rangordnung hat. Hans war der Herr, und dann kam Leda. Weiter unten in der «Hackordnung» hackten die drei grauen jungen Schwäne in ungefähr gleichem Maße aufeinander herum, aber alle hackten auf dem einen «polnischen» jungen Schwan herum. Als die Schwäne vor der großen Kälte in Freiheit waren, war uns aufgefallen, daß dieser «polnische» junge Schwan sich immer von der allgemeinen Familiengruppe fernhielt. Das war so deutlich, daß wir den Schluß gezogen hatten, er müsse etwas älter sein als die anderen jungen Schwäne und möglicherweise ein Mitläufer, der gar nicht mit ihnen verwandt sei. Jetzt weiß ich allerdings, daß diese Färbungsphase als «polnisch» bekannt ist oder genaugenommen *C. immutabilis* nach Yarell genannt wird.[11] Vögel dieser Färbung sind an fleischigen grauen Füßen kenntlich und sind weiß statt grau, sobald sie aus dem Ei schlüpfen. Als junge Schwäne bleiben sie weiß und haben nicht das grau und weiß melierte Gefieder normaler junger Schwäne.

Es schien, als ob der Winter nie ein Ende nehmen wollte. Doch eines Morgens wachten wir auf und hörten ein langes, unheimliches Ächzen. Der große Tag war gekommen, und das Tauwetter setzte ein. Der Winter wich dem nahenden Frühling.

Nach dem Frühstück gingen wir hinaus, um die Schwäne zu füttern. Unterwegs blieben wir auf der neuen Holzbrücke stehen und blickten hinunter auf das Eis. Deutlich waren sich ausdehnende Risse zu sehen, und eine dünne Wasserschicht begann schon das feste Eis zu bedecken. Es war der Anfang, aber noch war das Eis stellenweise fast einen Meter dick, und wir wußten, daß es eine Weile dauern würde, ehe wir die Schwäne hinauslassen konnten. Die Vögel merkten sehr genau, was vorging. Sie waren unruhig und kamen eifrig an, um uns zu begrüßen, als ob sie uns bitten wollten, sie gleich hinauszulassen.

Des Nachts waren die Geräusche des Tauens in der stillen Luft anders. Als die Eisdecke barst, waren tausend kleine Geräusche deutlich zu hören. Ein unheimliches Wispern, Wimmern, Knacken und Knistern begleitete die allmähliche Bildung großer Spalten und Risse, die sich mit einem dumpfen Dröhnen oder einem langgezogenen Pfeifton, wie ihn eine vorbeischwirrende Kugel erzeugt, ankündigten.

Bei Tageslicht sahen wir, daß das Eis an den Rändern mit Myriaden kleiner Löcher durchsetzt war, genau wie jene Schokoladentafeln, die aus Tausenden kleiner Blasen innerhalb des Schokoladenüberzugs bestehen. Das Eis war noch dick genug, um darauf zu laufen, solange man bereit war, die Geräusche, die bei jedem Schritt entstanden, nicht zu beachten.

«Glaubst du, ich könnte die Schwäne heute hinauslassen?» fragte ich eines frühen Morgens im März.

«Das wäre eine wohltuende Erleichterung. Abgesehen davon sehe ich keinen Grund, warum sie noch länger im Stall bleiben sollten.»

Der Augenblick war gekommen. «Freiheit!» verkündigte ich den Schwänen, als ich hineinging, um sie zu füttern. «Sobald ihr das hier aufgefressen habt, seid ihr frei. Denkt nur mal: frei!» Es wäre schön gewesen zu wissen, ob sie verstanden, was ich ihnen sagte, aber ich hätte wohl genausogut sagen können, daß sie alle auf ihren langen Hälsen Schafsköpfe haben. «Endlich könnt ihr euch nun ein bißchen säubern.» Das war vielleicht ungerecht, denn sie hatten ja keine Gelegenheit gehabt, sich zu waschen, so daß sie jetzt auf der Unterseite schmutzig waren von dem kotigen Stroh.

Ich habe es immer gern ein bißchen dramatisch. Schwungvoll riß ich die Stalltür auf und stürzte hinaus, um Zeuge des Abmarschs zu sein. Alle Türen standen jetzt offen; sie brauchten nur den kleinen Gang entlangzugehen, nachdem sie den Stall verlassen hatten, und die Freiheit war ihnen wiedergegeben. Nichts geschah. Ich rief sie, aber noch immer geschah nichts. Inzwischen hatten wir uns alle an der Tür versammelt und warteten, um Zeuge des großen Ereignisses zu sein. Die Schwäne saßen friedlich weiter in ihrem Stall.

Meine Frau warf mir einen seltsamen schrägen Blick zu, holte eine Büchse Mais und rasselte damit. Die sechs standen auf und begannen zur Tür zu marschieren. Sie kamen langsam, aber sie kamen. Thaddäa grinste mich an. Es war nur recht und billig, fand ich, daß sie zu ihr kamen, obwohl ich zugeben muß, daß ich mir ein bißchen töricht vorkam, weil ich nicht selbst auf diese List verfallen war.

Sehr würdevoll und in ihrer üblichen Marschordnung kamen sie zur äußeren

Tür, zuerst der Vater, dann die Mutter, dann die drei dunklen jungen Schwäne und schließlich der hellfarbige. Im Gänsemarsch gingen sie durch die Tür, hielten an und blieben ganz still stehen, als ob sie versuchten, ihre Augen an das Licht zu gewöhnen. Ihre ganze Haltung zeigte, daß sie nervös waren, wie sie mit aufgerichteten Körpern und gestreckten Hälsen dastanden.

Den ersten Schritt tat der Schwanenmann. Er rief, schaute über die Schulter zurück und marschierte zum Ufer der Schloßgräfte. Das Ufer war an dieser Stelle ziemlich steil; unten war das stahlharte Eis etwa fünf Zentimeter hoch mit Wasser bedeckt. Oben am Ufer blieb er einen Augenblick stehen, kam offenbar zu einem Entschluß, rief noch einmal, schlitterte hinunter und landete mit einem gewaltigen Platschen auf dem Eis. Er sah ein wenig überrascht aus. Einer nach dem anderen schlitterte ihm die Familie dann nach. Erst tranken sie einmal ausgiebig, dann rappelten sie sich auf und standen herum. Sie hatten gehofft, schwimmen zu können; als sie feststellten, daß es nicht ging, war ihnen die Situation nicht ganz geheuer.

«Ich frage mich, ob wir es richtig gemacht haben?» murmelte ich.

«Natürlich», sagte meine Frau. «Sobald sie sich dran gewöhnt haben, ist wieder alles in Ordnung. Sie sind über zwei Monate drinnen gewesen, das dauert jetzt eine Weile.»

Es war einer der jungen Schwäne, dem es zu langweilig wurde, bloß dazustehen, und der sich als erster auf den Weg machte. Dann schritten ohne Warnung alle sechs zur Tat. Mit ausgestreckten Hälsen und flügelschlagend, mit den Füßen wie wild paddelnd, zogen sie los über die Schloßgräfte, vor Wonne schnaufend und sich gegenseitig rufend. Wie zu erwarten war, trieb das Eis ein falsches Spiel mit ihnen. Einen Augenblick liefen sie, und im nächsten rutschten die Füße unter ihnen weg, und sie schlitterten nach vorn, zur Seite und auf den Bäuchen. Kaum hatten sie sich abgebremst, da rappelten sie sich wieder auf und setzten den Sport fort. Es war wirklich ein Sport – sie schüttelten alle Steifheit und die Langeweile ab, unter denen sie während ihrer Einkerkerung gelitten hatten.

Wir sahen hingerissen zu, wie sie einander nachsetzten bei einer Art Ringelreihen. Es machte Spaß, und wir hatten irgendwie das Gefühl, dazuzugehören. In halsbrecherischem Tempo jagten sie herum und rutschten dann seitwärts auf dem Eis weiter, ein Manöver, das oft mit einer auf dem Bauch ausgeführten Drehung endete. Als der Spaß auf dem Höhepunkt war, entdeckte Leda die offene Wasserfläche auf dem «toten Arm» der Schloßgräfte. Flügelschlagend setzte sie über die dreißig oder vierzig Meter Eis hinweg und landete mit einem gewaltigen Platschen. Es dauerte nur eine Sekunde, bis die Familie die Botschaft empfing und ihr nacheilte, die Hälse vor Anstrengung vorgestreckt, mit Flügeln und Füßen schlagend.

Was folgte, war eine Schau für sich. Keine Gruppe Kinder am Meeresstrand hätte ein derartiges Vergnügen haben können. Sie bewarfen sich geradezu gegenseitig mit Wasser und verspritzten es mit den Flügeln. Immer wieder jagten sie sich im Kreis herum, tauchten flach, wälzten sich dann mit ausgestreckten Flügeln auf den Rücken und blieben so ein paar Sekunden liegen, Beine und Füße hoch in der Luft.

Nach etwa einer halben Stunde hatten sie sich ausgetobt und machten sich nun daran, sich auf normale Weise zu waschen. Zu diesem Zweck tauchten sie flach, damit das Wasser über ihre Schultern bis zum Rücken stieg. Auch zogen sie das Wasser mit Hilfe des Schnabels durch die Federn, wuschen sich sorgfältig Flanken und Brust, indem sie Wasser mit dem Schnabel hochschaufelten und es gegen den Strich auf die Federn aufbrachten. Ab und zu erhob sich einer auf die Füße und den Schwanz, schlug mit den Flügeln und machte «Federschütteln», wie man das nennt, um die Federn vom überschüssigen Wasser zu befreien.

Nachdem sie sich etwa eine Dreiviertelstunde gewaschen hatten, schlitterten sie mit der Brust zuerst auf das Eis und putzten sich dort ausgiebig. Als sie schließlich an Land kamen, um sich auszuruhen, waren sie wieder wunderbar sauber, die drei weißen Schwäne strahlend und die drei dunklen jungen Schwäne in einer Mischung aus reinweiß und grau.

Es war vielleicht der letzte völlig glückliche Augenblick, den die Schwanenfamilie zusammen verbrachte. Schlimme Zeiten standen ihnen bevor.

Die Wächter

Es ist schön hier im Frühling, wenn die Farben langsam wieder in die Landschaft zurückkehren. Tagtäglich kann man eine winzige Veränderung beobachten. Die steigenden Säfte vertreiben die Düsterkeit des Winters, und die Felder sehen nicht mehr so tot und grau aus wie in den Monaten des Winterschlafs.

Bald werden sich die fest zusammengerollten Knospen an den Bäumen öffnen. Zuerst wird es überall nicht mehr sein als ein Hauch von Farbe, aber dann wird der ganze Park in einen Dunstschleier von zartem Grün gehüllt, das sich mit der Zeit verstärkt und dunkler wird. Später, wenn aus den klebrigen Knospen Blätter geworden sind, stecken die großen, uralten Kastanien ihre rosa und weißen Kerzen auf.

Die Schneeglöckchen sind die ersten Vorboten dieser Wiedergeburt. Wir finden sie, Schutz suchend am Stamm einer riesigen Platane, grün und weiß im Schnee, dem schneidenden Wind ausgesetzt. Noch bevor sie sich wieder zurückziehen, haben die Narzissen oder Osterglocken die ersten Spitzen herausgesteckt, in dichten Haufen stehen sie im Gras.

Der Frühling mochte gekommen sein, aber es war ein sehr früher Frühling, und der Winter hatte seine Hand noch nicht zurückgezogen. Als das Thermometer in der Nacht unter Null sank, fanden wir am nächsten Morgen die Ränder der Schloßgräfte und der Teiche sogar mit einer dünnen Eisschicht bedeckt. Die Pfützen auf den Vorhöfen knirschten, wenn man auf sie trat.

Eis ist ein großes Problem für den Wasservogelfreund; hier in Westfalen kann es dauerhaft und dick sein. Eis ist der Feind, mit dem man zu rechnen hat, denn Wasservögel können nicht gut damit fertig werden. Im besten Fall ist es mißlich, im schlimmsten Fall kann es tödlich sein, besonders für eine Spezies, die in den Wintermonaten nach dem Süden zieht. Wir fürchteten vor allem den Ostwind. Seine Fänge bestehen aus Eis. Wenn die Temperatur unter den Gefrierpunkt sinkt, bildet sich über Nacht bis zu vier Zentimeter dickes «Festeis», wie ich es nenne. Bleibt es so kalt und hält der Ostwind an, dann können wir ohne weiteres eine fünfzehn Zentimeter dicke Eisdecke haben.

«Ich erinnere mich an nichts dergleichen in England», murmelte ich, als ich zum zigstenmal mit steifgefrorenen Händen ins Haus kam, nachdem ich mit der großen Holzfälleraxt Wasserlöcher geschlagen hatte.

«Ich habe dir schon oft gesagt, daß es hier kälter ist, als du zugeben willst. Wir haben hier keinen Golfstrom zum Aufwärmen.»

Viele Bechervoll und mehr eiskaltes Wasser fanden ihren Weg in Patricks und meine Schaftstiefel, wenn wir beim Schlagen dieser Wasserlöcher mit der Holzfälleraxt in einiger Entfernung vom Ufer ausrutschten. Die Schwäne konnten ganz sicher auf dem dicken Eis laufen, wenn ihre Füße auch manchmal trotz ihrer langen, scharfen Zehennägel unter ihnen wegrutschten. Dünneres Eis (von weniger als vier Zentimetern) brach allerdings unter ihrem Gewicht ein und machte ihnen große Schwierigkeiten, wenn sie versuchten weiterzukommen. Manchmal zögerten sie eine Weile, ehe sie sich hinaufwagten, als ob sie sich fragten, ob das Futter soviel Mühe wert sei.

Dieses Widerstreben, sich auf dünnes Eis zu wagen, obwohl es sie nach Futter verlangte und sie es brauchten, erweckte bald mein Interesse. Es war ganz klar, daß das Hinüberkommen zu mir sie eine große Anstrengung kostete, sonst würden sie nicht gezögert haben. Ich machte es mir gemeinerweise zur Gewohnheit, sie zu rufen, wenn sie ganz weit weg von mir waren. Ich wollte ihre Eisbrechermethoden studieren, und ich nahm bald kaum noch wahr, wenn mir Füße und Hände vor Kälte fast taub wurden.

Der Schwanenkörper ist ideal für die Fortbewegung auf dem Wasser. Fast ein Drittel des Vogels, von der Brust bis zum Rücken, ist im Wasser eingetaucht; dieser Teil ist ungefähr bootsförmig, richtig mit Bug und Heck. Der Bug, abgerundet, aber dennoch ziemlich spitz, durchschneidet das Wasser und preßt es zur Seite – etwa wie ein Boot –, so daß der Vogel, wenn er mit voller Kraft und beiden Füßen schwimmt, eine beachtliche Bugwelle erzeugt und eine Kielspur hinterläßt. Dieser Körperbau ist für den Schwan eine Hilfe bei der interessanten Eisbrechertechnik.

Sobald der Vorangehende das Ufer hinuntergerutscht war und ein Loch gemacht hatte, bemerkte ich, daß er (oder sie) begann, mit aller Kraft mit den großen Füßen zu stoßen, um die Brust auf die Eisfläche vor ihm zu hieven. Wenn er sich hinaufgeschlängelt hatte, drückte der Vogel mit seinem ganzen Gewicht darauf, bis sich vor ihm Risse zeigten, woraufhin der Schwan ein Stück vorrutschte und den ganzen Vorgang wiederholte. Stück um Stück bahnte der Vorangehende einen Pfad im Eis, doch fiel uns auf, daß sie merkwürdigerweise niemals in gerader Linie auf uns zukamen, sondern im Zickzack; wahrscheinlich wegen des Schlängelns, das notwendig war, um das Eis zu brechen.

Das Paar wechselte sich mit dem «Eisbrecherdienst» ab. Leda begann gewöhnlich das ganze Verfahren, und Hans kam hinterher, aber nach einiger Zeit löste der Schwanenmann sie ab, so lange er konnte. Es ist seltsam, aber bei all seiner Kraft schien Hans bei diesem anstrengenden Geschäft schneller zu ermüden. Keiner der beiden Vögel schien je auf den Gedanken zu kommen, die Strecke fliegend zurückzulegen. Vielmehr kämpften sie sich mit vorgestreckten

Hälsen und gebeugt vor Anstrengung voran und trugen gelegentlich häßliche Verletzungen an den Beinen durch scharfe Eiskanten davon.

Aber Eis oder kein Eis, zur Fütterung an den Stufen vor dem Haus kamen sie immer. Als das Wetter milder wurde, kamen auch die Einheimischen wieder, und bald wurde es ein beliebter Zeitvertreib an den Wochenenden, die Enten und Schwäne zu füttern. «Sind sie nicht schön?» riefen die Kinder. Der Einfahrtsdamm wurde ein Parkplatz. Nach einer Weile wagten sich die Leute sogar durch das Tor und parkten ihre Wagen vor der Kapelle oder auf dem Rasen.

Wir schätzten das nicht sehr, aber wir hatten unsere eigene Schutzpolizei. Gefolgt von Leda, pflegte Hans aus dem Wasser zu kommen und beharrlich auf seine Bewunderer zuzugehen, die Flügel leicht gewölbt und den Kopf gesenkt. Ein ausgewachsener Schwanenmann bietet einen sehr imponierenden Anblick mit seinen großen Schwimmfüßen, die schwer auf den Boden aufklatschen, und wenn er in Eile ist, macht er fünfzig Schritte in der Minute.

«Hilfe!» schrien die Kinder dann und suchten Schutz hinter den zitternden Beinen ihrer Eltern. Tatsächlich hatten die meisten Leute Angst. Ein aufrechter Bürger drohte mir sogar fürchterliche Geldstrafen an, weil ich einen «gefährlichen» Schwan halte, bis ich ihn darauf hinwies, daß er erstens unbefugt fremden Grund und Boden betreten habe und zweitens, ob er einen guten Grund dafür anführen könne, warum.

Der Briefträger kommt um halb zehn. Er trägt eine schmucke Uniform und einen hellgelben Sturzhelm und, lässig über die Schulter geworfen, die Posttasche, einen Sack aus festem Segeltuch, das der zu erwartenden Beanspruchung standhält. Die Postboten, die zu uns kommen, sind junge Männer und sitzen voll Selbstvertrauen, ja, mit einer gewissen Gewichtigkeit auf ihren kleinen Motorrädern. Man kann sich vorstellen, wie es wäre, wenn sie das geschwungene Posthorn von dem Abzeichen auf ihrem Ärmel nehmen und darauf blasen könnten, um ihre Ankunft anzukündigen. Wie reizend, wie romantisch wäre es, ein sauber geblasenes «Tralalala, tralalala tata» zu hören. Aber wir leben in einer nüchternen und ziemlich monotonen Welt, in der die melodischen Töne des Horns nicht ganz am Platze wären. Wir müssen uns eben mit dem gewöhnlichen Tuten der Hupen zufriedengeben.

Der Briefträger stellt hier vier Familien die Post zu. Abgesehen von uns und Herrn Balz gegenüber gibt es noch den Gärtner, der im Park wohnt, und die Familie im sogenannten «Hinterhaus», die unseren Haushalt besorgt. Das sogenannte «Hinterhaus» sollte eigentlich das Hausende genannt werden. Es ist ein häßlicher Anbau, der Ende des vorigen Jahrhunderts errichtet wurde, um die Dienerschaft für das Schloß unterzubringen. Eins der Vorderzimmer dieses Anbaues geht auf den sogenannten «Hinterhof» gegenüber dem Brauhaus hinaus. Dieser Raum wird jetzt von uns als Futterkammer benutzt, und hier auf dem Hinterhof versammeln sich die Wasservögel. Die Schwäne nehmen ihren gewohnten Platz etwas abseits in der Nähe eines bestimmten Schachtdeckels dicht am Haus ein und warten darauf, gefüttert zu werden. Hier stellen sie sich zu allen möglichen Tageszeiten auf, vom frühen Morgen bis zur letzten Abendfütterung. Ihre kleinen, runden Augen betrachten jeden Vorbeikommenden mit forschendem Interesse.

Wenn der Briefträger um halb zehn kommt, hören wir sein Motorrad; er überquert die Zugbrücke, biegt in den Hof des Pächters und fährt dann hinter den Rhododendronbüschen zum Hinterhaus. Die Post für das Hinterhaus liefert er immer zuerst ab. Die Schwäne sind da, um ihn zu begrüßen. Sie kommen ihm so entgegen, wie sie allen anderen Leuten entgegenkommen, hoch aufgerichtet, die Ellbogen leicht angehoben, die Hälse vorgestreckt und zischend. Das Los des Briefträgers ist wie das des Polizisten nicht immer ein glückliches. Er ist den Elementen preisgegeben, denn bekanntlich muß die Post zugestellt werden, ob es stürmt oder schneit, in Wind und Wetter, an angriffslüsternen Hunden vorbei und sogar an schneeweißen Schwänen.

Eben dieser Briefträger hat nie ganz begriffen, daß ein großer Vogel, der mit halbgewölbten Flügeln und vorgestrecktem Hals höchst entschlossenen Schritts auf ihn zukam, in Wirklichkeit nur auf Futter erpicht war. Die fünf anderen großen Vögel hielten gewöhnlich die Stellung, nicht mehr als einen halben Meter von der Tür entfernt, wo er die Post abliefern mußte, und zischten wie die Schlangen. Gelegentlich kamen indes auch alle sechs auf ihn zu, sobald er in seinen Postsack langte. Ohne viel Aufhebens davon zu machen, begannen sie an dem Sack und seinem Inhalt zu picken. Sie gaben die Hoffnung nicht auf, daß eine Handvoll Mais aus diesem Sack kommen müsse.

Das war zu enervierend für den Briefträger, der es eine Weile mitmachte, dann zu seinem Postamt ging und um Versetzung bat. Mit Hunden könne er fertig werden, sagte er, aber Schwäne seien mehr, als die Pflicht ihm vorschreibe, mehr, als seine Vorgesetzten von ihm verlangen könnten. Er gab offen zu, daß er vor den Vögeln Angst hatte. Ich freue mich sagen zu können, daß sein Chef im Postamt ein Einsehen hatte und den Mann versetzte. Als ich die Geschichte später hörte, nachdem er uns die Post nicht mehr brachte, schlug ihm mein Herz entgegen. Ich wünschte ihm Glück. Vielleicht fand er seine berufliche Befriedigung in irgendeinem elysischen Bezirk, wo er mit keinen anderen Schwierigkeiten zu kämpfen hatte als einem bösartigen Dackel oder Schäferhund, die ihn vor der Monotonie bewahrten.

Zu seiner Ehre sei gesagt, daß er nicht der einzige Besucher war, der eingeschüchtert wurde. Die unwahrscheinlichsten Leute hatten Angst. Es ist noch nicht lange her, da unterhielt ich mich mit einem Mitglied unseres Geflügelzüchtervereins, der mich fragte, ob ich mich der Zeit entsinne, als er uns zusammen mit anderen Vereinsmitgliedern besuchte. «Wir saßen unter der großen Buche. Wir standen alle auf, und Sie fütterten die Schwäne, als sie vorbeikamen.» Ich versicherte ihm, daß ich mich sehr genau daran erinnere. Er lächelte. «Ich hatte wahnsinnige Angst vor den Schwänen und habe sie heute noch. Nicht um alles Geld in der Welt würde ich nahe an sie herangehen.» Wenn die Schwäne da sind, sind sie nicht zu übersehen, und sie gehen auf jeden zu, der zum Haus kommt. Auch haben sie keine Angst vor Autos, die gehören für sie zum täglichen Leben. Wenn ihnen ein Wagen zu nahe kommt, dann sind sie sogar imstande, ihm einen Schnabelhieb zu versetzen.

Als akzeptierte Familienmitglieder beschlossen sie schon frühzeitig, an dem teilnehmen zu wollen, was sich unmittelbar vor dem Haus abspielt. Es ist erstaunlich, wie interessiert sie an allem sind, was vor sich geht: man hört ein Getrappel von Füßen, und schon sind sie da. Immer auf etwas Eßbares hoffend, schauen sie begierig zu, wenn meine Frau die Einkäufe vom Vormittag auspackt. Sie könnte, mit etwas Glück, ein paar Körner oder sonst etwas Gutes für sie mitgebracht haben. Vielleicht, weil sie nie unter menschlichen Händen gelitten haben, vertrauen sie allen Menschen. Es sind ihre Freunde, deshalb finden sie es schwer verständlich, daß jemand vor ihnen Angst haben kann.

Ein weiterer beliebter Zeitvertreib von Hans ist es, mir beim Wagenwaschen zu helfen. Er schleicht sich heran, hockt sich in der Nähe hin und schaut zu, solange ich da bin. Oft tappelt er auch herum und gerät mir dabei gewöhnlich zwischen die Beine; aber weder er noch Leda haben sich je gefürchtet oder es übelgenommen, wenn ich einen Eimer Wasser über sie goß oder sie mit dem Schlauch bespritzte. Das ist nicht bloß Liebe, die durch den Magen geht; beide haben menschliche Gesellschaft außerordentlich gern und sind es zufrieden, beträchtlich lange Zeit dabeizusitzen und zuzuschauen, wenn einer von uns den Wagen wäscht, im Garten arbeitet oder einfach im Liegestuhl die Sonne genießt.

Einen Schwan zur Gesellschaft zu haben entspricht nicht jedermanns Vorstellung von Glück. Ich erinnere mich, daß einmal eine Frau kam, die eine Rechnung abgeben wollte. Sie stand in der Nähe der Kapelle, etwa fünfzig Meter vom Haus, und begann zu schreien. Sie wollte die Rechnung abgeben, hatte aber gleichzeitig nicht die Absicht, in Reichweite der Schwäne zu kommen, die von ihrer Existenz gar nichts ahnten, abgesehen von dem Lärm. Zu guter Letzt bekamen wir heraus, daß sie von uns eine Zusicherung haben wollte, daß die Schwäne nicht kommen und nach ihr schnappen würden. Diese Zusicherung gaben wir ihr, aber sie fand, der bessere Teil der Tapferkeit sei Vorsicht, und ließ die Rechnung in einer Astgabel in der Nähe des Einfahrttors.

Mir tat die arme Frau wirklich leid, bis ich die Rechnung aufmachte. Wenn man mit Tieren zu tun hat, vergißt man leicht, wie nervös und ängstlich eine Menge Leute sein können. Wenn ich an meine Kindheit zurückdenke, entsinne ich mich qualvoller Augenblicke der Furcht, besonders vor Hunden. Ich erinnere mich, daß wir in Irland einmal mit unserer Gouvernante ein Kloster besuchten und ich für einen Augenblick den Raum verließ. Eine große und schrecklich anzusehende Bulldogge folgte mir und setzte sich draußen vor die Tür, um auf mich zu warten. Ihre Absichten waren durchaus freundlich, aber ich blieb hinter der Tür, eine halbe Stunde lang, und wurde rasch immer nervöser – bis eine hübsche Nonne entsandt wurde, um herauszufinden, was mir widerfahren sei. (Ich war noch niedergeschlagener, als ich entdeckte, daß die besten Dinge vom Teetisch schon verschwunden waren, als ich zurückkam.) Die hübsche Nonne versicherte mir, daß der Hund friedlicher sei als ein Lamm;

aber ich war nach wie vor überzeugt, daß irgendein lebenswichtiger Teil meiner unteren Gliedmaßen unmittelbar von ihm bedroht war.

Zu sagen: «Keine Sorge. Er tut Ihnen nichts», ist schön und gut, aber es braucht etwas mehr, um die meisten Leute zu beruhigen. Welcher Mensch, der bei klarem Verstand ist, will das Risiko auf sich nehmen, ein Stück von sich im Maul eines bösartigen Pudels oder im Schnabel eines gefährlichen Schwans zurückzulassen? Es ist keine erfreuliche Vorstellung, mitansehen zu müssen, wie sich ein Tier an einem Teil unseres Körpers gütlich tut. Auch ist der Gedanke an einen grundlosen Biß oder ein gutgezieltes Zuhacken mit dem Schnabel, auch wenn man tapfer ist, an sich nicht tröstlich. Besser, man läßt die Viecher in Frieden. Schrei um Hilfe, auf die Gefahr hin, für einen Feigling gehalten zu werden!

Wir haben zwei Freunde, ein Ehepaar, die manchmal eine Zeitlang bei uns wohnen. Ihre Angst vor den Schwänen ist nicht übertrieben; trotzdem sind sie vorsichtig und machen einen weiten Umweg, wenn sie sie zufällig irgendwo sehen. Das kann zu aparten Situationen führen, wenn nämlich die Vögel genau an den Treppenstufen stehen. «Ob du wohl etwas mit den Schwänen tun könntest?» – «Ihr braucht keine Angst zu haben», rief ich leichthin zurück. «Geht einfach durch. Sie tun euch nichts.»

Wenn ich dann von meinem Schreibtisch aufstehe, um ihnen zu Hilfe zu eilen, frage ich mich manchmal, ob ein guter, treuer, vielleicht ein wenig aggressiver ausgewachsener Schwanenmann nicht die Lösung wäre für jemanden, der einen tüchtigen Wachhund sucht. Ich tue nichts anderes, als mit ausgestreckten Armen entschlossen auf sie zuzugehen, wie es Herr Wallmeyer mich seinerzeit gelehrt hat. Zugegeben, sie zischen und schauen über die Schulter, während sie sich davonmachen, aber das besagt gar nichts.

Es kann auf dem Lande ausgesprochen schwierig werden, wenn Leute unangemeldet zum Tee «hereinschauen». Nicht, daß man sie nicht gern sehen würde, aber es kann sein, daß man nichts im Haus hat, was sich lohnt anzubieten, und so muß ich ins Auto springen und etwa drei Kilometer zur Bäckerei fahren, die dann fast immer geschlossen hat.

Ein Besuch zum Mittagessen kann in dieser Beziehung diabolisch sein. Ich erinnere mich, daß wir unserem Sohn bei einer solchen Gelegenheit sagen mußten, er möge sich ein bißchen zurückhalten, wenn er sich bei Tisch bedient, damit es auch bestimmt für alle reiche. Er war sehr entrüstet, und ich hatte Angst, daß er im entscheidenden Augenblick protestieren würde, aber er machte uns keine Schande. Als alle offenbar genug gehabt hatten, erlaubte ich mir die Bemerkung, er habe so wenig gegessen und ob er nicht noch etwas haben möchte. Er warf mir einen Blick zu, der «verrückte Erwachsene» bedeutete: «Erst sagt er, ich soll mich zurückhalten, und dann sagt er, ich soll mehr essen.» Einen schrecklichen Augenblick lang fürchtete ich, er würde es laut sagen. Statt dessen verkündete er standhaft, er habe keinen Hunger mehr, beklagte sich dann aber den ganzen Nachmittag bis zum Tee über seinen Hunger.

Einmal waren wir zum Einkaufen gefahren, als unerwartet Gäste hereinschneiten. Sie waren auf der Durchreise und gedachten, uns um die Mittagszeit einen kleinen Besuch abzustatten. Es war ein Besuch der Art, der etwa so begann: «Da wir gerade in der Gegend sind, wollten wir mal nachschauen, ob unser Besuch euch paßt.» Jedenfalls kamen wir vom Einkaufen und sahen, daß sie ihren Wagen im Hof geparkt hatten. Dahinter saßen auf der obersten Stufe, den Rücken an die Eingangstür gelehnt, ganz jämmerlich unsere beiden Besucher, während unter ihnen die Schwanenfamilie saß, zufrieden mit der Welt, und Hans ruhelos auf und ab schritt. So hatten sie schon fast eine halbe Stunde dagesessen und sich nicht zu rühren gewagt, weil sie Angst hatten, angegriffen zu werden. Die armen Leute waren wirklich völlig verzweifelt. Es kostete uns viel Zeit, sie zu trösten. Außerdem mußten wir ein kaltes Lunch essen, das eigentlich unsere Abendmahlzeit hätte sein sollen.

Als es wärmer wurde, wurden die Schwäne auf eine neue Weise aktiv, denn sie spürten den Drang der neuen Jahreszeit. Mit einem plötzlichen, heftigen Schlagen seiner Flügel pflegte Hans über die Schloßgräfte zu sausen und nach etwa hundert Metern abzubremsen. Das machte er gut und gerne ein dutzendmal am Tag, und wir wurden uns allmählich darüber klar, daß sich seine Haltung den jungen Schwänen gegenüber verhärtete. Von Zeit zu Zeit war die Hölle los; offenbar konnte die Familie nicht mehr als Gemeinschaft zusammenleben, weil ihre natürlichen Instinkte nicht mit unseren menschlichen Plänen übereinstimmten.

Daß wir die Schwäne den Winter über in den Stall gebracht hatten, war ein Eingriff in ihren natürlichen Lebensrhythmus gewesen.[12] Was im März geschah, war nicht mehr, als was normalerweise in den Monaten Oktober, November, Dezember und vielleicht Anfang Januar vor sich gegangen wäre. Wir hatten uns Illusionen hingegeben, als wir glaubten, sechs Schwäne könnten harmonisch zusammen auf dem Wasser leben; die Eltern begannen, die vorjährigen Jungen zu vertreiben.

«Sie sind so dumm», beklagte sich Thaddäa. «Genau wie Menschen. Sie haben alles, was sie brauchen, und können doch nicht in Frieden leben.» Ich stimmte ihr aus vollem Herzen zu; die Natur schließt wenig Kompromisse, und wir mußten uns mit ihren Geboten abfinden. Hans hatte anscheinend sein Territorium festgelegt. Es sollte aus dem Kapellenteich, der Schloßgräfte, dem Fischteich und dem Hof bestehen. Die Dämme waren eingeschlossen und ebenso das Land in einer Tiefe von fünfzig Metern vom Ufer. Alles andere war ihm gleichgültig, das heißt, er verfolgte andere Vögel nur etwa fünfundzwanzig Meter weit, nachdem er sie aus seinem Territorium vertrieben hatte, und selbst wenn sie in einem angrenzenden Gebiet waren, verfolgte er sie nicht so hartnäckig und bösartig, wie wenn er sie aus den territorialen Grenzen vertrieb, die er gesetzt hatte.

Nachdem er seine Grenzen festgelegt hatte, machte er sich an die Aufgabe, alle Schwäne von den erwählten Gewässern zu entfernen, sobald sie sich sehen ließen; er führte geradezu einen ganzen Feldzug gegen sie und ging manchmal so weit, daß er versuchte, die verblüfften jungen Schwäne umzubringen. Das brachte eine Unruhe in unser Leben, die an Chaos grenzte. Es kam zu offenen Kämpfen auf dem Hof vor dem Haus, wo es leicht war einzugreifen, oder zu regelrechten Mordversuchen auf den territorialen Teichen und auf der Schloßgräfte. Die jungen Schwäne wollten die Eltern nicht verlassen; aber Vater und Mutter waren unbarmherzig und zeigten ganz deutlich, daß sie die Jungen nicht länger tolerieren wollten.

«Was ich nicht verstehe», bemerkte ich mehr als einmal zu Thaddäa, «ist Hansens Inkonsequenz. Manchmal ist er ganz friedlich, und alles scheint wieder normal zu sein. Einen Augenblick später jagen Hans und Leda die armen Dinger überall herum.»

Manchmal kamen die jungen Schwäne zu ihren Eltern und wurden dann mit dem klassischen Aggressionsgebaren vertrieben. Zu anderen Zeiten ließen die Eltern zu, daß sich ihnen die Jungen zur Fütterungszeit zugesellten, und dann wurde die alte Rangordnung peinlich genau eingehalten. Hans und Leda nahmen ihre gewöhnlichen Plätze ein, während sich die jungen Schwäne etwas im Hintergrund hielten und sich mit dem Futter begnügten, das den Weg zu ihnen fand. Doch kaum war die Mahlzeit beendet, da konnte es sein, daß der Schwanenvater über sie herfiel und sie sich so schnell wie möglich davonmachen mußten; was geschehen würde, ließ sich nie vorhersagen.

Ein Höckerschwan kann an Land eine erstaunliche Geschwindigkeit entwikkeln, besonders wenn er die Flügel zu Hilfe nimmt. Die jungen Schwäne gebrauchten oft ihre Flügel und rannten, wobei ihre Füße auf den Boden schlugen, Hans, den Hals drohend aufgeplustert und zwischen die gewölbten Flügel zurückgezogen, setzte ihnen in langsamerem und würdevollerem Tempo nach, zornig und bedrohlich wirkend. Während dieser Verfolgungen blieben die jungen Schwäne dicht beieinander und ließen den Schwanenvater hinterherlaufen, als ob es ihnen Spaß mache. Nur sehr selten zerstreuten und trennten sie sich; sie schienen nie auf den Gedanken zu kommen, daß sie deutlich im Vorteil wären, wenn sie das täten. Statt dessen rannten sie vor ihm her, bis sie in sicherer Entfernung zu sein glaubten, und dann blieben sie stehen, blickten dumm und verwirrt drein und warteten ab, was nun geschehen würde.

Wenn sie sich wirklich einmal zerstreuten, gingen sie paarweise auseinander. Der Schwanenvater verfolgte eine Weile das eine Paar, wobei er das andere im Auge behielt, bis ihn die ganze Geschichte langweilte. Dann glättete er die Federn und sah ebenso verblüfft aus, wie seine Kinder manchmal aussahen; oder er machte kehrt, marschierte zurück zum Futterplatz, immer noch in Drohhaltung, und schritt zielstrebig dahin, ohne überhaupt ein Ziel zu haben.

An Land war Hans nicht sehr gefährlich. Er begnügte sich meist damit, die Jungen wegzubeißen, und im schlimmsten Fall endete es mit einem Schnabel voll ausgerissener Dunen. Aber auf dem Wasser konnte er unangenehm werden, wenn er zufällig einen der jungen Schwäne zu packen bekam. Sobald er ihn im Griff hatte, versuchte er sofort, ihn umzubringen. Tatsächlich ist ein Höckerschwan durchaus imstande, einen Artgenossen zu töten,[13] und wir sind Zeuge zahlreicher derartiger Versuche gewesen. Diese Angriffe im Wasser waren so schnell und entsetzlich, daß wir fürchteten, es würde dem Schwanenmann gelingen, einen der Jungen zu töten. Aber so schlimm wurde es nie, und es gab nicht einmal ernstliche Verletzungen; die jungen Schwäne waren viel zu stark.

Der alte Bursche betrachtete den Bach und den Mühlgraben unterhalb des Wehrs nicht als zu seinem Territorium gehörend, deshalb gewöhnte er sich an, die jungen Schwäne über das Wehr zum Mühlenteich zu treiben. Das Wehr ist ziemlich hoch mit einem Gefälle von etwa drei Metern zum Mühlgraben. Ohne die geringsten Schwierigkeiten jagte er die jungen Schwäne oben auf das Wehr, und das passierte jeden Tag. Uns blieb nichts anderes übrig, als hinzugehen und die jungen Schwäne zurückzuholen. Über die Wiese und die Landstraße, und dann setzten wir sie wieder auf die Teiche. Die Jungen waren damals schon schwer, und es war ein ganz schönes Geschäft, sie rund achthundert Meter weit zu schleppen.

Zuerst mußten wir den vertrauten Futterbeutel mitnehmen, um sie zu uns zu locken. Der Trick bestand darin, sie am Hals zu packen und ihre Körper zwischen unsere gespreizten Beine zu bringen, ehe sie begriffen, was vorging. Während wir sie immer noch am Hals festhielten, schoben ich oder Herr Balz, der mir bei diesen Unternehmungen oft half, einen Arm unter sie und klemmten sie zwischen unseren Körper und die Arme. Bald waren die Schwäne so an unser Vorgehen gewöhnt und daran, die achthundert Meter getragen zu werden, daß sie schon auf uns zuwatschelten, wenn sie uns kommen sahen, die Beine unter sich verschränkten und darauf warteten, daß wir uns bückten und sie aufnahmen. Sie wehrten sich nie, wenn sie getragen wurden, sondern ließen die Köpfe an ihren langen Hälsen hängen und gaben ein ziemlich armseliges Gewimmer von sich, wenn wir uns mühselig über die Wiese, die Landstraße und hinüber zu den Teichen schleppten. Eines Tages mußte ich sie allein holen, weil Herr Balz auf dem Hof zu tun hatte. «Ihr faule, freche Teufelsbrut», sagte ich zu ihnen, «die guten Tage sind vorüber. Von jetzt an werdet ihr zu Fuß gehen.» So wurde ich ein Schwanenhirt; ich nahm eine Reitpeitsche und trieb die Schwäne feierlich vor mir her.

Ein großer Graben umgibt einen Teil des Parks. Er gehörte zu den ursprünglichen Verteidigungsanlagen und umschließt jetzt den mehr «häuslichen» Teil des Landes: den Gemüsegarten und das Gärtnerhaus, den Tennisplatz und die Wiesen. Der Graben ist breit und tief; er war wohl als große Viehhürde gedacht, falls der Besitz einmal angegriffen werden sollte. Heute ist er nicht mehr in Gebrauch, aber nach heftigen Regenfällen enthält er beträchtliche Mengen Wasser, und manchmal nisten dort Wildenten. Die Dinge spitzten sich zu, als ich eines Tages durch den Park ging und zwei der jungen Schwäne auf dem Graben sah. Ich ging noch ein Stück weiter und sah etwas Weißes zwischen den Bäumen in der Nähe des Mühlenteichs. Da waren die beiden anderen jungen Schwäne; sie sahen völlig fehl am Platz und jämmerlich aus und hatten offenbar keine Ahnung, was sie tun sollten. Ihr Zögern war erklärlich; Hans war eifrig dabei, den ganzen Bach und den Mühlenteich vor ihnen abzupatrouillieren.

«Ich wünschte, du würdest etwas für diese jungen Schwäne tun. Ich sehe fürchterliche Dinge voraus, wenn du diesen Sommer in London bist.»

«Vielleicht könnten wir für sie ein großes Gehege quer über die Schloßgräfte machen.» Ich hatte mich mit dem Problem schon einige Zeit herumgeschlagen. «Dann hätten wir ein bißchen Frieden, bis die Brutzeit vorbei ist, und später können wir sie wieder herauslassen.»

Ich wählte den Platz für das Gehege zwischen der neuen und der alten Holzbrücke aus. Dort konnte der Maschendraht von der neuen Brücke herabgelassen werden, und von der alten Brücke stand noch so viel, daß sie eine Hilfe war, um das Drahtnetz über die achtzehn Meter breite Schloßgräfte zu bringen. Doch ist Maschendraht ein entsetzlich widerspenstiges Zeug, und es war ein gefährliches Unterfangen, die schweren Rollen ohne Boot in der erforderlichen Länge hinüberzubekommen. Seltsamerweise landete niemand im Wasser, obwohl ich ein paarmal dicht daran war, als wir den eichenen Schwimmbaum hinüberbrachten. Der Zweck dieses Schwimmbaums war, jeden Versuch zu vereiteln, unter dem Drahtgitter hindurchzuschlüpfen. Er sollte sich mit dem Wasserspiegel, der je nach dem vorherrschenden Wetter schwankt, heben und senken. Als wir fertig waren, hatten wir immerhin ein Gehege gebaut, das 1200 Quadratmeter Land und Wasser umfaßte, einschließlich einer schwimmenden Insel mit Wasseriris und Kraut. Wir fanden, das sei ein Gehege von annehmbarer Größe, in dem die jungen Schwäne glücklich und auch vor elterlichen Angriffen sicher sein würden.

Die jungen Schwäne zu fangen machte überhaupt keine Mühe. Hans besorgte das Zusammentreiben, und sie hatten schon Übung, von mir über die Wiesen getrieben zu werden. Als die jungen Schwäne das nächste Mal über das Wehr gejagt wurden, trieben wir sie die ganze Strecke über Land bis zu dem sicheren Gehege. Ich trug die Nase so hoch, wie ein Mensch nur konnte. «Jetzt haben wir ihnen einen Strich durch die Rechnung gemacht», sagte ich und dachte an die ruhigen und friedlichen Tage, die vor uns lagen.

Die jungen Schwäne gewöhnten sich recht gut an das Gehege. Es gab massenhaft natürliches Futter und Wasser, einen Platz zum Faulenzen und Gras, wenn ihnen nach grasen zumute war. Eine wirklich erfreuliche Unterkunft, könnte man sagen. Wir besuchten sie regelmäßig, standen an einem der beiden Ufer neben dem Gehege oder auf der Holzbrücke, sprachen mit ihnen und warfen Brotstückchen hinunter in das Wasser.

Doch bei den meisten Gefangenen stellt sich eine Haftpsychose ein. Es spielt keine Rolle, wie groß oder wie gut ausgestattet das Gehege ist; früher oder später versuchen die Insassen, hinauszukommen. Eingesperrte Vögel sind keine glücklichen Vögel. Die Tatsache, daß sie innerhalb der Umzäunung alles haben, was sie auch draußen hätten, hat wenig mit ihrem Verlangen zu tun, hinauszukommen. Sobald sie die Möglichkeiten des Geheges erforscht hatten, begannen sie, am Drahtzaun zu patrouillieren. Ehe ein paar Wochen vergangen waren, unternahmen sie Fluchtversuche.

Ihre Unrast wurde außerdem durch den Schwanenvater verstärkt. Er war ganz entrüstet, als er entdeckte, wo die vermißten jungen Schwäne zu finden waren. Er und Leda begannen, von der offenen Seite aus das Gehege abzupatrouillieren; während die jungen Schwäne versuchten, hinauszukommen, versuchte der alte verzweifelt, hineinzukommen. Die jungen Schwäne wurden ein wenig klüger und zogen sich, sobald Papa zum einen Ende des Geheges kam, in die Mitte oder zum anderen Ende zurück. Dort ignorierten sie die Eltern entweder auf höchst offenkundige Weise oder lungerten auf dem Wasser herum und beobachteten die Angriffsmethoden. Das taten wir auch, wenn wir uns einen Augenblick amüsieren wollten. Die Holzbrücke erwies sich als eine ideale Tribüne.

Die beliebteste Angriffsmethode der alten Vögel war, zuerst entlang des eichenen Schwimmbaums zu patrouillieren, dann umzudrehen und etwa zehn Meter weit wegzuschwimmen. Dann wendeten sie wieder und schossen unter Zuhilfenahme beider Füße heran, den Kopf weit zurückgezogen, die Flügel gewölbt. Sie spurteten zum Gitter, sahen bedrohlich und großartig aus, aber es nützte gar nichts. Der Angriffsversuch endete unweigerlich damit, daß die Angreifer scharf bremsen mußten oder mit voller Wucht mit der Brust gegen den Schwimmbaum prallten.

Wenn sie an die Einzäunung stießen, dann sahen sie überrascht und ein bißchen beleidigt aus, aber sie verletzten sich nie; sobald sie sich wieder gefangen hatten, taten sie, als ob nichts geschehen sei. Schwäne lassen Verlegenheit unmißverständlich erkennen, genau wie Hunde, indem sie sich entweder kratzen oder sich plötzlich putzen oder selbst streicheln.

Im Laufe des Sommers gelang es den Schwänen von Zeit zu Zeit, aus dem Gehege zu entkommen, und es gab wütende Kämpfe, wenn der alte Schwanenmann sie auf dem Wasser erwischte. Wir zerbrachen uns den Kopf, wie sie dieses Zauberstück fertigbrachten. «Ich kann es nicht verstehen. Das Gehege sieht bestens aus – keine Löcher im Maschendraht, soviel ich sehen kann», sagte ich des öfteren.

«Ich weiß, wie sie rauskommen», verkündete Patrick leichthin. «Ich weiß es schon lange. Joseph auch. Sie schlüpfen unter dem Draht durch.»

«Und darf ich fragen, warum du es nicht früher für angebracht gehalten hast, mir das zu sagen?»

«Ich dachte, du wüßtest es.»

«Na, zeig mir das Loch mal, und zwar schnell.»

«Aber, Papi», sagte mein Sohn sehr von oben herab, «wenn sich der Wasserspiegel senkt, ist die Stelle, wo das Drahtgitter dicht am Ufer auf der anderen Seite befestigt ist, nicht mehr unter Wasser, so daß sich die jungen Schwäne drunter durchschlängeln können.» Als ich hinging, um es mir anzusehen, fand ich natürlich nichts, was nicht in Ordnung war. Erst in jener Nacht.

Jeder, der auf dem Lande lebt, wird wissen, was ich meine, wenn ich sage, daß Tiere bis zur Nacht warten, um uns ihre gemeinsten Streiche zu spielen. Kein Stier, der etwas auf sich hält, wird bei Tage die Weide verlassen. Keine Kuhherde springt, solange es hell ist, über den elektrisch geladenen Drahtzaun und macht sich über die Landstraße davon, und keinem Schwein, das etwas taugt, gelingt es, sich aus dem Koben herauszustehlen, es sei denn bei Nacht. Die Schwäne waren keine Ausnahme.

Ich war im Badezimmer, nackt, wie Gott mich geschaffen hat, und gerade aus der Dusche gekommen, als meine Frau mich von nebenan rief. «Ich glaube, im Schwanengehege ist etwas los.» Ich lauschte einen Augenblick. Zuerst hörte ich nichts als den Regen, der herunterprasselte, als ob jemand einen voll aufgedrehten Feuerwehrschlauch aufs Dach gerichtet habe. Aber durch den Lärm hörte ich auch heftiges Flügelschlagen. Nicht von irgendwelchen Flügeln, sondern von großen, handfesten Flügeln, Schwanenflügeln.

Ich trocknete mich ab, als ob das Haus in Flammen stünde, und zog meine älteste und schäbigste Kluft an – und das will etwas heißen. «Ich gehe raus und sehe nach, was los ist», sagte ich mit einem Unterton von Heroismus, der viel Mitleid erwecken sollte. «Vielleicht ist ein Fuchs oder ein Hund zu den jungen Schwänen hineingeraten.»

«Ja, tu das, aber es regnet. Zieh einen Ölmantel oder dergleichen an.»

«Darauf kannst du dich verlassen», knurrte ich.

Ich ging hinaus in die pechschwarze Nacht, bewaffnet mit einer Taschenlampe, einem Stock und einer gehörigen Portion Mißmut. Warum war sie nicht so anständig gewesen, wenigstens «armer Liebling» oder sonst etwas Tröstliches zu sagen? Unter meinen eiligen Füßen spritzte das Wasser nach allen Seiten. Ein Wasserstrahl aus einem kleinen Loch in der Dachrinne traf mich genau im Nacken, und bis ich zum Schwanengehege kam, war ich am Fluchen wie ein Dubliner Hafenarbeiter. Kein Zweifel, da war eine große Schlacht im Gange. Und ich, den das schließlich gar nichts anging, sollte damit fertig werden!

Als ich das Tor des Geheges aufmachte, erfaßte der Lichtkegel der Taschenlampe die im Kreis herumjagenden Gestalten und schlagenden Flügel und vorgestreckten Hälse von fünf Schwänen, die im strömenden Regen einander nachsetzten. Was war da zu tun? Ich stand am Ufer und fluchte nicht schlecht, und die Schwäne waren mitten auf der Schloßgräfte. Ich schaltete die Taschenlampe aus und dachte nach, während mich der Regen überströmte.

«Wenn du mich die Taschenlampe halten läßt, kannst du sie vielleicht einfangen», sagte eine sanfte Stimme leise neben mir. «Versuche es mit einem Schwanenlockruf statt diesem Geschimpfe, auf das sie sowieso nicht hören.» Ich lächelte meiner Frau dankbar zu und rief die Schwäne. Das Ergebnis war überraschend. Eine wilde Gruppe von vier verängstigten jungen Schwänen stürzte buchstäblich aus dem Wasser und auf uns zu. Noch heute bin ich nicht ganz sicher, ob sie mich über den Haufen rannten oder ob ich ausrutschte, jedenfalls landete ich mit einem nassen, dumpfen Bums im Schlamm. Ich stand schnell, aber vorsichtig auf, die Hände schwarz und schmierig, und wütend, weil meine Frau sich zwar bemühte, ernst zu bleiben, aber doch lachte.

«Deine herrlichen Schwäne!» fauchte ich. «Wo zum Teufel sind sie jetzt?»

Thaddäa richtete die Taschenlampe auf die Ecke des Geheges, wo die vier jungen Schwäne eifrig bemüht waren, übereinander zu klettern bei ihren ungestümen Versuchen, dem Aggressor zu entkommen, der sich auf dem Wasser herumtrieb.

«Ich werde die Bande die Nacht über in den alten Schwanenstall sperren.» Ich packte den ersten Schwan und drückte ihn grob an mich. «Rede du weiter mit ihnen und halte das Licht auf sie gerichtet.» Ich war nicht in der Stimmung, mir von irgendeinem Schwan, einem jungen oder einem alten, noch irgend etwas gefallen zu lassen.

Bald waren die jungen Schwäne gemütlich untergebracht, und im Gehege war keiner mehr bis auf den Aggressor. Zu unserer Überraschung war es Leda, die noch einmal versuchte, ins offene Wasser zu kommen. Nach all dem Unsinn war ich nicht gewillt, ihr behilflich zu sein, die Freiheit wiederzuerlangen, und begab mich nach Hause und ins Bett. Sie konnte die Nacht über dort bleiben.

Die Schwänin war noch im Gehege, als wir morgens wieder hinkamen. Sie schwamm auf und ab und versuchte verzweifelt, zu ihrem Mann zu kommen, der wie ein Spiegelbild auf der anderen Seite des Drahtzauns alle ihre Bewegungen mitmachte. Ich ging in die Futterkammer, holte etwas Mais und fütterte den Schwanenvater unmittelbar vor dem geöffneten Gatter. Einen Augenblick später gesellte sich Leda zu ihm und hatte ihre Freiheit wieder.

Ein Krankenhausbesuch und eine neue Familie

Hans fuhr fort, die Familie auseinanderzutreiben, aber wir regten uns über die ganze Sache nicht mehr auf. Die jungen Vögel waren viel zu stark, als daß er ihnen noch gefährlich werden konnte.

Eines Nachmittags saß ich im Arbeitszimmer, als ich einen großen Aufruhr draußen hörte. Aus der Richtung der Brücke kam ein aufgeregtes Geschrei. Ich ging zum Fenster und sah gerade noch eine flüchtige Gestalt am Ufer der Schloßgräfte diesseits des Einfahrtstors vorbeihuschen, ein Ort, wo Fremde entschieden unwillkommen sind. Der Mann hatte einen großen Stock in der Hand und schrie Zetermordio. Eben schrie er noch, da hatte er sich schon in einen Rhododendronbusch verheddert und war halb im Wasser.

Bis ich hinkam, hatte er sein Gleichgewicht ganz und gar verloren, war in dem Strauch zu Boden gegangen und hatte einen Fuß über dem Ufer und fast im Wasser. Ich blieb einen Augenblick stehen, wo ich war, und sah auf ihn hinunter. Sein weißes Hemd trug deutliche Spuren seiner Auseinandersetzung mit dem Strauch; ein Hosenbein war bis zum Knie hochgeschoben, seine Hände waren schmutzig und sein Gesicht sehr rot, aber sein Ausdruck war glückselig. «Kann ich Ihnen helfen? Suchen Sie vielleicht etwas?»

«Ich hab ihn gerettet», keuchte er. «Ich hab ihn gerettet. Wirklich!»

«Wen gerettet?» fragte ich. Ich wußte genau, was er sagen würde, aber ich wollte es von ihm hören.

«Ich habe Ihren zweiten Schwan gerettet. Der andere versuchte, ihn umzubringen.»

Stolz stand er auf und brach dabei noch ein paar Rhododendronzweige ab. «Ich bitte um Verzeihung», sagte er schlicht, aber ob er mich oder den Rhododendronbusch meint, blieb offen.

Er war so stolz auf seine Leistung, daß ich es nicht übers Herz brachte, ihm zu sagen, daß der Schwanenmann fast jeden zweiten Tag einen jungen Vogel zu töten versuchte und uns das nicht mehr viel ausmachte. Es hätte ihn vor Entsetzen erbleichen lassen, wenn er gewußt hätte, daß mich der Schaden, den er an dem Strauch angerichtet hatte, viel mehr bekümmerte. Wir hatten diese riesigen Büsche im vergangenen Herbst hinter dem Tennisplatz ausgepflanzt und mit Hilfe von vier Mann und einem Traktor hierher zur Schloßgräfte bringen lassen. Verschiedene große Zweige sahen jetzt sehr mitgenommen aus.

Damals näherte sich die Geschichte der vier ersten jungen Schwäne ihrem unglücklichen Ende. Wir glaubten, daß zwei bachabwärts in Richtung auf die Teiche des dortigen Kohlenbergwerks gezogen waren. Das war der einzige etwas weiter entfernte Ort, zu dem sie gelangen konnten; der Bach fließt nämlich in die Teiche. Sie machten sich rar und verschwanden für Tage und sogar Wochen, ehe sie sich wieder einmal sehen ließen. Wir wußten, daß sie entweder bachauf- oder bachabwärts schwammen, und fanden heraus, daß sie etwa anderthalb Kilometer vom Wehr entfernt lebten. Ihr Wiederauftauchen war selten dramatisch, abgesehen davon, daß Hans, sobald sie sich zeigten, sich aufregte und zum Angriff überging.

Als ich eines Tages in den Hof ging, sah ich einen Schwan vor den Stalltüren. Er saß ganz still und rührte sich auch nicht, als ich näherkam; er hob nur sein Kinn, die übliche Begrüßung. Hans und Leda waren auf dem Fischteich, ich sah sie im Schilf Futter suchen, also mußte dies einer der beiden übriggebliebenen älteren jungen Schwäne sein. Der andere war nirgends zu sehen. Als ich den Vogel ansprach, antwortete er mit einem leisen, nasalen Wimmern. Ich streckte ihm versuchsweise die Hand entgegen, er stand auf, humpelte etwa einen Meter, ließ sich dann wieder fallen und machte keinen Versuch wieder aufzustehen. Die Futterkammer war in der Nähe, und so streute ich etwa einen Meter vor dem verletzten Vogel eine Handvoll Mais aus. Er stand auf, aber es fiel ihm offensichtlich schwer. Er fraß gierig, und als er fertig war, trug ich ihn vorsichtig in den Entenstall und legte ihn auf Stroh. Der Vogel blieb völlig ruhig, führte sich noch etwas Futter zu Gemüte und trank begierig, als ich ihm eine Schüssel Wasser brachte.

Der Tierarzt kam zwei Stunden später, um den Patienten zu untersuchen, und diagnostizierte ein gebrochenes Bein. «Aber ich kann nichts machen, ehe ich weiß, wo der Bruch ist. Ich brauche eine Röntgenaufnahme.»

Ich war sehr für eine Röntgenaufnahme, bis ich erfuhr, daß die nächste Tierklinik etwa fünfunddreißig Kilometer von uns entfernt war. Ich fürchtete, der Schwan würde bei einer so langen Autofahrt leiden. Wir hatten sowieso keinen genügend großen Behälter für ihn; einer von uns müßte ihn tragen, wobei er sich vielleicht wehren und sich noch mehr verletzen würde. Der Tierarzt schlug schließlich das hiesige Krankenhaus vor, das wir gut kannten, und umgekehrt auch. «Der Chefarzt ist bekannt für seine Tierliebe. Aber sagen Sie nicht, daß ich es angeregt habe!»

Noch bis zum heutigen Tag glaube ich, daß niemand außer mir meine Bitte merkwürdig fand. Es wurde im Krankenhaus als ganz selbstverständlich angesehen, daß der Schwan geröntgt wurde. Sie würden gern helfen. Nein, ihn auf eine lange Fahrt mitzunehmen käme gar nicht in Frage. Ich solle versuchen, das

Bein nicht zu bewegen, und nicht zulassen, daß der Patient strampelt. Ob ich bitte morgen um 15 Uhr in die Sprechstunde kommen könne?

Meine Frau und ich waren der Meinung, daß es am besten sei, den jungen Schwan in ihrem VW ins Krankenhaus zu bringen. Sie würde fahren, und ich würde mich hinten hinsetzen und den Schwan auf den Schoß nehmen. Wir glaubten, daß wir einige Schwierigkeiten haben würden. Schließlich war der Schwan noch nie Auto gefahren; abgesehen vom Strampeln könnte es auch noch andere unerfreuliche Folgen haben. Ich fand, es wäre am besten, den Schwan in einen großen Mottensack aus Plastik zu stecken und nur Kopf und Hals frei zu lassen.

Am nächsten Tag ging ich in den Stall, um den Vogel zu holen, der mich mit erhobenem Kinn begrüßte. Ich redete eine Weile mit ihm. Dann begann ich, ihn in den Sack zu stecken, mit dem Schwanz zuerst. Er schien zu wissen, daß ich ihm helfen wollte, denn er leistete nicht den geringsten Widerstand, sondern ließ alles bereitwillig geschehen. Ich trug ihn aus dem Stall und kletterte mühsam mit ihm in den Wagen. Schwäne, selbst anderthalbjährige, sind schwer, wenn sie gesund sind.

Ich hatte gefürchtet, daß der Schwan in dem Augenblick, da die Türen geschlossen waren und der Wagen fuhr, nur einen Gedanken haben würde: RAUS. Nichts dergleichen. Er saß auf meinem Schoß, eine warme, schwere Last von etwa achtzehn Pfund, sah höchst interessiert aus dem Fenster und drehte den Kopf von einer Seite zur anderen. Als wir durch das Tor fuhren, streckte der Schwan seinen langen Hals vor, um genauer zu sehen, was unten auf dem Wasser vorging, und dann setzte er sich für die zehn Minuten Fahrt gemütlich hin.

Ich hätte es nie für möglich gehalten, daß ein unter natürlichen Verhältnissen ausgebrüteter und aufgezogener Schwan eine Autofahrt genießen würde. Aber er genoß die Fahrt, beobachtete jeden vorbeifahrenden Wagen voll Interesse und ließ absolut keine Angst erkennen. Unser primitives Geschöpf verhielt sich tatsächlich auf höchst zivilisierte Weise.

Auch hatten wir keinerlei Schwierigkeiten im Krankenhaus, wo er sich anstandslos ausladen ließ. Als wir zur Pforte gingen und uns anmeldeten, sah die Schwester uns etwas zweifelnd an. Ob wir wohl in der Halle Platz nehmen wollten, bis sie festgestellt habe, wann wir an die Reihe kämen? Ich nehme an, sie wollte vermeiden, daß wir mit den anderen ambulanten Patienten zusammensaßen, die womöglich etwas gegen einen so sonderbaren Mitpatienten einzuwenden gehabt hätten.

Es schien an diesem Tag sehr viel vorzuliegen, und die Ärzte waren stark beschäftigt. So saßen wir da und rauchten und unterhielten uns mit dem Vogel. Er wurde heiß und immer heißer, während wir warteten. Ein Schwan ist, ob für längere oder kürzere Zeit, immer ein schweres Schoßkind, aber ich glaube, daß von uns beiden der Vogel am meisten litt. Die Halle war gut geheizt, und das arme Ding war noch in seinem Plastiksack; trotzdem saß er ganz still auf meinem Schoß und ließ den langen Hals herabhängen, so daß der Kopf fast den Boden berührte.

Leute kamen und gingen und sahen uns mit einem Ausdruck von Ungläubigkeit an. Wir nahmen keine Notiz von ihnen, ganz im Gegensatz zu dem Schwan, der sie interessiert betrachtete. Wenn niemand vorbeiging, senkte der Vogel Kopf und Hals, wie Schwäne es offenbar immer tun, wenn sie getragen werden. Normalerweise stoßen sie dabei einen etwas klagenden Ruf aus, aber dieser hier war ganz still und wimmerte nicht einmal.

Thaddäa war recht beunruhigt über die hängende Kopfhaltung und meinte, dem Vogel sei schlecht. Das war sicher richtig, wenn man die unnatürlichen Umstände bedenkt, die Hitze, die er in dem Sack erzeugte, und die Tatsache, daß er seit fast einer Stunde kein Wasser bekommen hatte. Sie nahm den Kopf des Vogels in die hohle Hand, hielt ihn und streichelte ihn sanft; dem Patienten schien das zu gefallen, er unternahm keinen Versuch, den Kopf zu heben oder sich zu befreien.

Als wir nach einer halben Stunde an der Reihe waren, mußten wir bei den wartenden ambulanten Patienten Spießruten laufen, als wir den langen Korridor hinuntergingen, und so mancher befremdete Blick traf uns. Doch als wir in die Röntgenstation kamen, nahm uns die Röntgenärztin in Empfang, eine geistsprühende, weißgekleidete Nonne, die sich auf höchst sachliche Weise ans Werk machte. Ich hielt den Schwan auf dem Bestrahlungstisch fest, während die junge Schweizer Röntgenassistentin die Platten unter das aufzunehmende Bein schob. Vielleicht war der Tisch kalt, oder es war der plötzliche Wechsel, nachdem es in meinem Arm so warm gewesen war, oder die plötzliche Änderung der Lage; jedenfalls geriet der Patient zum erstenmal in eine leichte Panik. Da seine Beine innerhalb des Sacks plötzlich frei waren, begann er heftig zu strampeln, und im Handumdrehen hatte er mit seinen langen scharfen Zehennägeln den Kunststoff zerfetzt. Ich legte ihm rasch die Hand fest auf den Rükken, streichelte mit der anderen Hand den langen Hals und redete leise mit ihm. Fest gepackt und beruhigt durch die vertraute Stimme, gab er jeden Gedanken an Strampeln auf. Danach ging die Röntgenaufnahme ohne die geringste Störung vonstatten. Abgesehen von einer «Visitenkarte» auf dem Tisch und einer zweiten auf dem Fußboden, benahm sich der Patient besser als die meisten Menschen; alle waren des Lobes voll.

Als die Aufnahme entwickelt worden war, zeigte sie einen glatten Bruch des oberen Beinknochens ohne irgendwelche Komplikationen. Uns wurde empfohlen, den Vogel so ruhig wie nur möglich zu halten, weil der Bruch nicht geschient werden konnte und es keine andere Möglichkeit gab, ihn zu heilen.

Als wir die Röntgenstation verließen, warteten draußen noch mehr Patienten. Wieder folgten uns neugierige und ängstliche Blicke, als wir uns von der Nonne verabschiedeten und den langen Korridor hinuntergingen. Als wir zum

Wagen kamen, fragte mich meine Frau, ob ich bemerkt habe, wie viele Leute ihre Beine unter sich gezogen oder sich an die Wand gedrückt hatten, als wir vorbeikamen. Ja, sagte ich, ich habe es bemerkt, und begann über das merkwürdige Phänomen Angst nachzugrübeln.

Tatsächlich war es wohl eher Angst als Brutalität gewesen, die unseren Besuch im Krankenhaus nötig gemacht hatte. Ein so scheußlicher Bruch im oberen Bein mußte durch einen heftigen Schlag verursacht worden sein, höchstwahrscheinlich mit einem dicken Stock. Vermutlich hatte der Schwan, als er wieder einmal fern von zu Hause war, irgend jemanden auf einem der Bauernhöfe bachabwärts gesehen und war kühn auf ihn zugegangen in der Hoffnung, etwas Futter zu bekommen. Als der Betreffende einen Schwan so entschlossen auf sich zukommen sah, hat er wohl einen Angriff erwartet und sich verteidigen wollen, was mit diesem knochenbrecherischen Schlag endete.

In gewisser Weise habe ich Verständnis für den schuldigen Ignoranten. Er muß ebensowenig über Schwäne gewußt haben, wie Schwäne über Menschen wissen. Wäre er dem anrückenden Schwan mit ausgestreckten Armen entgegengegangen, hätte sich der Vogel umgedreht und davongemacht. Andererseits hätte sich der arme Schwan nie träumen lassen, daß ein Mensch fähig sei, ihm etwas zuleide zu tun. Er brachte Menschen in Verbindung mit Futter und Hilfe; es war die natürlichste Sache der Welt, auf ein Wesen zuzugehen, das seiner Erfahrung nach diese Dinge verkörperte. Er hatte nie Grund gehabt, Menschen mit Angst in Verbindung zu bringen. Meiner Ansicht nach muß die ganze Geschichte ein tragischer Fall von beiderseitigem Mißverständnis gewesen sein.

Die Rückfahrt verlief ohne Störungen. Wir brachten den Schwan in den Stall; unter Dach und Fach und auf Stroh gebettet, gut versorgt mit Futter und Wasser, blieb er während der ganzen Behandlung still liegen und änderte seine Stellung selten. Wir brauchten keine besonderen Vorsichtsmaßnahmen zu treffen, damit er sich nicht bewegte; der Vogel sorgte selbst für sich und blieb vergnügt im Stall.

Die ganze Episode beeindruckte mich tief, hauptsächlich deshalb, weil der junge Vogel so offenkundig «nach Hause» gekommen war, als er Hilfe brauchte. Es muß ein schmerzhaftes Unterfangen gewesen sein, denn als ich ihn fand, vermochte er sich nur noch ein paar Meter weit fortzubewegen. Und dann beeindruckte es mich, daß das Krankenhaus eine Bezahlung der Röntgenaufnahme glatt ablehnte mit der Begründung, es sei eine angenehme Unterbrechung des täglichen Einerleis gewesen.

Ich war es, und nicht Hans, der teilweise das Vorhaben des Schwanenvaters ausführte: die Familie endgültig zu trennen. Ich fing ein Paar ein und schenkte es einem Nachbarn, der es gern für die Schloßgräfte seiner schönen Besitzung haben wollte. Die beiden lebten sehr glücklich dort und wurden gut versorgt, bis eine Verunreinigung der Gewässer weiter stromaufwärts seine Schloßgräfte erreichte und den Tod eines der Vögel verursachte. Das zweite Paar wählte die Freiheit, machte sich von uns aus stromabwärts auf den Weg und stattete uns viele Jahre lang dann und wann einen Besuch ab. Einer von diesem Paar war der Schwan mit dem gebrochenen Bein; soviel ich weiß, sind beide heute noch am Leben und wohlauf.

Nachdem die jungen Schwäne fort waren, wandte Hans seine Aufmerksamkeit anderen Vögeln zu, und bald gab es neue Opfer seiner Aggressionen. Hans und Leda waren normalerweise insofern relativ umgänglich, als sie Enten tolerierten und sogar zusammen mit ihnen fraßen; aber jetzt näherte sich die Brutzeit, und da wurde Hans zunehmend aggressiver.[14] Eines Tages mußte ich eine unserer preisgekrönten Sachsen-Enten retten, die der Schwanenmann systematisch zu töten versuchte, nachdem er sich richtig in eine Wut hineingesteigert hatte. Er hatte sie am Rücken gepackt und versuchte sie am Ufer der Schloßgräfte zu zerquetschen. Er ließ von ihr ab, als ich vorbeikam, und ich fischte sie heraus und setzte sie neben mich aufs Ufer. Sie war so mitgenommen und verwirrt, daß sie keine Vorstellung hatte, was mit ihr geschah. Offenbar vermochte sie nicht zwischen Freund und Feind zu unterscheiden, denn kaum hatte ich sie losgelassen, da ging sie gleich wieder ins Wasser und auf den Schwan zu – der sich sofort wieder auf sie stürzte und sie zu ertränken versuchte. Ich rettete die alberne Närrin zum zweitenmal und gab dem Schwan einen sanften Klaps auf den Kopf für seine Ungezogenheit. Abgesehen von einem verachtungsvollen Zischen machte er keinen Versuch, mich anzugreifen, sondern verzog sich vom Ufer. Aus seiner Miene schloß ich, daß er, wenn er Gelegenheit bekäme, diese Ente mit Freuden ermorden würde, sobald sie wieder ins Wasser käme. Ich gönnte ihm die Gelegenheit nicht, nahm die Ente unter den Arm und brachte sie in den Stall.

Diese Wutanfälle waren unbegreiflich, aber so, wie sie angefangen hatten, hörten sie auch von selbst wieder auf. Entweder hielten sie einen Tag an oder zogen sich über eine Reihe von Tagen hin, was für alle Beteiligten überaus unangenehm war. Während dieser Perioden griff Hans niemals Menschen an und versuchte es auch nicht, obwohl er Drohhaltungen einnahm, die er aber, wenn sie nicht beachtet wurden, bald wieder aufgab.

Es war ganz offenkundig, daß das erwählte Territorium unsere gesamte vorhandene Wasserfläche umfaßte mit Ausnahme von zwei Teichen und einem Stück Bach, und wehe jedem anderen Schwanenpaar, das dort brüten wollte. Das Territorium war das Ihre im vollsten Sinne des Wortes, selbst wenn sie es nicht voll ausnützten. Sie hatten es gefunden und beanspruchten es; und da gab es keine Gnade für irgendeinen Vogel, ob groß oder klein, der sie reizte oder ihnen in den Weg kam. Ich beobachtete einmal, wie Hans eine Gruppe Schwäne vertrieb, die in sein Territorium gekommen waren. Ich glaube, sie waren nur niedergegangen, um sich eine Weile auszuruhen, ehe sie weiterflogen. Sie landeten auf dem größten der Fischteiche, der auch der vom Haus entfernteste ist. Einer aus der Gruppe wagte sich auf die Schloßgräfte; Hans setzte ihm nach wie der Blitz. Er jagte ihn um die gesamte Schloßgräfte herum, wobei der Besucher die ganze Zeit ängstlich über die Schulter zurückblickte. Als er den Punkt erreichte, an dem keine Umkehr mehr möglich war, kam er dicht ans Ufer der Insel und flog auf, während Hans noch 20 Meter entfernt war. Er schwang sich in die Luft mit knapp 18 Metern Wasser vor sich, und es gelang ihm nur mit größter Anstrengung. Er ging dann auf dem dritten Fischteich nieder, wo die anderen Schwäne auf ihn warteten. Kurz danach brachen sie alle auf, obwohl Hans keinen Versuch unternahm, den einzelnen Schwan zu verfolgen oder sich auch nur in gemächlicherem Tempo der Gruppe zu nähern. Was ihn betraf, so war die Sache erledigt, nachdem der andere Schwan aufgeflogen war. Indes fragte ich mich, ob die Vögel noch irgendeine andere Verständigungsmöglichkeit haben, die einen Eindringling warnt, daß das Territorium besetzt ist.

Ein paar Tage später sah ich, daß Hans auf ein gelbes Entlein losging, das er sich aus einer Kette junger Stockenten herausgepickt hatte. Sein Angriff war rasch und unfehlbar; mit peitschenden Flügeln und sich mit den Füßen abstoßend, schwang er sich empor, flog niedrig direkt auf sein Opfer zu und tötete es mit einem heftigen Schnabelhieb. Dann bremste er sich ab, erhob sich auf dem Schwanz, stieß einen Ruf aus, schüttelte sein Gefieder, ließ sich wieder auf das Wasser fallen und lungerte eine Weile herum. Gerade, als ob er der ganzen Welt sagen wollte: «Hier bin ich der Herr, das solltet ihr alle besser nicht vergessen!»

Manchmal griff er auch an, während er schwamm; dann packte er mit dem Schnabel das ausersehene Opfer hinten am Kopf und versuchte, es zu ertränken. Hatte er es nicht fest genug gepackt, was zum Glück oft der Fall war, dann faßte er das Opfer an den Rückenfedern und schüttelte es. Solange das überfallene Tier in Bewegung blieb, waren die Überlebenschancen gut. Aus irgendeinem Grund ließ der Schwan niemals los, um fester zuzufassen, und mit ein wenig Glück entkam das Opfer und hatte nur einen Schnabel voll Federn eingebüßt.

Uns fiel auf, daß diese Angriffe gewöhnlich an sonnigen Tagen stattfanden und selten an regnerischen. An einem sonnigen Tag war die Luft erfüllt von dem Geräusch schlagender Flügel und spritzenden Wassers. Trotz der relativ großen Gefahr spielten unsere kleinen Enten sehr gern mit dem mächtigen Schwan «wasserjungfern». Oft schienen sie es bloß um des Spaßes willen zu tun, und dann lachten sie hinter seinem Rücken über ihn. Eine Gruppe von bis zu dreißig Stockenten, weißen Lockenten und Cayugas beteiligte sich an diesem Sport. Er endete niemals tödlich; Todesfälle gab es nur, wenn Hans sich unerwartet eine einzelne Ente aussuchte und sich auf die konzentrierte.

Das «Spiel» wurde gewöhnlich vor einem faszinierten Publikum ausgetragen, Leuten aus der Stadt, die mit ihren Kindern gekommen waren, um vom

Einfahrtsdamm aus die Enten zu füttern. Hans steigerte sich dann in eine Wut hinein und unternahm einen Angriff gegen eine Gruppe Enten. Er erhob sich knapp über die Wasseroberfläche, so daß es aussah, als ob er mit peitschenden Flügeln darauf laufe. Die Gruppe stob dann in alle Richtungen auseinander, manche schwammen bloß fort, andere flogen sofort auf und landeten Sekunden später auf dem grasbedeckten Ufer vor dem Schwan. Der Schwan ließ sich dann immer aufs Wasser fallen, schüttelte sich, machte kehrt und schwamm wieder zu der Stelle, wo sich die Gruppe neu gesammelt hatte. Die ganze Vorstellung wurde dann wiederholt. Ich habe es erlebt, daß sie von mittags bis sechs Uhr abends dauerte, mit kurzen Erholungspausen.

Während der Schwanenmann sein Territorium frei machte und seine Souveränität begründete, wurde seine Gattin nur dick und fett. Leda zog sich zum Fischteich zurück, aber das hieß nicht, daß sie sich auch aus unserem Leben zurückzog. Keineswegs. Diese Dame wußte nur zu gut, wo Barthel den Most holt, und wir hatten in dieser Zeit mehr persönlichen Kontakt mit ihr als zu normalen Zeiten. Sie gewöhnte es sich an, das Haus immer gut im Auge zu behalten, damit sie bestimmt zur Stelle war, wenn einer von uns auf dem Hof erschien.

Ich nannte sie das Gespenst. Es war kaum möglich, ihr auszuweichen, denn sie schien wie ein Geist umzugehen und plötzlich Gestalt anzunehmen. Wenn einer von uns aus dem Haus kam, war kein Schwan zu sehen; im nächsten Augenblick war sie da, trottete hinter einem Busch oder einem Baumstamm hervor oder um irgendeine Ecke des Hauses – ganz eifrig, den Körper schlank gemacht, aufrecht, den langen Hals hoch und gerade gehalten, den kleinen Kopf auf die Seite gelegt und die Augen strahlend vor Futtererwartung. «Doch nicht du schon wieder! Dich habe ich erst vor einer halben Stunde gefüttert! Kriegst du denn nie genug?»

Irgendwie erwartete ich eine Antwort, als sie bis zur Futterkammer hinter mir herschlenderte und hoffnungsvoll im hinteren Hof stand, bis das Futter ausgestreut war. Dann zischte sie mich rasch an, ehe sie das Futter so gierig verschlang, als ob es das erste sei, das sie je gesehen habe, und das letzte, das sie je bekommen würde.

Ich achtete darauf, ihr nicht zuviel zu geben, denn ich wußte, daß sie es bloß für die Enten liegenlassen würde, die sich schon erwartungsvoll in der Nähe herumdrückten. Im Gegensatz zu Hans war sie nett zu ihnen, oder jedenfalls so nett, wie ein Schwan sein kann. Hans war grob zu den kleinen Vögeln, packte sie am Rücken und schüttelte sie, bis die Federn flogen; aber Leda hackte bloß nach ihnen, damit sie weggingen, und stieß ein warnendes Zischen aus.

Ihr ständiger Kontakt mit uns in dieser Zeit ermöglichte es ihr, uns als Personen kennenzulernen. Wir stellten fest, daß sie durchaus zu unterscheiden vermochte, was fabelhaft ist. Sie stürzte niemals zu *irgend jemandem*, um Futter zu verlangen, sondern nur zu uns. Außerdem war sie ebenso wie Hans den Kindern gegenüber absolut vertrauenswürdig. Zum Glück für alle Betroffenen waren die Kinder in ihrem Verhalten sehr umsichtig. Sie sprachen mit den Vögeln, wenn sie vorbeikamen, aber sie reizten sie nicht. Infolgedessen war die Einstellung der Schwäne zu dem jungen Volk niemals ablehnend. Patrick fütterte Leda, wenn ich ihn darum bat, aber er zog es vor, es nicht zu tun, wenn Hans dabei war.

Wir entdeckten, daß Leda bereitwillig auf die menschliche Stimme reagierte und ebenso wie Hans auf einen ziemlich ansehnlichen menschlichen Wortschatz. Das bedeutete einfach, daß sie bestimmte Laute oder Wörter mit bestimmten Situationen in Verbindung brachte. «Komm» ist ein Befehl, den alle Wasservögel bei uns sehr rasch zu verstehen lernen, und keiner lernte es schneller als Leda. «Warte» bedeutet genau das, und so weiter. Tatsächlich ist daran kaum etwas bemerkenswert, denn die meisten Tiere lernen einen Wortschatz in ziemlich kurzer Zeit, und ihr Lernen ist gewöhnlich mit Fressen verknüpft. Dennoch glaube ich eigentlich nicht, daß Ledas Hunger der einzige Grund war, warum sie mich ständig verfolgte; allzuoft widmete sie sich dem ihr hingestreuten Futter nur flüchtig und ließ es dann liegen. Ich glaube, ihr seltsames Verhalten war eine Mischung aus ihrer Gedankenverbindung von Mensch mit Futter und ihrem stark entwickelten Verlangen nach menschlicher Gesellschaft.

Von Zeit zu Zeit machte sie recht seltsame Sachen. Sie versuchte mir in das Fasanengehege zu folgen und stieß wütend gegen das Drahtgitter, als der Versuch mißlang. Sie versuchte mir durch die Haustür zu folgen, und durch die Hintertür, die zur Futterkammer führt. In beiden Fällen waren die Stufen ein unüberwindliches Hindernis. Ich bezweifle, ob sie darauf beharrt hätte, wenn sie die Stufen bewältigt hätte. Schwäne gehen nicht gern durch schmale Öffnungen, und ich bezweifle, ob sie den Mut gehabt hätte, sich in das verhältnismäßig dunkle Hausinnere zu begeben. Aber ihre größte Leistung war es, als sie versuchte, ins Auto und auf meinen Schoß zu gelangen. Damals fuhr ich einen niedrigen, kleinen Simca mit einer Karosserie von Bertoni, der mir viel Freude machte. Eines Tages hielt ich an, um mich mit Leda zu unterhalten, und machte die Tür weit auf. Wahrscheinlich, weil der Wagen so niedrig war, kam sie gleich bis zu mir heran, steckte Hals und Schultern hinein und wollte hineinklettern. Da machte ich nicht mehr mit und schob sie sanft weg; sie war deutlich verärgert, denn sie fuhr hoch und zischte mich wütend an. Doch auch Liebe kann ihre Grenzen haben.

Eines Tages fiel uns auf, daß das ganze Bild sich zu ändern begann. Das gewaltige Flügelschlagen von Hans wurde immer seltener, und sein ganzes Verhalten begann sich auf Leda zu beziehen. Eines Tages im April kam Leda zum Haus, um gefüttert zu werden; ich streute ein paar Handvoll Mais aus, sah ihr eine Weile zu und beschloß dann, einen Spaziergang zu machen. Ich ging um die Südseite des Hauses herum, wo die kleine Insel ist, dicht am Ufer der großen, auf der wir wohnen, und da sah ich Hans eifrig beschäftigt, etwas zu bauen, was ein Nest zu sein schien. Es konnte nur Hans sein, denn Leda futterte in diesem Augenblick, nur zwanzig Meter entfernt um die Ecke. «Das ist seltsam», sagte ich mir. «Vermutlich macht er weiter, was Leda angefangen hat.» Aber aus irgendeinem Grund, den ich nicht erklären konnte, stiegen mir Zweifel auf. Ich beschloß, die Sache zu beobachten.

Die Stelle lag gegenüber dem Gehege der Mandarin- und Brautenten. Dem menschlichen Auge schien es ein guter Nistplatz zu sein und alle Bedingungen zu erfüllen, die Sicherheit gewährleisteten. Ich sah, wie er sich hinsetzte und das Baumaterial zu sammeln begann, das in Reichweite seines langen Halses und seiner Schultern war. Er nahm die einzelnen Teile mit dem Schnabel auf und stopfte sie unter sich, wobei er sich zusammenkauerte und sich um die eigene Achse drehte. Alles schien für den Zweck geeignet zu sein: Zweige, Ranken, trockene Halme und dergleichen.

Als alles Baumaterial in unmittelbarer Nähe verbraucht war, begann der Schwanenmann es anderswo zu sammeln und von ziemlich weit herzuholen. Vier Meter entfernt lag seit der Zeit, als die Bäume und Sträucher auf der Insel geschnitten worden waren, ein großer Haufen Holz; ich sah, wie Hans trokkene Äste mit einem Durchmesser bis zu fünf Zentimetern ohne Schwierigkeiten aufhob und trug.

Kurz darauf lernte ich, daß es ratsam sei, ein bißchen vorsichtig zu sein, wenn man sich dem Schwanenmann näherte. Ein Schwan hat ungewöhnlich gute Augen; im besten Fall hörte er sofort mit seiner Arbeit auf; im schlimmsten Fall ging er sofort zum Angriff über. Manchmal, wenn ich mir vornahm, meinen Standort ganz geheimzuhalten, und er mich dann entdeckte, ging er tatsächlich auf mich los. Einmal baute er an dem Nest, das schließlich das endgültige werden sollte, und zwar an dem Damm zwischen dem Kapellen- und dem Mühlenteich. Ich kauerte neben einem niedrigen Weißdornbusch, und er kam geradenwegs auf mich zu. Ich wechselte rasch den Platz und versteckte mich hinter dem Stamm einer großen Buche. Er stampfte an mir vorbei, ohne mich zu sehen, obwohl ich nur ein paar Schritte von ihm entfernt war. Ein anderes Mal griff er mich über dem Wasser an. Ich kauerte ohne Deckung am Ufer, deshalb beschloß ich, ihn kommen zu lassen und dann im letzten Augenblick einen Schritt zur Seite zu machen. Er kam auch wirklich, mit aller Macht, als ob er im Begriff sei aufzufliegen. Als er mich erreichte, war er etwa dreißig Zentimeter über dem Wasserspiegel. Wie geplant, trat ich behende beiseite, verlor aber den Halt und landete bis zum Knie im Kapellenteich, während der Schwan an mir vorbeischoß und auf dem Gras dahinter niederging. Ich fluchte gehörig, als ich aus dem Wasser herauspatschte, und der Schwan stand etwas unentschlossen da. Er glaubte, daß ich ihn rufe, deshalb kam er zu der Stelle zurück, wo ich war, und ging vor mir wieder ins Wasser. Er war verlegen und wußte nicht recht, was er tun sollte. Deshalb blieb er in der Nähe, während ich weiter auf ihn fluchte. Ich zog meine Stiefel aus und kippte das Wasser aus; dann konnte ich sie nicht wieder anziehen, denn es ist ein Ding der Unmöglichkeit, in Gummistiefel hineinzukommen, wenn sie erst einmal innen naß sind. Ich stand also in Strümpfen da und sagte dem Schwan erst mal ordentlich die Meinung, ehe ich mich nach Hause aufmachte. Als ich in meinen triefenden Socken dahinpatschte und die nassen Hosen mir bei jedem Schritt gegen die Beine klatschten, schwamm der Schwan am Ufer neben mir. Gleichzeitig sah ich meinen Sohn in gemächlichem Tempo auf dem Fahrrad mir entgegenkommen.

«Du meine Güte», sagte er, eine damals bei ihm sehr beliebte Redensart, «was ist denn jetzt passiert? Bist du reingefallen oder sonst was?»

«Nein», knurrte ich, «meine Füße waren so heiß, da bin ich in den Teich gegangen, um sie abzukühlen.»

Hans gab sich alle Mühe, Leda dazu zu bringen, auf der kleinen Insel zu nisten, aber sie wollte nichts davon wissen und lehnte das wirklich sehr hochnäsig ab. Als nächstes versuchte er, ein Nest auf einem kleinen Inselchen aus Wasseriris zu bauen, eine ziemlich wacklige Angelegenheit, die direkt am Ufer des Kapellenteichs und gerade gegenüber der Kapelle auf der Oberfläche trieb. Wir wußten genau, wo dieses Nest war, denn wir hatten beide Schwäne daran arbeiten sehen.

Eines Tages war Thaddäa in ihrem Rosengarten. Sie liebt ihre Rosen und besteht darauf, sie selbst zu pflegen. Plötzlich bemerkte sie die Schwänin auf ihrem Nest. Sie sah, daß sie stand. Ihr fiel das besonders auf, denn der Vogel gab leise Geräusche von sich und wimmerte. Meine Frau unterbrach ihre Arbeit bald, denn die Schwänin war dabei, ein Ei zu legen. Das war kein einfaches Geschäft. Leda stöhnte gewaltig, und es dauerte genau zehn Minuten, bis das Ei aus ihrem Körper herauskam und in das Nest fiel. Die Schwänin merkte genau, daß meine Frau sie beobachtete; nachher erzählte mir Thaddäa, daß die Schwänin sogar von Zeit zu Zeit zu ihr hingeschaut habe. Leider war das Nest nicht stabil genug, und nach einiger Zeit fiel das Ei durch und landete auf dem Grund des Teichs. Aber ich habe meine Frau immer beneidet, daß sie es mitangesehen hat, wie dieses große Ei aus dem Körper der Schwänin herauskam. Ich hätte es sogar selbst sehen können, wenn ich nicht kurz davor zum Hühnerauslauf gegangen wäre.

Wir glaubten, der Verlust des Eies könnte bewirken, daß die Schwäne das Brüten für diese ganze Saison aufgäben, und unsere Freude war unbeschreiblich, als wir entdeckten, daß sie einen fast idealen Nistplatz auf dem Damm zwischen dem Kapellen- und dem Mühlenteich ausgewählt hatten. Es war eine ausgezeichnete Stelle, auf drei Seiten von Wasser, Schlamm und Schilf umgeben, während die beiden Uferseiten leichten Zugang zum Wasser selbst gewährten. Die ganze Topographie des Platzes war so, daß eine sehr junge Brut eine Fülle von Nahrung in unmittelbarer Reichweite hatte. Der Platz war abgeschirmt durch riesige Bäume, die auch vor heftigem Regen Schutz gewährten;

Weißdornbüsche und niedrige Sträucher hielten den Wind ab, und dennoch war der Blick nach allen Seiten frei. Der einzige offene und leicht erreichbare Zugang zu diesem Platz war vom Park her, doch abgesehen von Tieren, die sich hätten einmischen können, bestand dort keine Gefahr.

Leda schien Hans zuzustimmen, daß dies ein guter Platz sei, und bald beteiligte sie sich am Nestbau. Sie übernahm die Aufgabe, als das Nest halb fertig war, und ließ sich von Hans die Baustoffe bringen. Sie wandte dieselbe Methode an wie er und begann, das Material unter sich zu stopfen und das Nest zu erweitern. Nach einigen Tagen beobachtete ich Ledas Bewegungen genau, ob sich irgendwelche Anzeichen von Eierlegen erkennen ließen. In der Familie wurden viele Mutmaßungen darüber angestellt, wann sie zu legen beginnen und wie viele Eier es sein würden. Leda besuchte das Nest häufig und hielt sich lange Zeit in der Nähe auf, was ich für ein hoffnungsvolles Zeichen hielt.

Tatsächlich brachte sie ein ganzes Gelege zusammen, aber ich sah es niemals, weil ich mich scheute, den Schwänen zu nahezukommen und sie zu erschrekken. So hatte ich also keine Ahnung, wie viele Eier die Schwänin gelegt hatte und nun ausbrüten würde. Nicht, daß es unbedingt wichtig war, aber es hätte meine Neugier befriedigt. Nachdem das Gelege da war, machte sie sich ernstlich an das Geschäft des Ausbrütens und ließ alle Eigenschaften einer erstklassigen Bruthenne erkennen – im allgemeinen widerstrebte es ihr, das Nest zu irgendeiner Zeit zu verlassen. Bei trockenem Wetter erschien sie etwa zur Kaffeezeit an der Türschwelle, aber bei regnerischem Wetter sahen wir sie manchmal mehrere Tage hintereinander nicht. Es dauerte einige Zeit, bis wir uns darüber klar wurden, daß sie an Regentagen das Nest überhaupt nicht verließ, und als wir es begriffen hatten, begannen wir uns um sie zu sorgen. Allerdings hatte ich beobachtet, daß der Schwanenmann ihr ein- oder zweimal Blätter von Wasseriris brachte, und glaubte, daß er sie der Schwänin zu fressen gab, aber ich war nicht sicher. Bestimmt brachte er ihr die Blätter nicht als zusätzliches Baumaterial für das Nest.[15]

Unsere Besorgnis führte schließlich dazu, daß wir es wagten, zum Nest zu gehen und die Schwänin zu füttern, während sie darauf saß. Aber wir mußten vorsichtig sein, damit sie auf den Eiern sitzen blieb. Auch in bezug auf Hans mußten wir vorsichtig sein; da er nichts zu tun hatte und sich langweilte, war er jetzt der Fiktion verfallen, «sein Territorium zu verteidigen». Wie leicht wir zum Nest gelangten, hing von Hansens jeweiliger Laune ab. Wie bei den meisten männlichen Wesen waren seine Stimmungen sehr wechselnd; es gab Tage, da duldete er nicht nur einen von uns, sondern begrüßte unsere Besuche geradezu. Während mir der Regen vom Hut tropfte, kroch ich dann vorsichtig den Damm zwischen Kapellen- und Mühlenteich zum Nistplatz und kündigte mein Kommen im voraus an. War Hans am Nest, war der Rest ein Kinderspiel. Sobald er die vertraute Stimme hörte, drehte er sich zu mir um, und unter Erzeugung von «Geräuschen wie Futter» ging ich, mit dem Maisbehälter rasselnd, weiter. Er ließ mich dann bis zum Nest kommen und den Mais ausstreuen, ohne mich zu belästigen. Nicht einmal eine Drohhaltung nahm er ein. «So, ihr Dummköpfe», sagte ich dann zu beiden, wobei ich Hans aber immer vorsichtig im Auge behielt, «jetzt bekommt ihr euer Abendessen sogar schon aufs Zimmer serviert.»

Leda pflegte uns mit interessierter Gelassenheit zu betrachten, das Kinn zum Gruß zu heben und einen erwartungsvollen Blick auf den Futterbehälter zu werfen. Meine Frau oder ich konnten bis auf einen Meter ans Nest herangehen und die Körner für sie ausstreuen. Das taten wir immer in Reichweite ihres Halses, so daß sie fressen konnte, ohne vom Nest aufzustehen. Wenn Hans zufällig da und gewillt war, uns in Frieden zu lassen, fütterten wir beide Vögel; er verschlang den Löwenanteil des ihm hingestreuten Futters mit der größten Liebenswürdigkeit. Weder Thaddäa noch ich hielten uns lange dort auf. Ich war immer bestrebt, die Besuche nicht zu sehr auszudehnen, da es ja sein konnte, daß ich den brütenden Vogel in irgendeiner Weise störte.

Doch an den Tagen, an denen man vorsichtig sein mußte, und deren gab es genug, konnte man die Laune des Schwanenmanns auf die Probe stellen, indem man sich auf 30 bis 35 Meter dem Nest näherte. Manchmal kam er dann, mit erhobenen Ellbogen und fast auf dem Boden schleifenden Handschwingen, entschlossenen Schritts und leicht von einer Seite zur anderen schwankend an, den Hals aufgeplustert und zurückgezogen, so daß der Kopf auf gleicher Höhe mit der Brust war; nun wußten wir, daß dies der Augenblick war, in dem wir so tun mußten, als ob wir bloß zufällig vorbeikamen. Wir gingen dann möglichst schnell zurück zum Haus und riefen ihn von dort aus; sobald er da war, streuten wir Futter für ihn hin, stiegen ins Auto und fuhren um den Park herum, so daß wir über die Betonbrücke über den Bach rasch zu der brütenden Schwänin gelangen konnten. Wenn wir uns zu Fuß auf den Weg machten, dann war die Sache anders – der alte Knabe ließ sich nicht übertölpeln. Ehe wir auch nur bis zur großen Buche in der Nähe des Nistplatzes kommen konnten, wetzte er schon höchst bedrohlich über das Wasser heran. Doch das Auto täuschte ihn jedesmal, wie es überhaupt die meisten wilden Tiere zu täuschen scheint, und er schenkte ihm niemals auch nur die geringste Aufmerksamkeit.

Der Rasenmäher war eine ganz andere Geschichte. Eines Tages beschloß ich, einen Pfad zu mähen, um leichteren Zugang zum Damm und damit zum Nest zu haben. Beide Schwäne waren mittlerweile daran gewöhnt, daß ich zum Füttern herüberkam, und sie ließen selten irgendwelche Feindseligkeit erkennen. Ich mähte vergnügt vor mich hin, vielleicht fünfzig Meter vom Nest entfernt, als ich das vertraute Geräusch von Flügeln hörte. Einen Augenblick später erschien Hans in großem Zorn und begann den dröhnenden Motormäher mit wilden Schnabelhieben und Flügelschlägen anzugreifen. Doch war es ganz offensichtlich, daß er die Maschine nicht mit mir in Verbindung brachte; als ich sie abstellte, stampfte er nur noch ein bißchen herum und beäugte sie böse. Ich beruhigte ihn ein wenig, indem ich mit ihm sprach, und beschloß das Mähen aufzugeben; aber er blieb mißtrauisch, und als ich die Maschine wegzuziehen begann, plusterte er den Hals auf, nahm die Imponierhaltung ein und ging entschlossen auf die Maschine los. Später in jenem Jahr brachte ich ihm bei, die Maschine bis zu einem gewissen Grad unbeachtet zu lassen. Aber er traute ihr nie ganz und pflegte auf dem Wasser herumzulungern, dicht am Ufer, und ein wachsames Auge auf den Vorwärtsgang der Maschine zu haben.

Das regnerische Wetter hörte auf, und es folgten Tage mit herrlichem Juni-Sonnenschein. Nach dem Essen, wenn die Sonne heiß am Himmel brannte, suchte ich die langen Kissen aus der Halle zusammen und warf sie auf die Stufen vor der Haustür. Dort aalten wir uns eine Weile, sagten wenig und genossen unseren Kaffee.

Es war sehr heiß an jenem Tag, und da ich nicht lange in der Sonne sitzen kann, nahm ich meine Tasse und ging in den Schatten der großen Blutbuche, etwa zehn Meter von den Treppenstufen entfernt. Ich stellte meine Tasse vorsichtig hin.

«He!» rief ich zu Thaddäa und versuchte, ruhig zu klingen. «Sie kommen unter der Brücke durch. Mit einer ganzen Schar von Kleinen!»

«Wie viele?»

Beide konnten wir die genaue Zahl nicht feststellen, denn sie waren hinter Ledas Schwanz verborgen. Als sie unter der Brücke auf uns zukamen, sahen die Schwäne eher wie zwei Schlachtschiffe mit begleitenden Zerstörern aus; nur war das Geschwader falsch formiert. Da ich fürchtete, ihren Vormarsch aufzuhalten, ging ich wieder zu den Stufen zurück und setzte mich; die Vögel waren jetzt unter der Brücke durch und mitten auf der Schloßgräfte. Leda führte sie an und rief die sechs kleinen Flaumknäuel, die dicht an ihrem Schwanz schwammen, laut über ihre Schulter, während Hans, ein stolzer Vater, die Nachhut bildete.

«Gehen wir hinunter und schauen sie uns an», schlug ich vor, aufgeregt wie ein Schuljunge. Thaddäa war realistischer. «Ich glaube, wir schauen sie am besten von hier aus an. Wir verscheuchen sie womöglich, wenn wir zu dicht herangehen.»

Als sich die Schwäne dem Land näherten, schienen sie unter dem Ufer zu verschwinden. Eine Pause, und dann kam Leda, die wieder laut über ihre Schulter rief, gefolgt von den sechs Kleinen und Hans. Mit wachsender Erregung beobachteten wir, wie die Mutter die Familie über das Gras zu uns führte. Sie kamen langsam und mit viel mütterlicher Ermunterung und hielten oft zu einer kleinen Ruhepause an; sechs kleine graue oder weiße Puderquasten mit schwarzen, glänzenden Augen und schwarzen oder fleischig grauen Beinen, die oft unter ihnen einknickten, so daß die Schwänlein dann aufs Gras purzelten.

«Glaubst du, Leda wird sie bis hierher zu den Stufen bringen?»

«Warten wir es ab», erwiderte mein immer praktisches Ehegespons.

«Ich bin in einer Minute zurück», sagte ich und ging zur Futterkammer, um Mais zu holen.

Als ich zurückkam, war die Familie immer noch langsam im Anmarsch. Doch als ich mit dem Mais zu rasseln begann, büßte Leda jedes Gefühl für Mutterliebe ein und kam über das Gras gerast, dicht gefolgt von Hans. Während die Eltern zu ihrem gewohnten Platz an den Stufen stürzten und prompt gefüttert wurden, watschelten die Schwanenkinder aus eigenem Antrieb, dann und wann anhaltend oder hinplumpsend, bis zum Ende des Rasens. Dort blieben sie stehen und schauten sich um. Während sie langsam herankamen, hatte Leda ab und zu ihr Fressen unterbrochen, um einen scharfen, befehlenden Ruf auszustoßen; jetzt rief sie wieder, bis die ganze Familie in der Nähe der Stufen vereint war, wobei die Kleinen im Schatten saßen und leicht gelangweilt aussahen.

Jeder verfügbare Fotoapparat wurde herausgeholt, um den Auftritt unserer neuen Familie im Bilde festzuhalten. Immer wieder sagten wir unseren Schwänen, wie klug sie seien und wie schön wir ihre Familie finden. Es war ein großer und erinnerungswerter Augenblick. Wir hatten jetzt unsere Schwäne, und unsere Schwäne vertrauten uns. Innerhalb einer Woche nach dem Ausbrüten hatten sie ihre Kinder zu uns gebracht – wahrscheinlich sogar innerhalb von drei Tagen. Außerdem hatten sie sie zu einem Platz gebracht, von dem aus es für die Familie, wenn wir uns es hätten zunutze machen wollen, kein Entkommen gab. Nun war uns die ganze Familie vorgestellt worden.

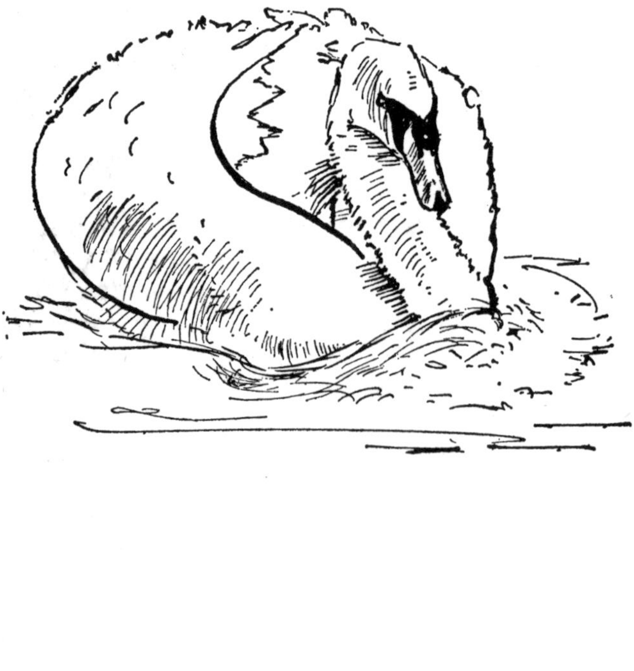

Hans und Leda

«Die Schwäne sind wieder da! Ich habe sie auf dem Fischteich gesehen!»

Oder auf dem Kapellenteich oder der Schloßgräfte, je nachdem.

Fast jedes Jahr war ich geschäftlich unterwegs, wenn die Schwäne zurückkamen, und meine Frau mußte ein Ferngespräch mit mir in London oder Paris führen. Sobald meine «Lieblinge», wie sie sie gern nennt, auf dem Schauplatz erschienen sind, um ihn für ihren jährlichen Besuch in Besitz zu nehmen, ruft sie mich an, um mir die frohe Botschaft zu übermitteln. Ihre Stimme klingt aufgeregt, denn sie weiß, was es für mich bedeutet. Die Botschaft erfüllt mich mit großer persönlicher Freude und einem stillen Gefühl der Befriedigung. Jedesmal erinnere ich mich des schicksalhaften Tages, an dem wir beschlossen, die Flügel der alten Vögel nicht zu beschneiden; ihre alljährliche Rückkehr ist meine Rechtfertigung für diesen Entschluß.

Nach ihrer zweiten Brut hörten wir auch auf, die Flugfedern der Vögel zu stutzen. Frei, wieder zu fliegen, pflegten sie uns Ende August oder im September zu verlassen und nahmen ihre jungen Schwäne mit, wenn sie leise und unerwartet am Horizont verschwanden. Obwohl wir nicht wußten, wohin sie flogen, vermuteten wir nach dem, was wir gelesen hatten, daß sie sich einer Gruppe angeschlossen hatten. Manche jungen Schwäne können Ende September fliegen, und es ist bekannt, daß die Vogeleltern sie manchmal zu der nicht brütenden Gruppe begleiten, der sie sich anschließen. Sobald sie einmal dort sind, leben die Vögel harmonisch miteinander, und die Eltern lassen die Jungen dort zurück, wenn sie im zeitigen Frühjahr zu ihrem Brutrevier heimkehren.

Wenn Hans und Leda Ende Februar oder Anfang März zurückkamen,[16] dauerte es immer eine kleine Weile, bis sie sich wieder eingewöhnten. Sehr viel hing vom Wetter ab, aber eine Woche dauerte es mindestens. Danach trennten sie sich, als ob sie sich kurze Ferien gönnen wollten, ehe sie sich an die vor ihnen liegende monatelange schwere Arbeit machten. Bald war die Luft erfüllt von dem vertrauten Geräusch schlagender Flügel, wenn Hans sich anschickte, sein Territorium von allen wirklichen oder eingebildeten Gegnern zu säubern.

Da er Gänse fast immer haßt und verabscheut, ist es sein erstes Anliegen, ihnen das Leben auf dem Wasser unerträglich zu machen. Das ist verhältnismäßig einfach, zumindest was die Chinagänse betrifft. Diese Gänse sind außerhalb ihres eigenen Kreises recht scheu, so scheu sogar, daß man sie fast als «wild» bezeichnen könnte, wenn sie nicht jeden Abend kommen würden, um sich unter Dach und Fach bringen und füttern zu lassen. Draußen ist ihr Verhalten das von Wildgänsen, und es ist praktisch unmöglich, sich ihnen zu nähern; ihre «Wildheit» geht so weit, daß sie Posten aufstellen und sich untereinander anrufen.

Obwohl sie flugunfähig sind – die Chinagänse, die wir haben, sind so gezüchtet worden, und ich habe nie von welchen gehört, die fliegen können –, sind die Vögel zu Lande und zu Wasser sehr schnell, wenn sie sich zur Unterstützung ihrer Flügel bedienen; zu Lande erreichen sie gegen den Wind eine maximale Höhe von fünfzehn Zentimetern. Ihre Schnelligkeit ist ein Glück, sonst würde Hans zweifellos dann und wann eine schnappen. In einem Jahr hat er einen jungen Vogel erwischt, und die Verletzungen, die er ihm am Hals und Kopf beibrachte, waren recht scheußlich. Die Gans überlebte dank der Pflege meiner Frau und ist noch heute eines unserer besten Zuchttiere.

Aber als Hans sich an einen ausgewachsenen Gänserich heranmachte, bekam es ihm weniger gut. Wenn die Chinagänseriche schwer bedrängt werden, sind sie echte und sehr beachtliche Kämpfer. Ihre besondere Technik besteht darin, sich Brust an Brust zu schieben und zu versuchen, die Flügel fest zu verklemmen. Dann packen sie den Gegner am Ellbogengelenk, haben ihn mit dem Schnabel fest im Griff und schütteln und zerren so lange an ihm, wie sie ihn festhalten können. Wenn der Feind sich losreißt und davonmacht, hält der Vogel mit dem besseren Griff fest, als gelte es das Leben, und rennt neben ihm her, das Ellbogengelenk immer noch im Griff. Ich habe es oft erlebt, daß ein Gänserich nach meinem Ärmel schnappte, während ich die Vögel für Ausstellungen vorbereitete, und es ist ein schönes Stück Arbeit, ihn dazu zu bringen, wieder loszulassen. Wenn sie einmal zugepackt haben, scheinen sie fast unbegrenzt festhalten zu können.

Der Gänserich, den Hans angegriffen hatte, muß es ihm heimgezahlt haben, denn Hans hatte bei dem Strauß viel Blut verloren.

Die Verletzungen des Schwans waren typisch; die Federn waren weg und die Haut wund und blutig. Der Gänserich mußte ihm auch Flügelschläge versetzt haben; ein möglicher Grund, warum der Schwan hinkte. Ein Gänserich kann genau wie ein Schwan beachtliche Schläge mit den Flügeln austeilen. Ich weiß das aus Erfahrung – oft genug hatte ich blaue Flecke an den Schienbeinen.

Ein anderer von Hansens ernstzunehmenderen Gegnern war ein sehr großer und aggressiver Australorp-Hahn. Diese Vögel, die wir für Ausstellungszwecke halten, sind überaus furchtlos und angriffslustig. Wenn ihnen der Sinn danach steht, greifen sie mit Vergnügen alles an, was ihnen zufällig in den Weg kommt. Wir hatten damals eine Gruppe für sich im Brauhaus untergebracht, wo es Fallnester gab; ihren Auslauf hatten sie im Hof, und ebenso wie die Schwäne besuchten sie uns gern zur Kaffeezeit nach dem Mittagessen. Diese Gruppe stand unter dem Befehl eines sehr großen Hahns mit Namen Attila.

Attila pflegte heranzumarschieren und bei Hans Mais zu stehlen, obwohl auch ihm eine Handvoll hingestreut worden war. Hans versetzte ihm erst einen gewaltigen Hieb mit dem Schnabel, dann mit den Flügeln. Aber der Hahn war wachsam und schnell, und Hans verfehlte ihn jedesmal. Daraufhin ging der große schwarze Hahn auf den Schwan los, schob sich unter seine Flügel und versuchte ihm mit seinen riesigen Sporen die Flanke oder Brust aufzureißen. Nach ein paar Minuten hatte der arme Hans gewöhnlich genug; obwohl ihm der Hahn durch sein dichtes Gefieder hindurch keine Wunden zufügen konnte, zog er sich doch schleunigst ins Wasser zurück.

Tatsächlich vermeidet Hans stets die Westseite der Schloßgräfte, wo die Geflügelgehege bis zum Wasser reichen. Die Hähne sind immer bereit und begierig, ihr Territorium zu verteidigen, und greifen jeden Schwan wütend an, der am Ufer landet. Bis zum heutigen Tag nähert sich kein Schwan diesem Teil der Schloßgräfte, und er ist jetzt das sichere Reservat des Paars Kanada-Enten, das dort nistet.

Unsere Sammlung von Wasservögeln hat sich im Laufe der Jahre beträchtlich erweitert. Abgesehen von den Chinagänsen haben wir vier Kanadagänse. Vor ihnen hütet sich Hans und macht einen weiten Umweg um ihr Gehege hinter dem Haus, zu dem eine umzäunte Wasserfläche gehört. Ich habe es erlebt, daß sie Drohhaltungen einnahmen, wenn der Schwan oder die Schwänin vorbeikamen. Auch als diese Gänse noch frei waren, versuchte der Schwanenmann nie, sie anzugreifen, sondern ließ sie prinzipiell in Frieden – ebenso die kleinen Schneegänse. Wir mußten beide Spezies einsperren, denn sie wurden sehr zahm; und auch, weil einige Kanadagänse gestohlen worden waren – eine ärgerliche Begleiterscheinung, wenn man zu dicht an einer Stadt wohnt.

Von diesen Ausnahmen abgesehen, waren andere Wasservögel bequeme Zielscheiben für Hansens Aggression vor dem Nisten. Im Laufe der Jahre fand ich es immer interessanter, nach welchen Gesichtspunkten Hans die anzugreifenden Vögel auswählte. Selbst in Zeiten der Wut richtete sich die ganze Wucht seines Zorns niemals gegen alles und jedes in Sichtweite; er scheint eine bestimmte Reihenfolge bei seinen Angriffen einzuhalten, die offenbar mit der Farbe zusammenhängt. Hatte er zum Beispiel zuerst die kleinen weißen Lockenten angegriffen, dann richtete sich anschließend sein ganzer Zorn gegen die Sachsen-Hausenten, deren Farbe hellbeige ist. Ich habe nie gesehen, daß er einen Sachsen-Enterich angreift, wahrscheinlich wegen seiner graumelierten Farbe, obwohl er die ganze Gruppe, Enten und Enteriche gleichermaßen, vom Wasser vertreibt. Im allgemeinen toleriert er die Stockenten und die Cayuga, es sei denn, sie sind zu dieser Zeit als einzige oder zusammen mit den Lockenten auf dem Wasser.

Das Territorium zu begründen, zu erhalten und zu verteidigen scheint eine grundlegende Frage im Leben des Schwans zu sein. Den Trieb dazu haben der Schwan und die Schwänin gleichermaßen, aber von größerer Bedeutung ist er beim Schwan. Seine ganze Energie scheint er, zumindest während der Brutzeit, darauf zu verwenden, die territorialen Gewässer abzupatrouillieren. Das führt unvermeidlich zu Angriffen auf andere Wasservögel. Wir rufen Hans gern von weit her, wenn er am aggressivsten ist, so daß er sich genötigt sieht, sein Territorium gegen uns zu verteidigen. Er schwingt sich dann in die Luft und fliegt etwa dreißig bis fünfzig Zentimeter hoch über dem Wasser; es ist immer ein prächtiger Anblick. Ich stachele ihn dazu auf, weil es mir Freude macht, ihn direkt auf mich zukommen zu sehen, und weil ich es auch gern beobachte, wie er plötzlich anhält. Wenn ich aus einer Hockstellung rasch aufstehe und stehen bleibe, dann bremst er mit Macht und hält blitzschnell an. Manchmal kommt er dabei völlig aus dem Gleichgewicht, so daß er fast nach hinten fällt oder zur Seite kippt, die Füße ausgestreckt und die Flügel gewölbt.[17]

Während all dies vor sich ging, fraß Leda so viel, wie sie nur bekommen konnte. Wenn noch junge Schwäne vom vorigen Jahr in dem Territorium waren, dann half sie Hans, sie zu vertreiben; dabei war sie noch viel aggressiver und konsequenter als er, wenn das überhaupt möglich war. Aber an den anderen Wasservögeln war sie nicht interessiert. War noch Eis auf den Gewässern, wenn sie und Hans ankamen, dann blieben sie zusammen, bis es getaut war. Leda zog sich dann gern zum nächstgelegenen Fischteich zurück und verbrachte dort den größten Teil des Tages. Sobald wir das sahen, wußten wir, daß sie nun ihren eigenen Weg ging und begann, sich ihrer intensiven Freßtätigkeit hinzugeben, die immer anzeigte, daß die Fortpflanzungsperiode sich näherte.

Ich habe immer das echt Weibliche geliebt. Auf ihre schwanenhafte Weise verkörperte Leda alle Eigenschaften, die bei sich selbst zu entdecken alle Menschenfrauen sich sehnen und die zu erlangen sie sich solche Mühe geben. Sie besaß Liebenswürdigkeit, Grazie und Eleganz; sie kannte das Geheimnis der ewigen Jugend. Dennoch war ihr bei all ihrer Bescheidenheit eine große Charakterstärke eigen, während sie klug genug war, um interessant zu sein. Leichter und zierlicher gebaut als ihr Mann, trug sie ihren hübsch geformten Kopf selbstbewußt auf einem langen und schlanken Hals. Ihr geschmeidiger Körper war kleiner, und im Gegensatz zu ihrem Mann, der schwarze Beine und Füße hatte, waren die ihren von zartem Grau.

Dieser überaus feminine Vogel war gewissermaßen meine besondere Freundin. Obwohl ich den hübschen Schwanenmann herbeirufen, in Schach halten und sogar lenken konnte, kam mir Leda auf eine völlig andere Weise entgegen und wurde auch anders behandelt. Das Paar war im Charakter so unterschiedlich wie in der Erscheinung und im Körerbau. Hans lebhaft, wankelmütig, zur Gewalttätigkeit neigend; Leda gesetzter und ausgeglichener, unbeeindruckt von der Prahlerei ihres Gefährten. Sie konnte auch ziemlich grob mit ihm umgehen, wenn er sie zu sehr reizte, obwohl das selten vorkam.

Nichts an Leda wirkte negativ. Sie wußte, was sie wollte, und sie bekam es auf ihre stille Weise, und das war eine der Eigenschaften, die mir am meisten an ihr gefielen. Offensichtlich richtete sie ihr Tun zu jener Zeit nach dem unseren aus, hielt ein wachsames Auge auf uns und stellte sich auf die Zeiten ein, zu denen wir, wie sie wußte, außerhalb des Hauses sein würden. Schwäne haben ein sehr feines Zeitgefühl und auch ein sehr scharfes Gehör und gute Augen. Es war fast unmöglich, ihr zu entgehen.

Tatsächlich brauchte ich ein paar Jahre, um herauszufinden, was sie vorhatte. Sie schien gar nichts vorzuhaben, abgesehen davon, uns arm zu fressen. So kam ich zu der Theorie, daß die Schwänin in dieser Zeit Fett ansetzt. Um diese Theorie zu beweisen, hätte die Schwänin mehrmals gewogen werden müssen, bei der Ankunft, zu der Zeit, wenn sie sich in das Nest begibt, zum drittenmal, wenn sie ungefähr vier Eier gelegt hat, und dann wieder, nachdem die Brut die Eierschalen durchpickt hat. Das hätte bedeutet, sie in eine Art Behälter einzusperren, sie mit einem Aufzug in den zweiten Stock zu befördern und sie später dann an den Ort zu bringen, wo man sie freilassen kann. Ich bin nie der Meinung gewesen, daß die Ergebnisse die mögliche Gefahr rechtfertigen würden, dem Vogel angst zu machen. Die Schwänin wäre vielleicht vom Legen abgehalten oder sogar veranlaßt worden, das Territorium aufzugeben. Ich kam daher zu dem Schluß, das Ergebnis sei das Risiko nicht wert, zumal die Schwäne «persönliche» Geschöpfe geworden waren und nicht einfach Vögel, die da waren, um studiert zu werden. Infolgedessen ist die Theorie nach wie vor unbewiesen; aber ich bin ziemlich sicher, daß ich recht habe und die Schwänin wirklich einen Fettvorrat anschafft, von dem sie in den vor ihr liegenden mageren Tagen zehren kann.

Ledas große Gelege waren vielleicht nicht die unmittelbare Folge ihrer sehr intensiven Nahrungsaufnahme; denn Gelege von sieben bis zehn Eiern sind gewiß viel für einen Schwan. Aber die von uns erhaltene reichliche Kost, zusätzlich zu dem natürlichen Futter, das sie selbst fand, könnte schon der Grund gewesen sein, daß so viele ihrer Jungen am Leben blieben, die relativ große Fettreserven für den Dottersack «erbten».[18]

Ehe Hans und Leda kamen, hatte ich immer geglaubt, daß die Schwänin einen Platz für ihr Nest auswählt, es baut, möglicherweise unterstützt von dem Schwanenmann, ihre Eier legt und sich darauf niederläßt, um sie auszubrüten. Nach sechsjähriger Beobachtung denke ich jetzt anders darüber. Wenn das Verhalten unseres Paars typisch war (und ich sehe keinen Grund, warum es das nicht sein sollte – abgesehen von kleinen individuellen Verhaltensabweichungen), so ist die ganze Haltung bei der Platzwahl und dem Bau des Nestes aufs engste mit einem Ritual verknüpft. Das wird für jemanden, der mit diesen Vögeln vertraut ist, kaum überraschend sein: Schwäne haben einen Hang zum

Rituellen oder Zeremoniellen, wenn man den Ausdruck vorzieht. Gleichgültig, welche Fassade sie der übrigen Welt zeigen, untereinander sind sie höflich und zärtlich. Ein Paar, das sich zusammengetan hat, ist wirklich ein «Ehepaar», vom Standpunkt des menschlichen Verhaltens betrachtet. Natürlich immer vorausgesetzt, man hat ein glücklich verheiratetes Menschenpaar im Auge.

Die «Entscheidung» darüber, wo das Nest gebaut werden sollte, wird nicht rasch gefällt. Wir haben es erlebt, daß ein paar Wochen darüber hingingen, und konnten den Verlauf genau verfolgen. Das Freimachen des Territoriums und die Begründung der Souveränität beginnen Ende Februar und sind Mitte März beendet. Sobald dann der Schwanenmann einen Nistplatz ausgewählt hat, hockt er sich hin und macht sich an die Arbeit, sammelt alles Baumaterial in Reichweite seines ausgestreckten Halses und zieht es unter sich. Das erste Baumaterial ist gewöhnlich abgefallenes Laub vom vorigen Herbst, Zweige, Ranken, dicke Grashalme, trockene Baumrinde, Nesselstiele und kleine Äste. Er arbeitet im Kreis, nimmt das Material in den Schnabel und zieht es zu sich heran. Wenn er in der Nähe nichts mehr findet, macht er sich auf die Suche und trägt seine Baustoffe von ziemlich weit heran.

In dieser Zeit verbringt er einen großen Teil des Tages mit der Vorbereitung von Nistplätzen. Während des Nestbaues kommt die Schwänin oft und leistet ihm Gesellschaft; manchmal hilft sie ihm auch, das Baumaterial zu sammeln, oder tauscht sogar den Platz mit ihm in der Mitte des Nestes und nimmt ihm das Material ab, das er bringt. Aber zu guter Letzt verläßt sie ihn und *lehnt* das Nest *ab*, das er *angeboten* hat.

Die Regelmäßigkeit, mit der das geschehen ist, ließ mich annehmen, daß die intensive Nestbautätigkeit des Schwanenmanns einen bestimmten Zweck hat über die bloße Festlegung des endgültigen Nistplatzes hinaus. Es schien, daß er mit dem Bau von Nestern, die dann abgelehnt wurden, die Schwänin vor allem zum Nisten «anregen» wollte. Als ich das beobachtete, wurde mir klar, daß der Schwanenmann den Nestbau in Gang brachte und die Schwänin zu guter Letzt den endgültigen Nistplatz «billigte». Hans baute Nester an verschiedenen Orten, und Leda lehnte sie ab, bis er schließlich einen Nistplatz auswählte, der ihr zusagte. Dann, und erst dann, beteiligte sie sich am Bauen und stellte das Nest fertig, in das sie später ihre Eier legte.[19]

Ein Schwanennest ist alles andere als hübsch und ordentlich. Es ist eher zusammengeschustert, und die Auswahl des Baumaterials hängt vom Gelände ab und davon, was es zu bieten hat. Die Nester der Abbotsbury-Schwäne in Dorset, England, sind sehr armselig im Vergleich zu denen, die Hans und Leda hier bauten;[20] aber unsere wiederum sind nichts gegenüber einem monumentalen Nest am Ufer des Luganer Sees bei Brissone.

Die Schwanendame thronte dort buchstäblich wie eine Königin auf ihrem außergewöhnlichen Nest, etwa 25 bis 30 Meter von der Hauptstraße entfernt, die an der Uferseite des Dorfes entlangführte. Dieses Nest muß an der Basis einen Durchmesser von etwa zweieinhalb Metern gehabt haben und etwa einen Meter hoch gewesen sein. Es hatte erstaunlich mannigfaltige Bestandteile: alle Arten von vorurteilslos ausgewähltem Treibgut, von Holzscheiten bis zu Cornflake-Packungen, Büchsen, Lumpen, Schilf, Zweigen und Schutt. Der Vogel war sehr zahm und durchaus überzeugt, daß er nicht belästigt werde; die Dorfleute fütterten ihn gern, und die Nähe eines Menschen störte ihn nicht im mindesten. Dieses Nest war eine Konstruktion von mehreren Nestern übereinander, denn das ursprüngliche Nest wurde für jede neue Brutperiode wieder ausgebessert.

Wenn eine Schwänin ihre Eier in das Nest legt, breitet sie keine «Decke» aus Nestmaterial darüber. Enten und Gänse decken ihre Eier sehr sorgfältig zu, aber die Schwänin hält das, höchstwahrscheinlich wegen ihrer Größe und Territorialherrschaft, für unnötig. Schiere Größe hat ihre Vorteile. Andere Wasservögel sind schlecht beraten, wenn sie in der Nähe nisten. Wir haben oft die Leichen kleiner weißer Lockenten in der Nähe ihrer und der Schwäne Nistplätze jämmerlich im Wasser treiben sehen.

Schwäne sind nicht immer sehr freundliche Nachbarn.

Wie schon erwähnt, wurde Hansens und Ledas endgültiges Nest gewöhnlich auf dem großen Damm zwischen dem Kapellen- und dem Mühlenteich gebaut, ziemlich weit vom Haus entfernt, und war nur vom Park her erreichbar und leicht zugänglich. Aber abgesehen von Tieren, die sich hätten einmischen können, besteht dort keine Gefahr. Jeder Mensch, der zum Nest gehen wollte, hätte ernstliche Schwierigkeiten mit meiner Frau und mir oder mit Hans bekommen, und jeder wußte das.

Das Eierlegen kündigt sich an, wenn die Schwänin beginnt, das Nest immer regelmäßiger zu besuchen, und beide Schwäne halten sich dann tagsüber immer ab und zu in der Nähe auf. Die Eier werden im zeitlichen Abstand von etwa 48 Stunden gelegt; sobald das Gelege vollständig ist, setzt sich die Schwänin auf das Nest. Obwohl wir immer entsetzlich neugierig waren, wieviel Eier sie gelegt hatte, haben wir es stets vermieden, zum Nest zu gehen, ehe die Schwänin draufsaß. Wir haben es gelernt, uns in Geduld zu fassen, bis wir sehen, wie viele Junge das Licht der Welt erblickt haben. Die Erfahrung hat gezeigt, daß Leda im Durchschnitt höchstens fünf bis zehn Eier legte, aber die Durchschnittsgröße eines Geleges beträgt eher sieben.[21]

Sobald sich die Schwänin hingesetzt hat und die Inkubationszeit beginnt, verläßt sie das Nest nur noch selten. Obwohl sie wahrscheinlich auf ganz natürliche Weise leben würde, wenn wir sie nicht fütterten, fühlen wir uns doch immer noch verpflichtet, etwas für sie zu tun. Das ist nicht immer einfach, obwohl die Schwänin uns ziemlich nahe ans Nest herankommen läßt. Der Haken bei der Sache ist natürlich Hans, der nicht immer damit einverstanden ist, und uns gelegentlich angreift.

Während der Inkubationszeit langweilt er sich sehr. Manchmal sitzt er lange

Zeit hintereinander neben dem Nest, um der Schwänin Gesellschaft zu leisten, und ich habe auch gesehen, daß er neben dem Nest sitzen bleibt, wenn sie aufsteht, um zu fressen und sich zu putzen. Er wagt sich nicht weit weg vom Nest, außer um zum Haus zu kommen oder kurze Ausfälle zu machen und alle anderen Vögel, die seinem Nest zu nahe kommen, aus seinem Territorium zu vertreiben. Abgesehen von diesen kurzen Unternehmungen treibt er sich meist in der Nähe herum, frißt und putzt sich.

Die Brutzeit dauert etwa fünfunddreißig Tage, dann durchpicken die Dunenjungen die Schale, die sie eingeschlossen hat, kommen heraus und sind bereit, es mit der Welt aufzunehmen. Bei sehr schlechtem Wetter behält die Schwänin ihre junge Brut unter sich, selbst wenn es ein paar Tage anhält. Sie beginnt dann, sich körperlich wieder auf die Höhe zu bringen, und ihre Brut auch. Obwohl wir sie nach dem Nisten nie gewogen haben, ist die Vogelmutter sichtbar leichter. Ihr Hals ist dünn, und der Körper erscheint kleiner und geschmeidiger.

Doch an einem schönen Tag bringt Leda dann ihre Brut zur Haustür. Wir gaben uns immer gern der angenehmen Fiktion hin, daß sie uns eigentlich nur ihre neue Brut zeigen wollte. Aber in Wirklichkeit wollte sie Futter haben und wußte, wo sie es bekommen konnte. Dieser Beutezug fand gewöhnlich in den ersten zwei oder drei Tagen statt, wenn das Wetter es zuließ, oder sobald die Kleinen «seetüchtig» waren. Es ist ziemlich weit vom Nest bis zum Haus, und es war immer einer der Höhepunkte des Jahres, wenn wir sahen, wie die neue Brut zum erstenmal den ganzen Kapellenteich überquert, unter der Brücke hindurchgleitet und schließlich etwa dreißig Meter vom Haus entfernt am Ufer landet.

Wenn sie über das Gras zu uns kamen, pflegten die Kleinen alle paar Meter anzuhalten, während sie sich mühten, ihrer rufenden Mutter zu folgen. Nach jeder Pause wartete sie ängstlich, bis die Kinder wieder auf die Beine gekommen waren. Waren sie schließlich unter der großen Blutbuche in der Nähe des Hauses angekommen, verließ sie sie. Es schien, als ob dieser Baum mit den Stühlen und dem Gartentisch nach ihrer Meinung eine Art private Verkehrsinsel sei. Jedenfalls schien sie die Kleinen dort unbesorgt zurückzulassen, obwohl sie ganze fünfzig Meter oder mehr vom Futterplatz entfernt waren.

Während die Eltern eifrig Mais, getrocknete Krabben, Krebse, Fisch und Mollusken fraßen, saß die junge Familie in der Sonne und tat genau nichts.

Nachdem dieser erste Besuch durchgeführt war, brachte Leda die Familie fast jeden Tag gleich nach dem Mittagessen. Die Kinder wurden am Rande des Rosenbeets zurückgelassen, während die erwachsenen Vögel über das freie Stück von etwa sieben Metern zu dem vertrauten Futterplatz an den Treppenstufen kamen.

Im Laufe der Zeit fiel uns ein seltsames Verhalten der Schwänin bei diesen Fütterungen auf. Nachdem sie eine Weile gefressen hatte, vollführte sie etwas

Ähnliches wie einen nervösen kleinen Kriegstanz. Sie begann plötzlich mit den Füßen zu stampfen, hob abwechselnd jeden Fuß etwa einen halben Zentimeter über den Boden und trat ganz schnell von einem Fuß auf den anderen, wobei sie etwa 120 Schritte in der Minute machte. Als sich dieses seltsame Verhalten Tag für Tag wiederholte, fragte ich mich, was es wohl bedeuten könne. War das ein heftiger Ausbruch von Eskapismus oder Unbehagen oder Angst? Aber während sie diesen kleinen Tanz aufführte, fraß die Schwänin weiter, ihre Federn waren glatt, und nichts deutete darauf hin, daß sie beunruhigt war, also hatte Angst offenbar nichts damit zu tun. Es könnte, glaubte ich, ein Zeichen von Ungeduld sein. Schließlich redete ich mir ein, daß es sie nervös mache, wenn Menschen ihrer Brut nahe kommen, und daß das Stampfen, obwohl sie weiterfraß, etwas damit zu tun habe, daß sie die Jungen zu sich rief.

Es stellte sich dann heraus, daß ich ganz und gar auf dem Holzweg war. Eines Tages beschlossen wir, die Schwäne am Wasser zu füttern, weil wir die Eltern und die Brut, die in jenem Jahr ungewöhnlich zahlreich war, an der seichten Stelle in der Nähe des Schilfs fotografieren wollten. Ich nahm einen «Körnersack» mit, in Wirklichkeit ein Wäscheklammerbeutel, und begann die ausgewachsenen Schwäne daraus zu füttern, wobei ich versuchte, sie sozusagen in Fotografierstellung zu bringen.

Dicht am Ufer war ein bißchen Schlamm, und ich warf ein paar Körner dorthin. Die Eltern kamen sofort an und fraßen, während sie etwa zwei Zentimeter hoch im Wasser standen. Bald begann Leda mit ihrer Stampfbewegung, woraufhin die Kleinen sehr aktiv wurden, zu ihr hin- und wieder zurückschossen und eifrig in der Nähe ihrer Füße fraßen. Offenbar hatte das Stampfen nichts mit Nervosität, sondern sehr viel mit den Kleinen zu tun. Es bestand nicht der geringste Zweifel, daß die Schwanenmutter irgendeine Nahrung aus dem Schlamm hervorwühlte.

Ich erkannte, daß ich da auf einer heißen Spur war und sie beobachten müßte, wenn sie fressen, ohne daß ich dabei war. Zu diesem Zweck streute ich Futter aus an seichten Stellen im Wasser und beobachtete die Familie mit dem Fernstecher vom Fenster meines Arbeitszimmers. Die meisten Körner fraßen die Enten, was im Programm nicht vorgesehen war, aber ich wurde oft belohnt mit einer Wiederholung des Stampfverfahrens.

Nachdem ich die Literatur nachgelesen hatte, die von einem ähnlichen Verhalten bei Gänsen und Brandenten berichtet, kam ich zu dem Schluß, daß dieses Stampfverhalten durch einen instinktiven Reflex konditioniert sei, wenn die ganz Kleinen in der Nähe sind und *die Mutter selbst frißt*. Unter diesen natürlichen Verhältnissen stampft die Mutter, um Nahrung aus der flachen Wasserschicht heraufzuholen. Die Jungen können noch nicht «gründeln». Wenn die Mutter aber stampft, kommen die Kleinen sofort herbei und fressen gleichzeitig mit ihr. Das ganze Unterfangen führt automatisch dazu, daß sich die Familie dicht um die Eltern schart und vor Raubtieren sicher ist. Die Mutter stampft daher unbewußt, auch wenn sie auf trockenem Boden keine Nahrung für die Kleinen aufwühlen kann, weil es ihr zur zweiten Natur geworden ist, sobald sie in Gegenwart ihrer Kleinen frißt.

Diese Stampfreaktion unterscheidet sich meiner Ansicht nach nicht von der Bewegung des «trockenen» Trinkens, die ein Schwan häufig ausführt, wenn er auf dem Land mit trockenem Futter gefüttert wird. Der Schwan tut dauernd so, als trinke er Wasser, das am Futterplatz nicht vorhanden ist; wenn Wasser in eine Bodenvertiefung gegossen wird, trinkt er es. Einmal versuchte ich, einem der Schwäne Wasser in einem Eimer anzubieten. Aber der Eimer war zuviel, zu unverständlich für ein freilebendes Geschöpf, obwohl es mir schließlich gelang, dem Schwanenvater beizubringen, aus einem niedrigen Kochtopf Wasser zu trinken. Die Folge davon ist, daß er jetzt auf dem Land mehr Futter verzehren kann und die Portion, die man ihm gibt, auffrißt. Interessant ist auch, daß er mittlerweile erwartet, daß Wasser in dem Topf ist, und ganz böse wird, wenn er keins findet.

Wenn Leda mit ihrer Mahlzeit fertig war, pflegte sie ihre Jungen zu rufen, wie nahe sie ihr auch immer waren. Auf ihren scharfen Befehlston hin stellten sich dann die Kinder hinter ihrem spitzen Schwanz auf, um den Rückmarsch zur sicheren Schloßgräfte anzutreten, die Mutter voran und der Vater als respekteinflößende Nachhut.

Der Schwanenmann

Gänse, Enten, Hühner
sind auf Schloß
Ermelinghof keineswegs
die armen Vettern
der heraldischen Schwäne

Begegnung vor dem Haupteingang

Links: Die Schwanenfamilie im ersten Jahr.
Die Schwänin zweite von links,
Schwanenmann und drei junge Schwäne

Hans im seichten Wasser
wird vom Marquis MacSwiney
gescholten, weil er eine Ente
angegriffen hat.
Er schimpft beleidigt zurück

Hans hat sich zu voller Höhe erhoben und schüttelt die Federn

Der Schwanenmann, zu voller Höhe aufgerichtet, stützt sich nach einem Angriff auf den Schwanz und stößt seinen «Nöck-nöck-nöck»-Ruf aus

Oben: Schwäne und andere Wasservögel stellen sich zur Fütterungszeit am Haupteingang ein. *Unten:* Der Marquis beobachtet einen Konvoi mit «polnischen» und grauen Jungschwänen

Der wunderbare Aufbau einer Feder. Eine Handschwinge von Hansens linkem Flügel läßt die Vielfältigkeit und Wandelbarkeit von Form und Fläche der Federn erkennen, aus denen der Flügel besteht. Ungefähr 1616 mit Häkchen versehene Fasern bilden die Federfahnen dieser Feder, von denen 576 an der Leitkante und 1040 an der Hinterkante sitzen

Rechts: Ein wütender Hans
hat die Flügel ausgebreitet,
um Schläge auszuteilen

Unten rechts:
Der Schwanenmann drohend,
aber unsicher

Der «Infanteriegeneral».
Hans marschiert über den Haupthof zum Haus

Blick aus der Schwanenperspektive
über den Kapellenteich
mit der Kapelle vorn und dem
Brauhaus im Hintergrund

Leda auf ihrem Nest neben dem Schwanenhaus. Sie brütete zehn ihrer elf Eier aus. Später fotografierten wir den Aufbau dieses Nestes und schnitten es dann durch, um es zu messen und zu fotografieren

Großaufnahme von zwei Trompetenschwänen, die über Culver Pond in Red Rock Lakes National Wildlife Refuge, Montana, fliegen

Männlicher Schwan beim Start von der Wasserfläche. Man beachte die Flügelstellung und den vorgestreckten Hals

Das Bild rechts oben zeigt die Startphase von vorn: der linke Fuß mit gespannten Schwimmhäuten tritt auf die Wasseroberfläche, die Flügel schaufeln durch die Luft, wobei die Handschwingen weit nach vorn greifen und wegen ihrer schnellen Bewegung unscharf erscheinen. Auf dem Bild links unten ist der Schwan schon fast in der

Luft. Gut zu erkennen sind die Fontänen, die von den sich abstoßenden Füßen hervorgerufen werden und in diesem Stadium einen Abstand von etwa 1 bis 1,5 m haben, die Haltung von Flügeln, Hals und Körper und die aufgefingerten Handschwingen

Anflug zur Landung und erste «Bodenberührung» mit ausgestreckten und gespreizten Füßen, die als «Wasserbremse» dienen

Der Marquis zu Besuch bei den stolzen Schwaneneltern und ihren zwei Kindern

Fliegen lernen

Wenn wir die Vogeleltern am Ufer fütterten, mußten die Kleinen oft lange warten. Müde und vielleicht kalt geworden beim Warten, kletterten sie manchmal dankbar auf Ledas Rücken, und dann schwammen die Schwäne wieder los.

«Ach, sieh mal!» hörten wir jemand ausrufen. «Die kleinen Schwäne sitzen auf dem Rücken ihrer Mutter!»

Die junge Familie zu beobachten ist immer eine Freude. Innerhalb weniger Tage nach dem Ausschlüpfen der Brut finden sich Leute am Dammweg ein, um sie sich anzusehen. Leda hatte jedesmal verschiedenartige Kinder; einige waren die normalen grauen jungen Schwäne mit schwarzen Beinen, und einige gehörten zur weißen Färbungsphase, weiß mit grauen Beinen. Junge Schwäne sind sehr verläßliche Staatsbürger, unglaublich gehorsam, und entfernen sich niemals von ihren Eltern. Die Folge davon ist eine eng verbundene Familiengemeinschaft, die anzugreifen für alle Raubtiere bis auf die kühnsten überaus schwierig ist. Wenn eins der Kleinen Neigung verspürt, herumzustromern, bringt Mutters scharfer Ruf es gleich auf den richtigen Platz zurück, und Widerreden werden nicht geduldet.

Dieses elterliche Huckepacktragen ist ein gemeinsames Merkmal der drei Schwanenspezies, die in gemäßigten Klimaten brüten – die eurasischen Hökkerschwäne, die australischen Trauerschwäne und die südamerikanischen Schwarzhalsschwäne.[22] In den ersten zwei bis sechs Lebenswochen klettern die Kleinen auf den Rücken der Eltern, wenn sie müde sind oder frieren. Sind sie in der Nähe des Nests, wenn die Schwänin draufsitzt, kriechen sie unter sie.

Aus irgendeinem Grund scheinen Schwäne unter kalten Füßen zu leiden; häufig stecken die Alten, sei es zu Lande oder auf dem Wasser, ihre Füße in das Gefieder, um sie aufzuwärmen. Ich habe ein Bild von einem bei Temperaturen unter Null fliegenden Trompeterschwan gesehen, der seine Füße zwischen die Federn gesteckt hatte, statt sie hinter sich auszustrecken, wie es normalerweise geschieht.[23] Daher ist es unschwer zu verstehen, daß die kleinen Schwäne es in dem warmen Gefieder ihrer Eltern sehr gemütlich finden, und ich beschloß, die Sache genauer zu untersuchen. Weil ich einesteils aus Erfahrung wußte, daß

Schwäne selten, wenn überhaupt, «auf Bestellung» tun, was man von ihnen erhofft, und weil ich anderenteils herausgefunden hatte, daß das bloße Auge oft ein wichtiges Detail übersieht, wollte ich die ganze Sache auf einem Film festhalten.

Mit Geduld und Zeit kommt man mählich weit. Zu guter Letzt fanden wir den richtigen Tag und die richtige Stunde, um Bilder zu machen. Als ich den Film mit normaler Geschwindigkeit ablaufen ließ, zeigten die Aufnahmen nichts, was ich nicht schon gesehen hatte. Doch als ich den Projektionsapparat langsamer einstellte, so langsam, wie es nur ging, ohne den Film zu verbrennen, entdeckte ich Dinge, die ich nie erwartet hatte.

Als erstes entdeckte ich, daß die jungen Schwäne nicht, wie ich geglaubt hatte, immer mitten auf dem Rücken sitzen, sondern unter den Flügeln, an der Flanke, über dem Bein und auch auf dem Rücken von Vater oder Mutter. Als ich den Film noch einmal durchlaufen ließ, stellte ich noch etwas fest. Leda lud die Jungen nicht ein, an Bord zu kommen, sie luden sich selbst ein. Sie kletterten auf den Rücken ihrer Mutter, wenn sie nicht schwamm. Manchmal folgten sie ihr auch und paddelten wie wild, bis sie sie einholten, und zogen sich hinauf, indem sie bis zu einem Punkt zwischen dem gefalteten Flügel und dem Schwanz kletterten. Sie hielten sich am Gefieder des Körpers fest, schoben sich an dem Bein der Schwänin hinauf und kletterten auf den Rücken, wobei sie deutlich Schnabel und Füße gebrauchten, um hinaufzukommen. Eine Sekunde lang hingen sie da mehr oder weniger, bis sie es schafften, unter den Flügel zu kommen; offenbar war es schwierig, ihre Füße auf die Beine der Schwänin zu legen. Aber ihr Klettertrieb ist stark; zum Beispiel ist ein junger Höckerschwan unruhig, wenn ein Mensch ihn auf dem Schoß hat, und gibt sich nicht zufrieden, bis er auf die Schulter des Betreffenden geklettert ist.[24]

Das Hinunterklettern war wieder etwas ganz anderes. Wenn die jungen Schwäne ins Wasser wollten, hob die Schwänin einen Flügel, und zwar überraschend hoch, und ließ die Kleinen von ihrer Flanke ins Wasser rutschen. Doch das war eigentlich weniger erstaunlich; schon früher hatte ich gesehen, daß die jungen Schwäne Hans als schwimmende Helling benutzten, wenn sie von einem hohen Ufer ins Wasser gelangen wollten. Der Schwanenvater legte sich parallel zum Ufer, so daß sie sich einer nach dem anderen von dem Ufer auf seinen Rücken und von dort ins Wasser fallen lassen konnten. Hans wartete geduldig, bis sie alle unten waren; dasselbe Verfahren wurde angewandt, wenn die jungen Schwäne wieder ins Nest oben auf dem Ufer wollten.

Wenn die jungen Schwäne zwei Wochen alt sind oder ein wenig darüber, beginnen sie mit den Eltern an Land oder an seichten Stellen zu fressen. Die Nahrung aus dem Dottersack in der Leibeshöhle ist dann aufgebraucht, und die Kleinen müssen nun Futter suchen, wo sie können. Die nächsten drei Monate finden die meisten Leute ziemlich langweilig, wenn die niedlichen Dunenjungen zu jungen Schwänen heranwachsen. Ich muß gestehen, daß mich diese Zeit der Metamorphose immer an Andersens Märchen vom *Häßlichen jungen Entlein* erinnert. In den ersten Stadien ihres Lebens sind sie keineswegs häßlich, aber in den sieben oder acht Wochen, bis sie flügge werden, sind sie ziemlich plump.

Sobald die jungen Vögel ganz flügge sind, sind sie bereit, ihre ersten Flugversuche zu unternehmen. Die Eltern helfen ihnen nicht; das ist etwas, das sie selbst lernen müssen. Eine ganze Reihe von Problemen ist dabei zu bewältigen. Mit vollendetem Taktgefühl wählte die erste Familie (und die späteren auch) eine Startbahn, die vom Fenster meines Arbeitszimmers ganz zu übersehen war, so daß ich sie vom Schreibtisch aus beobachten konnte, ohne auch nur aufstehen zu müssen.

Die meisten Leute glauben, Schwäne könnten nicht vom Land aus auffliegen, aber das ist Unsinn. Schwäne können vom Land aus auffliegen und tun es auch, vorausgesetzt, sie haben einen langen Anlauf und klare Sicht. Ich habe oft beobachtet, daß Hans und Leda, wann immer ihnen der Sinn danach stand, vom Dammweg vor dem Haus zwischen der Kapelle und dem Hof abflogen. Dort hatten sie einen Anlauf von etwa zehn Metern, und sie schwangen sich erfolgreich in die Luft. Günstig ist hier eine untertassenförmige Absenkung des Landes, eine Abschrägung eigentlich, zwischen der Abflugstelle und der Schloßgräfte; bei Ostwind oder einer frischen Brise muß an dem Punkt, wo sie abheben, ein beträchtlicher Aufwind sein.

Zuerst standen die jungen Vögel bloß herum und schlugen mit den Flügeln. Ich achtete anfänglich kaum darauf und hielt es für reinen Zufall, daß die jungen Schwäne jedesmal, wenn ich aus dem Fenster schaute, mit den Flügeln schlugen. Den größten Teil des Tages standen sie an der von mir «Gefiederpflegeplatz» genannten Stelle, Hälse und Körper entspannt, und schlugen aus Leibeskräften mit den Flügeln. Einer fing damit an, und die anderen folgten seinem Beispiel. Sie machten diese Übung jedesmal vielleicht fünf Minuten hintereinander, dann knickten ihnen die Beine ein, und sie ließen sich zu einer Ruhepause aufs Gras fallen.

In meiner Unwissenheit hatte ich angenommen, daß sich die Vögel in die Luft schwingen können, sobald sie ihr erstes Gefieder haben; ich kam gar nicht auf den Gedanken, daß sie die Sache erst lernen müßten. Auch daß sie irgendwann flugunfähig sein könnten, war mir nicht klar gewesen. Es erschien mir unvorstellbar, daß ein Vogel der Luft, und sei es auch nur für eine begrenzte Zeit, das Schicksal der meisten Geschöpfe teilt, die an die Erde gefesselt sind. Doch als sie dieses Flügelschlagen mehrere Wochen lang ernsthaft betrieben, wurde ich immer neugieriger und überlegte mir, daß sie wahrscheinlich ihre Brust- und Rückenmuskeln stärkten für den Tag, an dem sie die Luft meistern würden. Wirklich erfreut war ich, daß die stolzen Eltern dabeistanden und die Prozedur beobachteten; ihr Interesse konnte kaum als lebhaft bezeichnet werden, aber wenigstens warfen sie gelegentlich einen Blick auf ihre eifrigen Spröß‑

linge. Als die Flügelschlagübungen ein offenbar befriedigendes Stadium erreicht hatten, brachten die Eltern ihre Kinder vom Gefiederpflege- oder Faulenzerplatz hinauf auf den Dammweg, als ob sie damit sagen wollten: «So, nun macht mal weiter!»

Ich bin mir sicher, daß das Auffliegen vom Land aus für die jungen Schwäne eine sehr ernste Angelegenheit war, aber es war ebenso unterhaltend für den Hauptzuschauer. Mit einem Tribünenplatz am Fenster des Arbeitszimmers konnte ich im Warmen sitzen und das Schauspiel vollauf genießen. Wenn ich ein bißchen dichter herankommen wollte, brauchte ich bloß nach dem Fernstecher zu greifen.

Man stelle sich einen grauen Schwan vor, sehr jung, im Stolz des ersten Gefieders, wie man sagt, der mit seinen Brüdern und Schwestern oben an einem Ufer steht, etwa zwei Meter über dem Wasserspiegel. Wenn Schwäne herumstehen, sehen sie gewissermaßen ein bißchen unglücklich aus. Tatsächlich sehen sie auch nicht übermäßig intelligent aus; sie stehen ziemlich planlos herum, wie gelangweilte Menschen auf einem Bahnsteig, die auf einen Zug warten. Zu guter Letzt passiert dann etwas; ein Traktor kommt daher, oder ein Auto zwängt sich an ihnen vorbei, oder ein wohlmeinender Unbefugter kommt, um sie zu füttern. Dann vergessen sie ihr Vorhaben sofort und ziehen ab. Schwäne lassen sich leicht ablenken; ich habe es immer wieder und wieder erlebt, daß sie sich anschicken, etwas zu tun, und mittendrin aufhören und etwas Neues beginnen.

Wenn die Ablenkung vorbei ist, dann stehen sie wieder herum, haargenau wie Schwimmer, die sich Mut zusprechen, ehe sie an einem kalten Wintertag ins Wasser springen. Plötzlich beschließt einer der jungen Schwäne, der tapferer ist als die anderen, sich ins Unbekannte zu stürzen, nimmt mit schlagenden Flügeln und wie Kolben stampfenden Füßen einen Scheinanlauf das Ufer hinunter bis zum Wasser. Platsch. Dann dreht er um, stolz wie ein Spanier, und marschiert das Ufer wieder hinauf. Solche Tapferkeit verdiente Anerkennung. Aber weder die Eltern noch die Geschwister reagieren im mindesten, was sehr verwirrend sein muß, und der hoffnungsvolle Flieger beginnt von neuem.

Es gab auch Tage, an denen sich zwei oder drei junge Schwäne gleichzeitig aufmachten, und das zu sehen war sehr ergötzlich. Wenn sie sich auch nicht in die Luft zu schwingen vermochten, bewiesen sie zumindest große Geschicklichkeit bei der Vermeidung von Zusammenstößen untereinander oder mit einem Hindernis, das ihnen zufällig in den Weg geriet, einem im Wasser treibenden Stück Holz oder einer Ente. Ihre eigentliche Schwierigkeit bestand darin, daß sie zwar wußten, wie man fliegt, aber keine Ahnung hatten, wie man sich die Luftströmungen zunutze macht, die einen oben halten, und ein Grund für ihren Mißerfolg war vermutlich auch, daß ihre Muskeln noch nicht kräftig genug waren. Sie waren buchstäblich zu Übungsanläufen verurteilt, bis sie gelernt hatten, die verschiedenen Faktoren zu koordinieren, die sie in die Luft bringen und dort halten.

Oft gab es Bruchlandungen, und der beherzte Flieger mußte nach dem Start «notwassern». Es war, als hätten sie sich plötzlich gesagt: «Jetzt haben wir's!», und dann vergaßen sie in ihrer Aufregung irgendeinen wichtigen Teil der Geschichte, so daß sie absackten und aus einer Höhe von etwa drei Metern unter gewaltigem Spritzen ins Wasser plumpsten. Die ganz ungeschickten Schüler sausten in rasendem Tempo über die Startbahn, kamen auch nicht annähernd in die Luft und stürzten allein durch die Schwungkraft, die sie entwickelt hatten, in die Schloßgräfte. Dann blieben sie einen Augenblick auf dem Wasser, sahen verwirrt aus wie junge Hunde und schüttelten ihre spitzen Schwänze. Sobald sie ihre Fassung einigermaßen wiedererlangt hatten, begannen sie entweder genüßlich zu fressen, als ob sie alles mit einem Achselzucken abtun wollten, oder sie kamen geschwind wieder heraus und begannen das Ganze von vorn. Dann stellte sich ein Freiwilliger am hinteren Ende des Dammwegs auf. Alles klar zum Start, den Hals vorgestreckt, mit den Flügeln schlagend, die Füße hebend und senkend wie ein olympischer Weitspringer, stürmte er über die Startbahn bis zum Uferrand, schleuderte sich darüber hinweg, erwischte den Aufwind und befand sich zu seiner Verblüffung in der Luft. Endlich geschafft! Oft versäumte der Pilot, sein Fahrgestell einzuziehen; Beine und Füße «rannten» immer noch, nachdem der Vogel schon in der Luft war. Aber er flog. Diese Unterrichtsstunden mitanzusehen war eine Freude. Jeder Vogel war mir bekannt und bedeutete mir etwas. Bis dahin waren sie Geschöpfe der Erde und des Wassers gewesen; doch nun versuchten sie das Geheimnis herauszufinden, das ihnen für ihr zukünftiges Leben ein neues Element erschließen sollte. Es war eine Sache, die mich persönlich sehr aufregte und sogar mit Stolz erfüllte, wenn sich die Kleinen schließlich in die Luft schwangen. Und genau wie Kinder, die dauernd mit einem neuen Spielzeug spielen, flogen sie zu allen Tageszeiten und unter fast jedem Vorwand los. Es war ein großartiges, ganz neues Gefühl; sie waren entschlossen, die Sache zu meistern.

Hans oder Leda von genau derselben «Startbahn» aus abfliegen zu sehen, war ganz etwas anderes. Der schnelle Flügelschlag, die Sicherheit, die Kraft der Beine und Füße, die sich vom Boden abstießen und den Schwung noch erhöhten, all das war eindrucksvoll. Daß sie so tadellose und vollendete Flieger waren, machte die ersten Versuche ihrer Jungen irgendwie reizend und sogar ein wenig rührend.

So auffliegen zu können, die Luft zu beherrschen, eine schöne Aussicht auf die Erde und die geringeren Sterblichen unten zu haben, das ist ein Gedanke, der den Geist der Menschen fesselte, seit der legendäre Ikarus zu dicht an die Sonne heranflog. Was für Träume! Doch die Tragfläche und der Verbrennungsmotor haben jetzt das Fliegen ermöglicht. Wir nehmen es heute als ganz selbstverständlich hin, und es ist nicht mehr romantisch. Die Propellerflugzeuge und Düsenflugzeuge dröhnen und jaulen über unseren Köpfen, und wir müssen uns eben damit abfinden. Wenn mir jemand in meiner Jugend gesagt hätte, daß ich einfach weiterarbeiten würde, wenn ich im Flugzeug sitze, ohne mir die Nase an der Fensterscheibe plattzudrücken, ohne auch nur einen Blick nach draußen zu werfen, dann hätte ich ihn ausgelacht.

Als Junge war ich fasziniert von der Idee des Fliegens. In die Luft aufzusteigen stellte ich mir als den Gipfel des Abenteuers vor. Höhe zu gewinnen und die Welt unten zu sehen, mußte aufregender sein als alles andere. Felder, Flüsse, Dörfer, Städte, Küsten und Gebirge würden das Auge stundenlang entzücken. Das war in jener Zeit, als es noch das Werk von Pionieren war, große Entfernungen im Flug zurückzulegen oder große Höhen zu erreichen. Ich war besessen von der Idee des Fliegens, und manche Namen gingen mir dauernd im Kopf herum. Sir Charles Kingsford-Smith, Amy Johnson und Jim Mollison, Amelia Earhart, Gatty und Post und eine Menge andere fesselten meine Phantasie und befeuerten sie mit dem Gedanken an neue Horizonte. Ich wollte ebenso brennend gern einer von ihnen sein, wie heutzutage ein Junge Astronaut werden möchte.

Ich hatte auch meine privaten Götter. Ich sage «privat», weil ich persönlich mit ihnen in Berührung kam. Da war Lady Heath, die dort, wo heute der Flughafen Dublin ist, am Schwanz einer Tiger Moth stand, und vier von uns Schuljungen erzählte, wie sie einmal auf einer Balkonbrüstung «gelandet» war. Da war Sir Osmond Grattan Esmonde, ein Freund meines Vaters, der die Irische Luftwaffe gegründet hatte oder an deren Gründung beteiligt war. Vor ihrem Abflug von Portmarnock zu ihrer denkwürdigen Ost-West-Überquerung des Atlantiks besuchten sogar Fitzmaurice, Kohl und Baron von Hünefeld eines Abends meine Eltern. Leider wurde ich ins Bett gesteckt und durfte nicht hinunterkommen, um sie zu sehen. Aber allein ihre Anwesenheit in unserem Haus genügte, sie in meinen Augen zu unsterblichen Helden zu machen.

Es nützte alles nichts; ich durfte nicht fliegen. Die Eltern streikten. Die Luft wurde mir verboten. Doch ein Teil meines Geistes blieb in der Luft, im wahrsten Sinne des Wortes. Ein selbstgebauter Windkanal und Modelle von merkwürdiger experimenteller Konstruktion machten mich glücklich. Ich redete mir ein, daß ich Flugzeugkonstrukteur werden würde. Leider verhinderte meine mangelnde mathematische Begabung meinen Höhenflug, und kein von meinem Geist ersonnenes Flugzeug ist je aufgestiegen, außer in Modellform. Als ich dann endlich soweit war, da waren die Abenteuertage schon vorüber. Das Fliegen in den heutigen großen Verkehrsmaschinen langweilt mich. Ich denke gern an die Zeit zurück, als der Fluggast in einem Apparat aus Leinwand und Verstrebungen saß und der Pilot nur eine Handbreit entfernt war.

Ich habe Stunden damit verbracht, Vögeln zuzuschauen. Der schnelle Flug des Mauerseglers, der Gleitflug der Seemöwe, das Kreisen des Bussards, das ruckweise Fliegen des Eichelhähers, der brisante Start der Ente und ihr pfeilgerader Flug über den Himmel, all das ruft bei mir eine ganz bestimmte Emotion hervor. Aber am meisten liebe ich die Schwäne. Wenn sie in der Luft sind, ist ihnen etwas Majestätisches eigen, das in meinen Augen nicht einmal der Adler besitzt.

Ich habe immer Glück, was Schwäne betrifft. An vielen Orten habe ich sie plötzlich und unerwartet fliegen sehen. Als ich einmal eine Straße in Bath entlangfuhr, sah ich zu meiner Linken einen Schwan niedrig herankommen; er wendete und flog die Straße entlang, auf der ich fuhr. Ich habe Schwäne über Schweizer und österreichischen Seen gesehen und über dem irischen und englischen Land. In letzter Zeit konnte ich Schwäne beim Landen und Auffliegen genau beobachten. Wenn ich bereit war, mich dem Nest zu nähern, auf dem die Schwänin brütete, dann brauchte ich nur genug Lärm zu machen, um den Schwanenmann heranzulocken. Wenn Hans mich aus einer Entfernung von etwa hundert Metern sah, schwang er sich entgegenkommenderweise in die Luft, um mich anzugreifen.

Schwäne sind sehr schwere Vögel, und es kostet sie ein schönes Stück Arbeit, bis sie in die Luft kommen. Wegen ihres Körpergewichts ist die Tragflächenbelastung groß, und sie können nicht mit der Plötzlichkeit einer Ente auffliegen. Doch obwohl ich im Laufe der Jahre bei vielen Gelegenheiten darauf geachtet habe, sind mir niemals irgendwelche Vorbereitungen vor dem Flug aufgefallen. Der Schwan schlägt einfach mit den Flügeln und «läuft» auf dem Wasser, wobei er zur Unterstützung seiner Flügelschläge einen beträchtlichen Beinschub gegen den Wasserwiderstand anwendet. Die Wasserfontänen zeigen sehr deutlich die Kraft der «Schritte» und den Abstand zwischen ihnen, wenn der Schwan seine Geschwindigkeit steigert, um in die Luft zu kommen.

Mein Freund Charles Harvard Gibbs-Smith, eine Autorität auf dem Gebiet der Luftfahrt und am Vogelflug sehr interessiert, hat bei einem unserer vielen Gespräche über dieses Thema bestätigt, daß in aerodynamischer Hinsicht die Tragflächenbelastung des Schwans hoch ist. Das heißt, die tragende Fläche ist klein im Verhältnis zu ihrem Eigengewicht und dem Gewicht des Schwanenkörpers, wenn der Schwan fliegt. Daher muß der Schwan eine große Geschwindigkeit erreichen, ehe der Luftstrom um die Flügel ausreicht, um so viel Hub zu erzeugen, daß er fliegen kann.

Die meisten Menschen sehen Vögel und ihren Flug als eine Selbstverständlichkeit an. Das ist nicht so überraschend, wenn man bedenkt, daß es für uns immer zur natürlichen Ordnung der Dinge gehört, Vögel fliegen zu sehen. Zu erklären, wie Vögel fliegen, ist etwas anderes und gar nicht so einfach. Flügel sind wunderbare Ausrüstungsgegenstände, weil sie für mehrere Verwendungszwecke geeignet sind. Sie halten den Vogel nicht nur oben in der Luft wie die Tragflächen das Flugzeug, sondern wirken außerdem als Antriebskraft, als Propeller, als Fallschirm und Bremsen, alles in einem. Überdies können die Flügeltragflächen, wie zahllose Fotografien bezeugen, verändert werden und bieten damit dem Schwan vielfältige Möglichkeiten, seinen Flug zu beeinflussen und zu steuern. Der Flügel ist auch der «Arm» des Schwans, wenn wir es mit menschlichen Begriffen ausdrücken wollen, obwohl er in Wirklichkeit ein verlängertes Vorderbein ist. Vermutlich wird die ganze Sache verständlicher, wenn wir eine direkte Parallele ziehen und den Flügel wie einen menschlichen Arm darstellen.

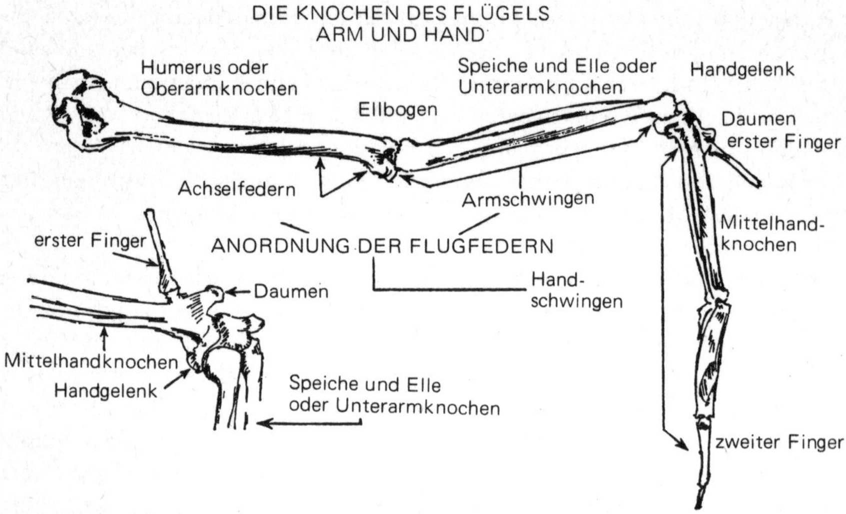

Der Schwan hat ein Oberarmbein, Elle und Speiche als Unterarmknochen, ein Handgelenk und eine dreifingerige «Hand». Alle diese Knochen sind hohl und leichtgebaut und mit einer dünnen, feinfühligen Haut bedeckt, aus der alle wichtigen Federn wachsen. Es gibt drei Gruppen von Federn, die jeweils verschiedenen Flugzwecken dienen. Die großen, zur ersten Reihe gehörenden Flugfedern oder Handschwingen sitzen an der Hand oder Flügelspitze und haben die Aufgabe, den Vogel voranzutreiben. Die Armschwingen oder Schwungfedern der zweiten Reihe am Unterarm sind kürzer als die Handschwingen; sie sind die Flugfedern des inneren Flügels und spielen eine wichtige Rolle, um den Vogel im Flug zu tragen. Schließlich gibt es die Schwungfedern der dritten Reihe, die am Oberarmbein sitzen und eigentlich eine Erweiterung der Armschwingen sind; sie sorgen für einen geschlossenen Übergang zwischen Flügel und Körper, wo sonst eine Lücke wäre.[25]

Die Federn selbst haben einen wunderbaren Aufbau. Sie bestehen aus einem hohlen Mittelschaft oder Kiel, aus dem eine vordere und eine hintere Federfahne wächst. Jede Federfahne ist an sich schon lohnend zu untersuchen, denn die Bestandteile dieser Federfahnen sind kleine Äste, die diagonal zur Spitze des Schafts herauswachsen wie Äste einem Baum. Jeder dieser Äste trägt wiederum eine weitere Gruppe von Ästchen, wenn man sie so nennen will, die kleine Häkchen haben und die Federteile zu einer Art Netz verbinden. Da wir gerade von Federn sprechen, ist es amüsant zu erwähnen, daß jemand einmal die Federn eines Pfeifschwans zählte und auf eine Gesamtsumme von fünfundzwanzigtausendzweihundertsechzehn kam, von denen 80 Prozent vom Kopf und dem langen Hals stammten.

Das Ergebnis ist ein leicht gewölbter Flügel, einem Flugzeugflügel ähnlich, dick und abgerundet an der Leitkante über einem Knochen-«Holm» und dünn an der Hinterkante; die Dicke der Leitkante nimmt zur Flügelspitze hin ab. Beim Flug hebt und senkt der Vogel die Flügel oder schlägt mit ihnen und setzt damit eine Reihe von Tätigkeiten in Gang. Jede Feder des Flügels wird, je näher sie der Flügelwurzel ist, von ihrer Nachbarin überlappt. Sobald der Vogel beim Flug einen Abschlag vornimmt, preßt der Luftdruck die Federn in der Mitte des Flügels zusammen, um eine luftdichte Oberfläche zu schaffen. Die innere Hälfte des Flügels, die nicht dieselbe Entfernung zurückzulegen hat, scheint im Flug innezuhalten und wird die tragende Fläche, die den Vogel in der Luft hält, während die äußere Hälfte weiter nach unten drängt, um den Schlag zu beenden. Beim Aufschlag spreizt sie sich dann, und die Federn öffnen sich, um die Luft durchströmen zu lassen und den sich andernfalls auf der Oberseite des Flügels auswirkenden Gegendruck zu vermindern.

Die oben beschriebenen Vorgänge kann man deutlich auf der wundervollen Fotografie der beiden fliegenden Trompetenschwäne sehen, die W. Banko aufgenommen hat.[26] Der Schwan links auf dem Bild läßt erkennen, daß die innere Hälfte des Flügels den Vogel in der Luft trägt, während der geschlossene Teil des Flügels den Abschlag vollendet. Der Schwan rechts zeigt den Aufschlag des Flügels mit gespreizten Handschwingen, die die Luft durchlassen. Bei genauer Untersuchung des Bildes wird deutlich, daß der rechte Vogel seinen Kurs auch dadurch reguliert, daß er Luft durch den Flügel strömen läßt, der rechts vom Beobachter ist – der linke Flügel des Vogels –, während er mit dem anderen Flügel, dessen Handschwingen geschlossen sind, den Kurs ändert. Von den vielen Aufnahmen, die von fliegenden Schwänen gemacht wurden, zeigen verschiedene deutlich, daß Richtungsänderungen durch Bewegung gesteuert werden, oder höchstwahrscheinlich durch eine Reihe von Bewegungen und Einstellung der Flächenwinkel des äußeren Flügels. Das ist dasselbe Prinzip, das der Verwendung eines Querruders beim Flugzeug zugrunde liegt, um Luftstromrichtungen zu ändern.

Wenn Vögel durch die Luft fliegen, schlagen sie nicht mit den Flügeln nach unten und nach hinten, wie Menschen es mit den Armen machen, wenn sie im Wasser schwimmen. Vortriebsgeschwindigkeit, d. h. Triebkraft, wird erzeugt durch die Propellerwirkung am Ende des Vogelflügels; je nach der Art des Vogels gibt es zwei Arten von Propellerwirkung. Erstens – und das ist *nicht* die Methode des Schwans – gibt es jene großen Vögel wie den Kranich mit riesigen und ziemlich dünnen «lockeren» Flügeln, die sich beim Abschlag zu einer Propellerform verwinden. Das ist darauf zurückzuführen, daß der vordere «Holm» kräftig nach unten geschlagen wird, während die «schlaffe» Hinterkante beim Abschlag nach oben und beim Aufschlag nach unten gedreht wird; diese Bewegung erzeugt eine Schubkomponente, die den Vogel vorwärts treibt.

Indes hat die Mehrzahl der Vögel *einschließlich der Schwäne* vergleichsweise steife Flügel. Bei diesen Vögeln wird der Vortrieb (Schub) durch zwei Faktoren erzeugt: 1. das Spreizen von zwei, drei oder vier der äußeren Handschwingen, auch Auffingern genannt; und 2. die eigentümliche Konstruktion dieser äußeren Handschwingen, die «ausgefranst» sind, d. h. sie haben an der Vorderseite des tragenden Federkiels eine geringere Fahnenoberfläche als auf der Hinterseite. Das bedeutet, wenn die Federn wie Finger gespreizt werden (vgl. die Aufnahme der fliegenden Trompetenschwäne), daß beim *Abschlag* viel mehr Luftdruck auf die breiten Fahnen hinten als auf die schmalen Fahnen vorn einwirkt, und die Folge davon ist, daß sich jede einzelne der äußeren Handschwingenfedern zu einem Propeller verwindet. Und in geringerem Maße findet derselbe Vorgang, aber umgekehrt, beim *Aufschlag* der Flügel statt.

Es kann nicht genug betont werden, daß dies die einzige Möglichkeit ist, wie sich diese Vögel durch die Luft bewegen können, es sei denn natürlich, der Vogel gleitet mit starr gehaltenen Flügeln abwärts; dann wird der «Schub» durch die Schwerkraft erzeugt.

Wenn der Schwan die Flügel abschlägt, vollbringen diese kleinen Propeller an den Flügelspitzen eine außerordentliche Leistung und treiben den Vogel buchstäblich durch ihre «Luftschrauben»-Wirkung in der Luft voran. Aufnahmen auf hochempfindlichen Filmen lassen erkennen, daß die Flügel beim Abschlag nicht nur verwindet sind, sondern durch die Wucht des Abschlags auch an den Enden nach oben gebogen. Wiederum möchte ich auf die Fotografie der fliegenden Trompetenschwäne verweisen. Der linke Flügel des Schwans auf der rechten Bildseite zeigt ganz deutlich das Aufbiegen und Verwinden und auch die Spreizung der Handschwingen. Wenn die Flügel den tiefsten Punkt des Abschlags erreicht haben, hat die Propellerwirkung – die nur auf die *Spitzen* beschränkt ist – die Flügel überdies auch weit nach vorn gezogen.[27]

Dann kommt der überschnelle «Ruck» nach oben bei der Rückkehr in die Ausgangsstellung, der Aufschlag. Wenn der Vogel bei einem dieser Aufschläge fotografiert wird, dann sind die äußeren, antreibenden Handschwingen oft unscharf, weil dieser Flügelschlag so viel schneller ist als der Abschlag – der um die Hälfte länger ist –, daß die Technik vieler Kameras nicht erlaubt, die Bewegungen festzuhalten, wie bei Aufnahmen des viel langsameren Abschlags.

Beim Landen muß der Schwan mit seiner hohen Flächenbelastung in den letzten Stadien seines Niedergehens auf dem Wasser die Flügel in einem beträchtlichen Anstellwinkel starr halten und sie wie eine Luftbremse oder

Landeklappe fast senkrecht in den Wind stellen. Gleichzeitig werden die äußeren Handschwingen weit gespreizt. Jetzt, wenn die Flügel nicht schlagen, übernehmen diese äußeren Finger noch eine andere Funktion, d. h., sie bieten eine Reihe stabilisierender Tragflächen, die nicht annähernd so schnell absacken wie die Hauptteile des Flügels; diese können daher so lange als möglich weiterarbeiten. Da die Flügelspitzen weit von der Flügelwurzel entfernt sind, bewegen sie sich sehr schnell, und die rasche Auf- und Abbewegung der äußeren Handschwingen ist es, die das «Whick-whick-whick» des fliegenden Vogels hervorruft. Obwohl manche Leute anderer Ansicht sind, wird dieses Geräusch mit großer Wahrscheinlichkeit von den Flügeln und nicht von der Stimme erzeugt.

Zusätzlich zu den Flügeln, die der landende Schwan wie beschrieben gebraucht, verwendet er die Füße und den Schwanz als Wasserbremse, wobei offenbar der Hals zuletzt das Gleichgewicht reguliert. Die großen Füße sind nach außen ausgestreckt, werden in dem Augenblick vor dem Aufprall nach vorn gerissen und wirken beim Aufprall wie abbremsende Füße beim Schlittenfahren, während Kopf und Hals zurückgezogen sind, wenn der Schwan niedergeht.

Eis ist immer ein Problem. In einem Jahr hatten wir fünf junge Schwäne. Eines Tages fütterte ich die Goldfasane und sah, wie alle fünf einer nach dem anderen vom Faulenzerplatz abflogen. Im Geist sah ich schon harte Landungen auf dem dicken Eis und schrie den Vögeln einen Lockruf zu, mehr als Versuch denn in der Hoffnung, daß sie dem Ruf Folge leisten würden. Zu meiner großen Überraschung ging einer aus der Gruppe in der Nähe der kleinen Insel in der Schloßgräfte hinter dem Vogelgehege herunter. Die anderen flogen weiter. Ich ließ alles fallen, rannte wie ein Verrückter zur Rückfront des Hauses und kam rechtzeitig, um zu sehen, wie meine tapferen Kleinen an der Holzbrücke ihre Landung durchführten.

Junge Schwäne, die auf dem Eis niedergehen, wenden das normale Landeverfahren an, ausgestreckte Beine, die Füße schräg nach außen, der Körper hoch und der Schwanz ganz tief und ausgebreitet. Leider ist Eis kein Wasser, und die sich ergebende Dreipunktlandung kann sehr lustig anzusehen sein, weil diese drei Bremsen versagen und eine gewaltige Schlidderei die Folge ist. Das ganze Gleichgewicht ist dahin, und einmal habe ich einen Schwan gesehen, der buchstäblich Spiralen auf dem Eis beschrieb. Sie können auch auf die Seite fallen und so wegrutschen, und unweigerlich haben sie zu guter Letzt hochgereckte Hälse und sehen bestürzt aus.

Die vier jungen Schwäne waren inzwischen gelandet, als ich über die Brücke kam; drei von ihnen saßen noch in den seltsamen Stellungen, mit denen ihre Rutschpartie geendet hatte, aber der vierte war nicht so glücklich gewesen. Er stand genau in der Mitte der Schloßgräfte, und als ich zu ihm hinschaute, sah ich, wie sich eine bedenkliche Blutlache unter ihm ausbreitete. Ich hatte immer gehört, daß ein Vogel sehr rasch verbluten kann; wenn ich je einen Vogel gesehen habe, der im Begriff war, das zu tun, dann war es dieser junge Schwan in diesem Augenblick. Ich stürzte wieder zurück zum Haus und schrie immerzu: «Hilfe! Hilfe!»

«Was um Himmels willen ist denn passiert?» rief Thaddäa aus einem der Schlafzimmerfenster.

«Einer der jungen Schwäne blutet wie ein angestochenes Schwein. Ich will versuchen, ihn mit Futter vom Eis herunterzulocken.»

In Notlagen ist meine Frau großartig. Gleichgültig, wie blutig die Angelegenheit ist, sie macht sich sofort dran, während ich mich noch frage, wo ich anfangen soll.

«Ich bin gleich unten.»

Ich schnappte mir einen Futterbeutel und rannte zurück zu den Schwänen. Sie saßen noch so da, wie ich sie verlassen hatte. Der Verletzte stand noch in einer dunklen Blutlache; die Lache wurde jede Sekunde größer. Das Eis hatte schon Risse, und ich hatte kein großes Verlangen, in eiskaltes Wasser zu fallen. Deshalb begann ich zu rufen, den «Lockruf», und dicht am Ufer Mais auszustreuen in der Hoffnung, daß, wenn die nicht verletzten Vögel kämen, ihr Bruder auch kommen würde. Die drei taten es, aber der Verletzte blieb, wo er war. Ich war verzweifelt, denn offenbar hatte er einen zu großen Schock erlitten, um sich bewegen zu können. Doch gerade, als ich die Hoffnung aufgeben wollte, erschien unerwartet der fünfte junge Schwan. Angelockt durch den vertrauten Ruf, war er aufgeflogen und gekommen, um zu sehen, was für Futter angeboten wurde. Er machte eine ungeschickte Landung, fiel auf die Seite und schlitterte seitwärts zu dem verletzten Vogel. Nichts hätte besser sein können. Mit einemmal kam der Verletzte wieder zur Besinnung und humpelte zu uns herüber. Kaum war er bei uns, da packte ich ihn und trug ihn in die große alte Küche im Haus.

Wie alle verletzten Schwäne, die wir erlebt hatten, war er sanft wie ein Lamm. Sie scheinen zu wissen, daß man ihnen helfen will, und leisten in keiner Weise Widerstand. Wir legten ihn auf einen Tisch und machten uns gleich an die Arbeit. Etwa ein halber Zentimeter Fleisch war am Kniegelenk herausgerissen, und die Wunde blutete stark. Jeder Versuch, die Blutung zu stillen, scheiterte, bis wir uns an eine Art blutstillender Watte aus dem Verbandskasten erinnerten. Das führte zum Ziel; wir flickten ihn zusammen, setzten ihn in den Stall und hofften das Beste.

Er mußte sich auch einen Flügel verletzt haben, denn als wir ihn vierzehn Tage später zu seinen Brüdern und Schwestern hinausließen, flog er nicht mit ihnen und den Eltern fort. Er verbrachte einen einsamen Winter mit uns, und als die Eltern im nächsten Jahr zurückkamen, verdrückte er sich und hielt sich etwa einen Monat am Bach auf. Er muß seine Flugfähigkeit wiedererlangt haben, denn eines Tages war er fort und wurde nicht mehr gesehen.

Katja und die Schwäne

Eines schönen Nachmittags im Herbst 1966 fuhren wir erwartungsvoll zum Flughafen Düsseldorf, um zwei Ankömmlinge abzuholen. Der eine war ein guter Freund, den ich seit fünfzehn Jahren nicht gesehen hatte und der aus New York kommen sollte, um zwei Tage bei uns zu bleiben. Der zweite war weniger elegant gereist, nämlich per Luftfracht in einer großen Transportkiste, und sollte sehr viel länger bei uns bleiben.

Als wir zum Flughafen kamen, trennten sich meine Frau und ich. Zum Glück sollten die beiden mit einem zeitlichen Abstand von nur fünf Minuten eintreffen, aber an verschiedenen Stellen. So kam es, daß meine Frau als erste das kleine schwarze Hundchen in die Arme nahm und in die Familie einführte. Das war auch richtig so. Es gibt Menschen, die haben eine besondere Art, eine glückliche Hand im Umgang mit Hunden, und meine Frau gehört zu ihnen. Der junge Hund mochte Thaddäa auf Anhieb; bald sprang er fröhlich an ihrer schicken Leine neben ihr her, als sie zusammen vom Luftfrachtschalter zu uns ins Hauptgebäude kamen.

Es war fast ein Jahr her, seit ich zu dem Schluß gekommen war, daß wir einen Hund brauchten. Wir hatten Gänse, Enten und Kinder, aber keinen Hund. Für mich ist ein großes Landhaus ohne Hund wie ein Gewässer ohne Wasservögel oder ein Wald ohne Wild.

Der Entschluß, einen Hund zu kaufen, war relativ leicht gewesen, zumal sich Patrick zunehmend für die Idee begeisterte. Aber was für ein Hund sollte es sein? Das war eine andere Sache. Wir führten endlose Diskussionen über seine Größe und Gestalt. Meine Frau war immer eine Terrierfreundin und liebte kleine, sportliche Hunde. Ich andererseits mochte große Hunde und machte daraus kein Hehl.

«Dann laß uns einen Kompromiß schließen und einen Airedale nehmen wie die von Hubert», schlug Thaddäa vor. Aber obwohl ich die beiden schönen Hunde meines Schwagers kannte und gern hatte, wollte ich keinen Airedale, weil Terrier, selbst in Jumbo-Größe, doch nicht die richtigen Hunde für mich sind.

«Ich finde, wir sollten einen Labrador oder einen Boxer haben», erklärte ich recht nachdrücklich.

«Ich will keinen Boxer. Sie sind so häßlich, und außerdem sabbern sie. Sie sind so häßlich, daß sie fast hübsch sind, aber ich will keinen haben.»

«Dann nehmen wir einen Labrador», sagte ich und sah im Geist schon, wie ich ihn als Jagdhund dressierte und viel Spaß haben würde, wenn ich auf die Jagd ging. «Ich will sehen, daß ich einen bekomme, wenn ich das nächste Mal in England bin.»

«Sie sind so groß, und überall findet man dann ihre Haare.»

«So groß sind sie gar nicht, und sie sind lammfromm. Genau der richtige Hund für den Jungen.»

Obwohl wir so lange in England gelebt hatten, hatte meine Frau nur eine vage Vorstellung von der Größe und dem Aussehen eines Labrador Retrievers, den sie aus irgendeinem Grund mit einem Neufundländer verwechselte. Welche Bedenken Thaddäa auch immer gehabt haben mochte, ich setzte meinen Kopf schließlich durch und machte mich daran, einen jungen Hund auszusuchen, als ich das nächste Mal in England war. Doch wenn die Wahl der Rasse auch zu guter Letzt von mir getroffen wurde, so hatte Thaddäa allein die Entscheidung über den Namen des Hundes. Sie wählte die polnische Form von Katharina, und der Hund wurde Katja getauft.

Wie üblich machte ich mich auf die Suche nach dem «richtigen» Buch und fand es bei Wesley Richards in der Curzon Street, kurz nachdem ich den Hund erworben hatte. «How to train a Labrador» von Baroness Beck[28] wurde bald meine Freizeitlektüre. Ich fand eine solche Übereinstimmung zwischen meinen Ansichten und denen der Autorin, daß ich beschloß, ihre Methoden anzuwenden. Inzwischen hatte ich so viel praktische Erfahrungen im Umgang mit Tieren gesammelt, daß ich mich für sachverständig genug hielt, meinen Hund selbst abzurichten. Ich sagte mir, daß dieselbe Geduld und Liebe, die ich für die Zähmung der Goldfasane aufgebracht hatte, bestimmt gute Resultate erbringen würde, wenn sie einem ständigen Gefährten stündlich zuteil werden. Der Hund würde lernen müssen, ein Haushund und ein Jagdhund zu sein; überdies müßte er sich meiner besonderen Lebensweise anpassen.

Katjas Zukunft war lange vor ihrer Ankunft genau geplant worden. Als wir ein strenges Dressurverfahren begannen, nahm sie es gutmütig und bereitwillig hin. Zur allgemeinen Ausbildung an der Leine verwendete ich die «Dressurpeitsche»[29], wie ich sie nannte, eine lange Reitpeitsche, wie sie Reiter beim Schulreiten gebrauchen. Diese Peitsche wird in derselben Hand gehalten wie die Leine und gebraucht, um den Hund zu streicheln, wenn er gehorcht, oder um durch eine Druckausübung auf eine der beiden Schultern den Hund nach rechts oder links zu dirigieren. Wird die Peitsche zugleich mit dem Kommandowort leicht gegen die Brust des Tiers gestoßen, dann sagt sie dem Hund, daß er nicht weitergehen darf. Wird das Hinterteil über dem Schwanz damit berührt, bedeutet es, daß der Hund sich hinsetzen soll. Diese «Verlängerung» der Hand ist sehr nützlich, um dem Hund beizubringen, leise gesprochene Befehle zu verstehen, die erteilt werden, wenn der Druck ausgeübt wird. Der Hund ist bald so an den von der Peitsche ausgeübten Druck gewöhnt, daß man mit ihm nur mit der Peitsche, ohne Halsband und Leine, spazierengehen und ihn durch einfachen Druck auf Schultern, Brust oder Schwanz dirigieren kann, ohne ein einziges Wort zu sprechen.

Für den Fall, daß Hundefreunde sagen: «Der Bursche gebraucht eine Peitsche bei seinem Hund», sollte ich hinzufügen, daß die Peitsche niemals dafür verwendet wird, den Hund zu schlagen, und wenn ich sie zur Hand nehme, dann bringt er sie unmittelbar mit der Freude eines Spaziergangs in Verbindung. Für ihn bedeutet die Peitsche nicht Strafe, sondern einen Spaziergang, ein Spiel oder ein bißchen Spaß. Aus diesem Grunde wird ihm auch das «Vorrecht» zugestanden, die Peitsche nach Hause zu tragen, wenn er sich gut benommen hat.

Katja durfte mir nie von der Seite weichen, wurde nie allein hinausgelassen und blieb nie allein zurück. Ihr wurde beigebracht, sich in Städten richtig zu verhalten, an Fußgängerüberwegen sitzenzubleiben oder allein in Geschäften, sich nicht auf Möbelstücke zu setzen und nicht die Reihen von Gummistiefeln in der Halle zu vertilgen. Baroness Beck hatte völlig recht, wenn sie von der ungewöhnlichen Intelligenz der Labradors sprach. Durch ständige Wiederholung und mit Geduld lernte Katja alle Anfangsgründe in bemerkenswert kurzer Zeit, in etwa drei Monaten. Sie lernte so, daß es hängenblieb, obwohl sie natürlich immer noch lernt und ihr ganzes Leben lang weiterlernen wird.

Zum Glück waren die Schwäne fort, als sie kam; es hätte die Dinge sehr kompliziert, wenn sie dagewesen wären. Als wir das nächste Stadium in Angriff nehmen konnten, begann ich, sie an Geflügel zu gewöhnen, an die zahmen Enten und die Schar der Chinagänse. Wie jedermann weiß, sind junge Hunde sehr verspielt und voller Neugier, und ich ging von der Annahme aus, daß «Untaten» von diesen beiden Faktoren bestimmt werden. Katja würde auf das Tier zugehen und selbst herausfinden wollen, was mit ihm los sei. Die Gans, oder was immer es war, würde ihr dann möglichst schnell aus dem Weg gehen, der Hund würde ihr nachsetzen und versuchen sie zu fangen, um seine Neugier zu befriedigen. Ich sagte mir daher, daß Neugier früh befriedigt werden müsse und auf friedliche Weise, ohne dem Hund Gelegenheit zu geben, schlechte Gewohnheiten anzunehmen. Weil der Hund als Familienhund gedacht war und ich häufig ins Ausland reiste, mußte auch die *Familie* geschult werden, um das gute Werk weiterzuführen. Alle mußten lernen, wie der Hund zu behandeln ist, damit die Dressur nicht unterbrochen würde, wenn er mit anderen als mit mir zusammen war.

Es waren immer haufenweise zahme Vögel in der Nähe, die eingefangen und dem Hund hingehalten wurden. Wir hielten sie in der Hand und ließen den

Hund an ihnen schnuppern und wiederholten dauernd: «Nicht für Katja» – ein Verbot, das sie schon im Hinblick auf das Verhalten im Haus gelernt hatte. Wir wiederholten das Verfahren unermüdlich, bis sie das Interesse an allen Tiergattungen verlor, bei denen wir wollten, daß sie sie in Frieden läßt.

«Sitz!» war von unserem Standpunkt aus der wichtigste Befehl bei der Arbeit auf den Höfen. Wenn dieser Befehl erteilt war, lernte sie, wie angewurzelt sitzen zu bleiben, bis sie geholt oder mit einem leisen Pfiff gerufen wurde. Nachdem ihr jeden Morgen «Sitz» befohlen wurde, fünf Meter von den Stalltüren entfernt, lernte sie bald, untätig dem Auszug der Vögel aus dem Stall zuzuschauen, ohne sich vom Platz zu rühren.

Wir waren entzückt über ihre Fortschritte. Unsere Methode hatte sich bewährt; wir wurden uns allmählich klar, was für ein Schatz unser Leben bereicherte. Katja lernte, einen Fasan aufzuscheuchen, aber den gefangenen Fasan nicht totzubeißen. Sie lernte, zahme oder halbzahme Enten nicht zu beunruhigen, aber Vögel, die aus irgendeinem Grunde verletzt waren, oder Enten, die tatsächlich geschossen worden waren, zu apportieren. Sie lernte, Gänse nicht anzugreifen oder zu jagen. Sie lernte, Geflügel nicht anzugreifen oder zu jagen. Was sie jetzt noch zu lernen hatte, war, mit den Schwänen zu leben. Aber würden es die Schwäne lernen, mit ihr zu leben?

Die Schwäne kamen unversehens wieder, auf ihre übliche gespensterhafte Weise. Ich war voll böser Ahnungen, als ich hörte, daß sie da seien. Angenommen, der Hund ging auf die Schwäne los, dann konnte es gut sein, daß wir sie nie wiedersehen würden. Als der Augenblick der Wahrheit gekommen war, verschob ich es so lange als möglich, mit Katja hinauszugehen.

Die erste Begegnung fand etwa 30 oder 40 Meter vom Nistplatz auf dem Damm zwischen Kapellen- und Mühlenteich statt, an einer Stelle, wo Katja im seichten Wasser gern schwimmen ging. Hans kreuzte am anderen Ende des Teichs auf und ab. Ich sagte zu Katja, sie solle etwa einen Meter vom Wasser sitzen bleiben, und rief den Schwanenmann mit voller Absicht. Er kam sofort angeflogen, landete geschickt und hielt schlitternd ein paar Meter vor dem sitzenden Hund an, ein wenig rechts von uns. Er ordnete seine Flügel in sehr lässiger Weise, begann auf und ab zu schwimmen und sah uns forschend an, als erwarte er Futter.

Leicht mit einem Fuß paddelnd, kam er gemächlich auf gleiche Höhe mit uns. Doch hielt er Distanz und schwamm langsam, den Kopf ein wenig auf die Seite gelegt, und musterte uns mit seinen glitzernden Augen, vielleicht ein wenig mißtrauisch gegenüber dem Neuling. Obwohl ich Vertrauen zu dem Hund hatte, blieb abzuwarten, wie der Schwan auf seine Anwesenheit reagieren würde. «Oi», rief ich, «wie geht's denn meinem alten Hans? Komm, Hans, komm!»

Er legte den Kopf über die Schulter und putzte seine Rückenfedern, ein Zeichen von Verlegenheit und Unsicherheit.

Katja war interessiert. Ihr Schwanz wedelte, aber sie saß mucksmäuschenstill und wartete auf irgendeinen Befehl. Sie schaute den sich treiben lassenden Schwan an, und dann schaute sie wieder mich an und wedelte weiter mit dem Schwanz.

Nachdem ich ihr den Befehl gegeben hatte: «Geh!» und dann «Komm mit», ging der Hund am Ufer neben mir her, die Augen immer noch starr auf den Schwan gerichtet. Schwan und Hund waren beide nicht im mindesten begierig, in engere Berührung miteinander zu kommen. Hans begnügte sich damit, parallel zu uns dahinzugleiten, ließ uns aber nie aus den Augen. Er tauchte halb unter, um sich zu waschen und seinen Rücken zu benetzen. Dann stellte er sich plötzlich auf die Füße und den Schwanz und reckte seinen ganzen Körper und den Hals. Mit hoch erhobenem Kinn schlug er dann heftig mit den Flügeln, um das Wasser aus den Federn zu schütteln. Dabei stieß er ein knatterndes «Nöck, nöck, nöck» aus, ehe er sich wieder ins Wasser fallen ließ.

Diese Darbietung hatte den Zweck, Katja zu zeigen, was für ein Prachtskerl er sei; der Herr und Gebieter über den Teich. Sie war unbeeindruckt, betrachtete ihn mit höflichem Interesse, aber mehr auch nicht. So setzten wir unseren Weg fort, der Schwan folgte uns, hielt sich immer fern und ließ uns nicht aus den Augen. Als wir durch das Einfahrtstor gingen und dann weiter zum Hof, sah ich ihn majestätisch unter der Brücke hindurchschwimmen und immer noch nach uns schauen, bis wir außer Sicht waren.

Die nächste Begegnung war nicht ganz so beherrscht. Sie fand an derselben Stelle statt, und Katja war mir, vom Park kommend, vorausgelaufen. Sie war erhitzt und durstig, nachdem sie ein Kaninchen gejagt hatte, und ging zu der seichten Stelle, um zu trinken. Als ich auf der Bildfläche erschien, war sie schon bis zum Bauch im Wasser, bellte wie verrückt und forderte den Schwan zum Spielen auf. Sie hatte ihr Hinterteil erhoben und die Schultern gesenkt, die Beine gespreizt und ein albernes Grinsen im Gesicht.

Hans lungerte in der Nähe des Ufers herum und sah sie mit kalter Verachtung an, aber offenbar gleichzeitig gefesselt. Als ich sie zurückrief, folgte uns der Schwan am Ufer entlang wie beim erstenmal, immer wachsam und in einiger Entfernung. Auf halbem Wege zur Kapelle steht ein großer Nadelbaum; hinter ihm entdeckte ich Leda, die sanfte Schwänin, die auf deutlich unfreundliche Weise näher kam. Den Hals aufgeplustert, die Flügel gewölbt, brauste sie heran unter Einsatz beider Füße und böse zischend. Sie schloß sich Hans an, und gemeinsam machten sie sich zum Schilf am Ufer auf.

«Jetzt geht's los», dachte ich, als ich sah, wie Katja ihnen entgegen zum Schilf hinunterlief, ihre Zunge hing heraus, und der Schwanz wedelte fröhlich.

Die Schwäne paddelten zurück, zischten und waren nicht im mindesten zum Spielen aufgelegt. Als ich den Hund zurückrief, kamen die Schwäne wieder auf uns zu. Als Katja ihnen entgegensprang, ließ ich sie machen, was sie wollte, und das Paar zog sich zurück. Hoffnungslos. Das hätte stundenlang so weitergehen können.

Nach einer Weile merkte ich, daß der Hund das «Spiel» allmählich langweilig fand. Ich fühlte mich sicherer. Weder Hund noch Schwan wollte es offenbar zu einer Auseinandersetzung kommen lassen. Die einzige Schwierigkeit, die ich voraussah, könnte sich ergeben, wenn die Schwäne auf dem Land waren oder der Hund im Wasser. Was würde geschehen, wenn die Schwäne an Land kommen?

Schwäne sind Gewohnheitstiere. Nicht einmal die Anwesenheit des Hundes konnte sie davon abhalten, auf der Suche nach Futter zum Haus zu kommen. Eines Tages, als sie an ihrem normalen Futterplatz warteten, nahm ich mit voller Absicht den Hund mit hinaus. Besser, dachte ich, sie begegnen sich auf diese Weise unter meiner Aufsicht, als ein andermal, wenn ich nicht dabei bin.

Es gab eine Menge Zischen und Sich-Aufbäumen bei den Schwänen, was Katja völlig kalt ließ. Sie ignorierte ihr Vorhandensein einfach. Das war alles schön und gut; aber was würde geschehen, wenn ich nicht da wäre? Ich kam zu dem Schluß, daß ich ein gewolltes Risiko eingehen müsse. Ich stellte mich zwischen den Hund und die Schwäne und sagte zu Katja: «Sitz!» Dann verließ ich die drei und ging einen Beutel Mais holen. Als ich eine Minute später zurückkam, waren die Schwäne leicht beunruhigt. Ihre Hälse waren aufgebläht, die Flügel leicht gewölbt, und sie traten von einem Bein aufs andere. Der Hund sah sie immer noch ohne viel Interesse an. Zu meiner Erleichterung hatten weder die Schwäne noch der Hund einander angegriffen oder waren zurückgewichen. Es war richtig gewesen, das Risiko einzugehen, und ich machte mich daran, die Vögel zu füttern, während Katja mit dem recht gelangweilten Ausdruck zuschaute, den Labradors manchmal haben können.

Offenbar hatten Katja und Hans beschlossen, Frieden zu halten, denn ich kann mich nur an einen einzigen unerfreulichen Zwischenfall erinnern. Der Labrador döste in der Sonne auf dem Kopfsteinpflaster vor dem Haus, als Hans, der auf der Suche nach Futter herankam, es sich in den Kopf setzte, auf Katja loszugehen. Plötzlich ging er zum Angriff über und stürzte sich mit vorgestrecktem Schnabel und schlagenden Flügeln auf sie. Sie wachte noch rechtzeitig auf. Im Nu auf den Beinen, machte sie einen Satz zur Seite und sprang von ihm weg, dann ging sie zum Gegenangriff über und bellte wütend. Zum Glück war ich in der Nähe. Ich trennte sie schleunigst und beruhigte sie. Aber im allgemeinen scheint Hans eingesehen zu haben, daß Katja keine bösen Absichten gegen ihn hegt. Und was Katja betrifft, so findet sie offenbar, daß Hans gar keiner Beachtung wert ist; höchstens als ein großes Federvieh, das eines Tages apportiert werden muß.

In jenem Jahr hatten die Schwäne eine Rekordbrut, aber zum erstenmal brachten sie die jungen Schwäne nicht zu den Stufen. Das war nur natürlich. Wenn ich auch wußte, daß der Hund keinen jungen Schwan angerührt hätte, so wußten es die Schwäne nicht. Sie änderten sogar ihren ganzen Lebensrhythmus. Sie gaben den Kapellenteich und die Schloßgräfte auf und übersiedelten zum Fischteich und zum Bach. Es mag etwas mit den Nahrungsquellen in jenem Jahr zu tun gehabt haben, aber wir waren überzeugt, daß es am Hund lag. Fern von unserer Einflußsphäre, wurden die Schwäne scheu und wild. Aber Freundschaft ist zählebig, wenn es sich um einen Schwan handelt, und sie kamen immer noch zu mir, wenn ich sie besuchen ging, auch wenn der Hund bei mir war, und nahmen das Futter, das ich ihnen gab.

Eines Tages, Anfang August, verschwanden sie. Ich rief sie vergeblich. Ich wanderte am Ufer des Bachs entlang, an den Teichen, der Schloßgräfte und den kleinen Tümpeln, doch nirgends war ein Schwan zu sehen. Es war eine große Leere.

«Ich bin sicher, daß wir sie nie wiedersehen», sagte ich untröstlich zu meiner Frau.

«Das ist, glaube ich, ein bißchen voreilig. Wir werden es erst nächstes Jahr wissen», erwiderte sie. Aber ich weiß, daß sie ebenso betrübt war wie ich.

Unsere bösen Ahnungen verstärkten sich, als wir ganz zufällig hörten, wie es gekommen war, daß die Schwäne uns verlassen hatten. Wir hatten an einer Jagd teilgenommen und erholten uns gerade bei einem Drink, als einer unserer Pächter sich neben mich setzte, derselbe Herr Wallmeyer, der geholfen hatte, die Schwäne in das Gehege zu bringen, als sie zum erstenmal zu uns gekommen waren.

Westfälische Bauern sind manchmal den irischen insofern ähnlich, als sie auf Umwegen zur Sache zu kommen pflegen.

«Die Schwäne sind nicht mehr da, nicht wahr?»

«Nein. Sie sind dies Jahr schon früh aufgebrochen.»

«Sie hatten diesmal eine Menge Junge, habe ich gehört.»

«Ja, zehn. Soviel hatten wir noch nie. Ein Rekord.»

«Das war sicher der Kampf mit dem Hund, weswegen sie weggeflogen sind.»

Ich spitzte die Ohren. War Katja doch auf die Schwäne losgegangen? Aber ich konnte mich nicht erinnern, sie jemals aus den Augen verloren zu haben. «Was für ein Kampf mit was für einem Hund?» fragte ich vorsichtig.

«Ach, ich dachte, Sie hätten davon gehört. Scheint ein ganz schöner Kampf gewesen zu sein.»

«War es Katja?» Ich fürchtete, daß meine ganze sorgfältige Abrichtung, die Umwege, die ich einschlug, um Konflikte zu vermeiden, meine peinlich genaue Planung umsonst gewesen waren.

«Nein, Bautz, mein kleiner Dachshund. Sie wissen ja, wie er ist.»

Ich atmete wieder. Bautz war ein kleiner Rauhhaar-Teckel, der uns allen gut bekannt war. Ein erstklassiger Hund, wenn es sich um Füchse handelte, und auch ein beachtlicher Casanova. Er hatte eine besondere Freundin auf einem

Nachbarhof, der er sehr ergeben war. Wenn ihm der Sinn danach stand, sie zu besuchen, pflegte er unser Land zu überqueren.

An dem Tag des Kampfes war er offenbar über die Wiesen hinter dem Pächterhaus, in dem er wohnte, gelaufen und am Südende des Fischteichs vorbeigekommen, das der Schloßgräfte am nächsten ist, als er die Schwanenfamilie auf dem zweiten Gefiederpflegeplatz sah. Da er ein ziemlich sportlicher kleiner Herr ist, muß er beschlossen haben, sich einen Spaß zu machen und sie wegzujagen; wie er es wahrscheinlich viele Male mit unseren Gänsen gemacht hatte. Herr Wallmeyer erzählte mir, sein Knecht habe den Tumult bemerkt und sei hingegangen, um zu sehen, was los sei.

Nach diesem Augenzeugenbericht wurde der Hund von dem Schwanenmann über eine halbe Stunde lang angegriffen. Wenn er geglaubt hatte, er würde ein billiges Vergnügen haben, dann hatte er sich schwer geirrt. Der Schwanenmann war erschreckt und wütend; die Tatsache, daß die Schwänin mit den Kleinen ins Wasser geschlüpft war, war seiner Aufmerksamkeit wahrscheinlich entgangen, als er auf den Hund losging und ihm Hammerschläge mit dem Schnabel und Peitschenhiebe mit den Flügeln versetzte.

An Mut gaben sich der große Schwan und der kleine Hund nichts nach. Beide kannten keine Furcht und einer war so hartnäckig wie der andere; und Bautz war ein Hund von der Art, die fast alles angreift und nicht lockerläßt, wenn es einmal angefangen hat. Obwohl Hans verletzt war, kämpfte er offenbar weiter, während der Knecht dem grimmigen Spiel auf der anderen Seite des Bachs zuschaute, ohne auch nur zu versuchen, näher heranzugehen und ihm ein Ende zu bereiten. Schließlich bot sich ein günstiger Augenblick, und der Schwan schlüpfte ins Wasser.

Der Kampf war beendet, aber der Schaden war angerichtet. «Das mußte ausgerechnet in dem Jahr passieren, in dem wir uns einen Hund angeschafft haben», sagte ich traurig zu meiner Frau. Bis wir nach Hause kamen, hatte ich mir eingeredet, daß wir die Schwäne nie wiedersehen würden. Das Territorium war unsicher geworden.

Zum Glück unterschätzte ich ihre Zähigkeit, wie ich auch ihr Festhalten an Gewohnheiten unterschätzt hatte. Sie kamen im nächsten Frühjahr wieder und verhielten sich, wie sie sich immer verhalten hatten, säuberten ihr Territorium, fraßen, machten sich bereit, bis der Augenblick kam, da Leda ihre Eier legte und ihre Brut von sieben Jungen aufzog. Mir schien, daß der Kampf mit dem Hund nur ein Zwischenfall von der Art gewesen war, wie er überall im täglichen Leben eines Schwans vorkommen kann. Wir unsererseits beobachteten, wie sie kamen, und beobachteten, wie sie wieder gingen, entzückt, daß sie bei uns waren, und froh, daß sie wiedergekommen waren. Aber auch in diesem Jahr brachten sie ihre Jungen nicht zu den Stufen an der Haustür, und ich mußte zum Wasser gehen, wenn ich sie sehen wollte. Es war vielleicht nicht ganz wie früher, aber immerhin annähernd, so daß ich zufrieden war, und sie kamen, wann immer ich sie rief, bis zu dem Tag, an dem sie uns Ende August verließen.

Wenn man genug mit Tieren zu tun hat, gibt es selten einen langweiligen Augenblick. Am Sonntag, dem 24. November 1968, beschäftigten wir uns mit anderen Dingen als Schwänen. Katja brachte ihren ersten Wurf Junge zur Welt.

«Hört es denn überhaupt nicht auf?» fragten wir uns, als sie fünf Stunden lang gebar, zuerst bestürzt und dann mit zunehmendem Selbstvertrauen. Sie hatte zehn Welpen und machte ihre Sache gut, was die Farbe betraf. Fünf waren schwarz wie sie und fünf hellgelb wie ihr Vater, meines Schwagers schöner Labrador.

Die Familie wuchs rasch, und es fiel uns nicht schwer, ein Heim für sie zu finden. Ende März waren nur noch drei da, unsere Lica, Nugget, ein Rüde, und eine kleine schwarze Hündin, die in die Vereinigten Staaten gehen sollte, aber wegen verschiedener Impfungen noch hierbleiben mußte.

Junge Labradors zu haben macht viel Spaß, wenn sie auch ein bißchen lästig sind und man sich um jeden auf besondere Weise kümmern muß. Da wir es gewöhnt sind, unseren Tagesablauf nach irgendwelchen Tieren auszurichten, fanden wir uns bald mit den Pflichten ab, die sie uns auferlegten. Indes machte uns der Gedanke, diese kleine Gruppe noch einen Monat zusammenzuhalten, einige Sorgen. Es bedeutete, daß wir ihnen zumindest die Anfangsgründe des guten Benehmens auf diesem Gut beibringen mußten.

Aber lernen müssen sie. Ob sie gutwillig oder widerwillig lernen, hängt von dem jeweiligen Charakter des betreffenden Hundes ab. «Guter Hund, kluger Hund» sind Worte des Lobes, wenn der junge Hund gehorcht und es sich merkt. Diese Wörter werden für den Rest seines Lebens ein Synonym dafür, daß er etwas gut und richtig gemacht hat. Dasselbe gilt für «NEIN». «Hast du nicht gehört, daß ich NEIN sagte? BIST DU TAUB oder was ist los?»

Katja, sonst von vorbildlichem Benehmen, hatte es sich in den Kopf gesetzt, keinerlei Hilfestellung zu geben. Sie vergaß die eisernen Regeln der normalen Lebensweise, sie begann Wasservögel anzubellen und ihnen nachzusetzen, wahrscheinlich, um den Welpen beizubringen, wie man jagt. Ich machte diesem Unsinn bald ein Ende, indem ich sie an die Leine nahm und sie zwang, «sitzenzubleiben», wenn die Vögel in der Nähe waren. Sie begriff es rasch.

Es war immer meine Gewohnheit, Katja dauernd bei mir zu haben, und wenn ich auf Reisen war, machte es meine Frau genauso. Wie viele große Hunde, sind Labradors im Haus gut zu haben, denn sie sind immer geneigt, sich ruhig zu verhalten, sich hinzulegen und an ihren erwählten Lieblingsplätzen zu bleiben. Wir stellten fest, daß die Welpen, wenn sie richtig und oft Bewegung hatten, drinnen ebenso ruhig waren und uns zu Füßen friedlich auf dem Teppich schliefen. Die Art, wie sie sich Bewegung verschafften, war leider nicht immer die richtige.

«Ich fürchte, der arme Max hat Pech gehabt», erklärte meine Frau eines Tages resigniert.

«Was meinst du damit?»

«Sieh aus dem Fenster, dann weißt du es. Die jungen Hunde haben ihn erwischt.»

Max war eins von den kleinen holländischen Hühnern, die wir zur Zierde hielten. Dieses hübsche kleine Federvieh ist schwarz mit einem grünen Schimmer auf dem Gefieder und trägt etwas auf dem Kopf, das wie eine Perücke oder ein Puschel aus weißen Federn aussieht, vorn mit einer «Fliege» aus schwarzen Federn. Wegen dieses Kopfputzes können sie ziemlich schlecht sehen und trippeln im Zickzack. Aber sie sind sehr zahm und setzen sich einem auf die Faust wie ein Falke. Der Vorsitzende unseres Geflügelzüchtervereins hatte sie Patrick geschenkt. Wir nannten sie «Putput», weil das ihre Redeweise untereinander war und wir sie zur Futterzeit so riefen.

Ich nahm mir nicht die Zeit, aus dem Fenster zu sehen. Wie der Blitz war ich zur Haustür hinaus, um einer Katastrophe zuvorzukommen. Oben auf den Stufen, an denen sich die meisten Dramen bei uns abspielen, blieb ich einen Augenblick stehen, um die Lage abzuschätzen. Da war nicht viel abzuschätzen.

Unten zerrten drei fröhliche Welpen eifrig nach drei verschiedenen Richtungen an einem Büschel weißer und schwarzer Federn, eine Art groteskes Tauziehen. Mit gesenktem Kopf und gespreizten Vorderbeinen stand ihre Mutter dabei und beobachtete ihre Kleinen voll Stolz. Mit einem Satz war ich unten und verpaßte jedem rundlichen, vergnügten Hinterteil einen Klaps, packte sie alle drei an der Halsfalte, schüttelte sie kräftig und schimpfte wie eine wütende Elster, bis die Hundchen, angemessen bestraft, den Rückzug antraten. Derweil lag das Opfer wie plattgewalzt auf dem Boden. Ich schenkte ihm nicht viel Aufmerksamkeit, bis es plötzlich von einem krampfhaften Zittern befallen wurde. «Jetzt werde ich ihm zu alledem noch den Hals umdrehen müssen», dachte ich herzlos.

Wir hatten mit vieren dieser Vögel angefangen, die wir nach meinen beiden Schwestern Honora und Elizabeth und nach den beiden Brüdern meiner Frau Max und Hubert getauft hatten. Gewöhnlich nennen wir unsere Lieblingshähne und -hennen nach Angehörigen der westfälischen Aristokratie, was wir damit rechtfertigen, daß unser Geflügel sehr wohlerzogen ist. Dabei fällt mir mein Entzücken ein, als ich bei einem Besuch in Woburn entdeckte, daß Seine Gnaden der Herzog von Bedford eine Reihe Hundezwinger nach den Häusern seiner Konkurrenten bei den Stately Homes-Rennen genannt hatte. Hätte es sonst nichts Reizvolles in Woburn gegeben, diese Entdeckung allein wäre die paar Shillinge wert gewesen, die der Besuch gekostet hat.

Leider hatte sich die Zahl der Putputs verringert. In einem Fall war ich schuld: in einer dunklen Nacht hatte ich Honora überfahren. Hubert war spurlos verschwunden, und die arme Elizabeth hatte schon früher Maxens Schicksal erlitten. Damals war ich nicht zur Stelle, aber einer der Welpen war recht triumphierend an der Haustür erschienen und hielt, ohne sich im mindesten zu schämen, das Relikt in der Schnauze, übrigens ein sehr blutiges und zerfetztes Relikt. Er wurde von meiner Frau überaus unfreundlich empfangen und mit donnernden «Pfuis» und «böser Hund!» überschüttet. Damals mag ihm das Eindruck gemacht haben, aber nicht genug, um auf die Dauer von Nutzen zu sein, nach der nunmehrigen mißlichen Lage zu urteilen.

Gerade wollte ich nach Maxens Hals greifen, als zu meiner Verblüffung die Leiche aufsprang und sich, komisch hinkend, davonmachte. Das ergötzte die Welpen so, daß sie ihm erneut nachzusetzen beschlossen, woraufhin sie wiederum gepackt, beschimpft und geschüttelt wurden.

Der arme Max, nun völlig verschreckt, zerfetzt und erschöpft, schlug die Richtung zum Gehege der Kanadagänse ein und brach auf dem Gras zusammen. Ich rettete den Witwer und untersuchte ihn sorgfältig. Keine Federn mehr auf dem rechten Flügel mit Ausnahme von zwei Handschwingen; an der Halskrause fehlten zahllose Federn. An der Kehle war eine kahle Stelle und ein Federbüschel aus der Haube oder Perücke herausgerissen. Nirgends irgendwelche Fleischwunden. Aber wohin jetzt mit ihm? Wenn man ihm eine Chance gäbe, könnte er am Leben bleiben.

Ich kam zu dem Schluß, der sicherste Platz für ihn würde die Winterresidenz der Mandarin- und Carolina-Brautenten sein. Dort bestand zwar die Gefahr, daß die Schnee- und Kanadagänse, die damals auch dort waren, nach ihm hakken würden; aber das wäre den Aufmerksamkeiten der Welpen immer noch vorzuziehen. Die Kanadagänse sollten an diesem Tag sowieso in ihr Gehege hinausgelassen werden, so daß die Zeit, die er mit ihnen verbringen mußte, nur sehr kurz sein würde.

Als ich nach ein paar Stunden zurückkam, um die Kanadagänse zu holen, saß Max auf dem Rand des Schwimmbeckens und hatte sich augenscheinlich gut erholt. Doch als ich versuchte, die Gänse einzufangen, hatte eine etwas dagegen und bekam es mit der Angst. Wupp, da ging der arme Max langsam im Schwimmbecken unter, über ihm eine strampelnde Kanadagans. Ich fischte ihn heraus, setzte ihn auf eine der Stalltrennwände und wandte mich wiederum den Gänsen zu. Als sie alle draußen waren, trocknete ich Max ab, packte ihn in Stroh und überließ ihn seinem Schicksal. Aber am nächsten Morgen war er immer noch naß, deshalb nahm ich ihn mit ins Haus, setzte ihn in einen Versandkäfig und stellte ihn für ein paar Stunden neben die Heizung. Er hat sich wieder vollauf erholt.

Wir hatten immer Angst, daß die Welpen die Schwäne angreifen würden. Aber Hans war längst zu dem Schluß gekommen, daß er der Herr des Wassers und der Insel sei, und sich darüber klargeworden, welchen Standpunkt er einnehmen würde. Er läßt sich von niemandem zum Narren halten, ein schlauer und erfahrener alter Vogel. Gott allein weiß, was er in dem Jahrzehnt, nachdem er aus dem Ei geschlüpft war, alles erlebt hatte. Ich glaube, meine echte Zuneigung zu Hans hat ihren Ursprung in seinem fest eingewurzelten Mut; es bereitete mir jedesmal von neuem Freude, wenn ich sah, wie er bei einem Versuch der Hunde, ihn anzugreifen, nicht wich und nicht wankte, sondern sie bedrohte. Die Hunde wußten, daß er stark war, und respektierten ihn deswegen. Aus der Ferne bellten sie ihn zwar an, aber sie hatten gelernt, die gebührende Distanz zu wahren.

Einmal wollte ich gerade mit den Welpen zu ihrem Nach-Tisch-Spaziergang aufbrechen, als ich den Schwan an der Westseite der Schloßgräfte auftauchen sah, etwa vierzig Meter von der Haustür entfernt. Da er offenbar vorhatte, geradenwegs über den Hof zu marschieren, beschloß ich, mit den Hunden durchs Haus zum Hinterhof zu gehen. Der Schwan hatte irgend etwas an sich, das mich beunruhigte; ich hatte das Gefühl, es würde etwas Dummes passieren. Ich brüllte meiner Frau zu, sie solle die Hunde rufen, damit sie hineingingen.

«Sei doch nicht albern», rief sie vom Arbeitszimmerfenster zurück. «Du bist mit den Hunden sowieso weg, ehe *er* kommt.»

Ich fürchtete das Schlimmste und machte mich an die Aufgabe, die Welpen dazu zu bringen, daß sie bei mir blieben, aber mit geringem Erfolg. Sie waren eigensinnig, wie so oft. Hier war ein kleiner Knochen aufzusammeln, da ein interessanter Kieselstein zu untersuchen, dort ein Rhododendronblatt, an dem gezerrt werden mußte. Sie trödelten. Hans aber nicht. Ich schaute auf, als ich das Schlagen von Flügeln hörte. Hans stampfte auf uns zu, den Hals vor Anstrengung vorgestreckt, Beine und Füße leisteten, was sie nur konnten. Er hielt genau auf Katja zu mit der offenkundigen Absicht, ihr schweren körperlichen Schaden zuzufügen.

Katja war wie immer in bester Form. Ein Zaun von ein Meter Höhe bedeutete gar nichts für sie; der Ausdruck «wie eine Sprungfeder» paßt gut auf sie. Kaum sah sie, daß der Schwan auf sie zukam, da drehte sie sich mit unglaublicher Schnelligkeit um und bot ihm die Stirn.

«Halt!» brüllte ich, während sich die Welpen in den Rhododendronbüschen in Sicherheit brachten. «Hörst du mich nicht, halt! Oh, oh, oh, oh, Hans.»

Nur ihre sofortige Reaktion auf meinen Ruf «Halt» rettete den großen Vogel vor einem Frontalangriff von ihrer Seite. Obwohl Katja stocksteif dastand, wußte ich, daß sie darauf brannte, den Schwan in diesem Augenblick anzufallen. Hans andererseits sauste weiter. Er hatte kaum eine andere Wahl. Er war so in Fahrt, daß er buchstäblich mit aller Macht auf die Bremse treten mußte. Einen Augenblick später kam er vor mir etwas gewaltsam zum Stehen, die riesigen Schwingen ausgebreitet, der Hals gebogen wie ein Hirtenstab und der Körper so aufrecht, daß er um ein Haar nach hintenüber gefallen wäre. Er taumelte buchstäblich, als er anhielt, dann kam er zur Ruhe und schaute sich um, um die Chancen abzuschätzen. Die Chancen, in Gestalt von Katja und den Welpen, schätzten ihn gleichzeitig ab.

Ich betrachtete die ganze Gesellschaft voll böser Ahnungen und spielte mit der Dressurpeitsche, die ich in der Hand hatte. Aber die Peitsche war überflüssig; Hans gehorchte meiner Stimme und folgte mir ganz fromm zu seinem Futterplatz. Er kam wie ein Lamm, wenn er gerufen wurde: Katja, der ich gesagt hatte: «Sitz!», rührte sich nicht von der Stelle.

Die amüsante Fortsetzung des ganzen Dramas fand statt, als die Hunde und ich von unserem Spaziergang zurückkamen. Als ob er uns zeigen wollte, was eine Harke ist, erschien der Schwanenmann plötzlich und marschierte vor dem Haus auf und ab, übersah die Hunde völlig und stampfte arrogant zwischen ihnen hindurch, als ob sie Gespenster seien.

Als alle wieder vergnügt waren, ging ich hinein und holte eine Scheibe Brot. Nach «Zwischenfällen» füttere ich immer und verbinde eine Strafpredigt mit einer Mahlzeit. «Zwischenfälle» kommen tagtäglich vor und gehören zum normalen Leben. Ich glaube, dem Schwan oder dem Hund muß zu dem Gefühl verholfen werden, daß wir wieder Freunde sind, und Essen besänftigt gewöhnlich aufgeregte Gemüter. Dann ist es wichtig, dem Tier so nahe zu kommen, wie man nur wagt, bloß um zu zeigen, wer der Herr ist und daß der Herr nicht ängstlich, wenn auch ein wenig vorsichtig ist. Letzten Endes werden von den Tieren unnatürliche Dinge verlangt, und selten steckt irgendwelche «Boshaftigkeit» oder «Verderbtheit» hinter ihren Taten. Im Gegenteil, sie werden von ganzen Serien natürlicher Reflexe geleitet. Der Selbsterhaltungstrieb ist überaus stark, und der sich einmischende Mensch muß derjenige sein, der Sicherheit gewährleistet.

Abgerichtete Hunde sind sehr nützlich. Sie können verletzte Wasservögel retten oder Wasservögel, die über Nachbargütern abgeschossen wurden. Ich habe Katja einmal ins Wasser geschickt, um die erschöpfte Brieftaube von irgend jemandem zu retten, die auf dem Kapellenteich niedergegangen war. Katja kann ein Ei tragen, ohne es zu zerbrechen; allerdings wird sie dazu gewöhnlich nicht ermuntert, da wir Geflügel halten und ringsum wilde Enten nisten, aber es ist ein Beweis dafür, wie sanft sie zupackt.

Natürlich hat der Hund keine freundschaftlichen Gefühle für die Wasservögel. Für ihn sind sie jagbare Tiere, und wäre er nicht so gezielt dressiert worden, würde er sie selbstverständlich aufstöbern. Doch selbst wenn Katja allein ist, würde es ihr nicht im Traum einfallen, sich an irgendeinen Vogel heranzumachen, es sei denn, es wird ihr befohlen. Das gilt auch für den Schwan. Nur wenn Gefahr für die Welpen zu bestehen scheint, geht sie auf ihn los. Er sieht es nicht so, und für ihn ist die ganze Angelegenheit ein ständiger Machtkampf, denn die Anwesenheit der Hunde geht ihm von vornherein gegen den Strich.

Normalerweise provoziert Hans keine Zwischenfälle, wenn ich in der Nähe bin. Im Verhältnis zwischen uns hat er gelernt, wer der Herr ist, nicht einmal, sondern bei Dutzenden verschiedener Gelegenheiten. Er mag drohen, soviel er will, mit den Flügeln um sich schlagen oder mit dem Schnabel zustoßen, wenn ihm das Spaß macht. Seine ganze Mühe bringt ihm nichts anderes ein, als daß er weggejagt wird, einen Klaps oder bestenfalls eine geharnischte Standpauke bekommt.

Sie werden vielleicht lächeln bei dem Gedanken, daß einem Schwan eine «Standpauke» gehalten oder ein «Anpfiff» verpaßt wird. Aber es wirkt. Alle Tiere, mit denen man täglich in Berührung kommt, wissen es nur zu genau, wenn man ärgerlich ist. Ein Schwan ist keine Ausnahme. Kurioserweise versucht er immer bei meiner Frau, wie weit er gehen kann, obwohl er weiß, daß sich aus ihr ebensowenig herausholen läßt wie aus mir. Auch sie hat schon mehrmals bei ihm von der Dressurpeitsche Gebrauch gemacht.

Eines Tages saß ich am Schreibtisch und arbeitete, als ich meine Frau um Hilfe rufen hörte. Sie war mit den Hunden im Park gewesen; als sie zurückkam, fand sie den Hauseingang durch den Schwan versperrt. Er war in aggressiver Stimmung und ging einfach auf Katja und die Welpen los, die vor meiner Frau herliefen.

«Was ist denn los?» fragte ich, leicht gereizt wegen der Störung. Mir schien alles in Ordnung zu sein. Zwei Welpen saßen auf den Stufen, Katja war neben meiner Frau und Hans in der Mitte zwischen ihnen. Der Schwan stand an seinem normalen Platz neben den Stufen.

«Aber er hat den armen Nugget in die Rhododendronbüsche hineingejagt und will ihn nicht herauslassen. Er ist mit den Flügeln auf ihn losgegangen.» Als ich hinunterblickte, sah ich, daß der arme Nugget verzweifelt versuchte, zu mir heraufzukommen, was er nicht schaffen konnte. Die Treppenstufen sind auf beiden Seiten von Steinmäuerchen eingefaßt, die für einen vier Monate alten Welpen zu hoch waren.

Ich holte die Dressurpeitsche aus der Halle. Als ich zu Hans hinunterging, versuchte er erst nach mir zu hacken, dann mit den Flügeln nach mir zu schlagen. Mir machte das nichts aus. Als ich schnurstracks auf ihn zuging, beschloß er plötzlich, den lieben Schwan zu spielen, wurde aber in letzter Sekunde anderen Sinnes und ging wieder auf mich los. Er bekam einen scharfen Schlag mit der Peitsche auf einen Flügel. Nachdem er mich schön lange angezischt hatte, beruhigte er sich. Nugget sah seine Chance und schlüpfte hinter mir die Stufen hinauf.

Ikarus, Romeo und Julia

«Die Schwäne sind wieder da! Aufwachen! Die Schwäne sind wieder da!»

Diesmal war es Patrick, der am frühen Morgen in unser Schlafzimmer stürmte und die Neuigkeit verkündete. Katja, ein Schwergewicht, landete heftig keuchend auf meinen Füßen, und ich blinzelte meinen Sohn mit einem Auge an.

«Bist du ganz sicher?»

«Natürlich», erwiderte Patrick mit der ganzen Überlegenheit eines Zwölfjährigen. «Sie sind auf dem ersten Fischteich.»

Ich war ebenso aufgeregt wie als Kind, wenn mein Kindermädchen mich weckte, mich schüttelte und sagte: «Wach auf, du Faulpelz, draußen liegt Schnee und du bist immer noch im Bett und schläfst.»

«Hast du sie kommen sehen?» Er schüttelte den Kopf. Er war zu irgendeiner unchristlichen Zeit aufgestanden, hatte sein Fahrrad genommen und ein Wettrennen mit Katja veranstaltet, deren lange rosa Zunge dabei heraushing wie eine köstliche, saftige Scheibe Schinken.

Plötzlich waren die Schwäne gekommen, als ob sie den ganzen Winter da- und nicht monatelang weggewesen wären. Es versetzte mir einen leichten Schrecken, als ich mir darüber klar wurde, daß das junge Jahr 1968 gar nicht mehr so ganz jung war. Allmählich würde nun Tag um Tag die schlafende Welt erwachen. Wenn die Sonne scheint, würde ich mich gleich pudelwohl fühlen und voller Hoffnung sein. Draußen im Park würden sich die Spechte an die Arbeit machen. Büschelweise würden die Schneeglöckchen bald unter den Bäumen und entlang des großen Grabens am Wald hervorbrechen. Die Vögel würden ans Paaren denken. Vor allem aber würden die Schwäne ihren Rhythmus wieder aufnehmen und, wenn auch halb wild, doch immer ein Teil unseres Lebens und unserer Lebensweise sein.

Ich sprang aus dem Bett, zog einen Schlafrock über und machte mich auf den Weg ins Badezimmer am Ende des Korridors. Die Schwäne waren wirklich da, sie ließen sich gemächlich auf dem offenen Wasser treiben, direkt vor dem dikken Eis. Als ich das Fenster öffnete und sie rief, schauten sie mit einer raschen

Kopfbewegung herauf und schlugen, als sie mich ausfindig gemacht hatten, den Weg zum Hof unten ein. Bis ich mit Anziehen fertig war, würden sie da sein und auf ihre erste Fütterung warten.

Beide Vögel waren in prächtiger Verfassung und hatten den Winter gut überstanden. Wie üblich fand ich, daß sie ein wenig dünn geworden seien, aber ich machte mir keine Sorgen deswegen, denn ich wußte, daß sie bei regelmäßiger und handfester Fütterung ihr normales Gewicht bald wieder erreichen würden. Ich blieb lange bei ihnen, freute mich an ihnen und beobachtete sie beim Fressen, während ich mit ihnen redete. Als ich zum Frühstückstisch kam, freudestrahlend und durchaus zufrieden mit mir, war die Familienreaktion voraussagbar. «Erzähl mir von den süßen Lieblingen», sagte meine Frau. Sie trank ihren Tee aus, nahm eine Zigarette, steckte sie in ihre lange Spitze und lehnte sich zurück, um zuzuhören. «Jetzt weiß ich, daß ich wieder zu Hause bin», sagte meine Tochter, nachdem ich damit fertig war, mir einen Toast zu streichen. Nur recht und billig, dachte ich. Schließlich ist es praktisch unmöglich, aus der Haustür zu gehen, ohne irgendein Tier zu treffen.

«Papi und seine Schwäne!» sagte Patrick kopfschüttelnd über seiner Schüssel Cornflakes, was ihm einen höchst amüsierten Blick seiner Mutter eintrug – einen Blick, den ich nicht hatte sehen sollen.

«Nun», erinnerte ich ihn behutsam, «du warst ebenso begeistert wie deine Schwester, als ihr gestern Ikarus habt fliegen sehen. Übrigens, hast du eine Ahnung, wer der eigentliche Ikarus war?»

«Er ist in der Sonne geschmolzen, oder seine Flügel sind geschmolzen.»

Ich war angenehm überrascht. Mir war die Geschichte in meiner Kindheit erzählt worden, als wir mit meinem Vater in der Bucht von Neapel Boot fuhren. Ich glaubte damals, Ikarus sei in diese Bucht gestürzt, und wann immer ich just an diese Geschichte denke, sehe ich den armen Kerl einen Sturzflug in diese berühmten Gewässer machen.

«Habt ihr das in der Schule durchgenommen?»

«Nein», murmelte er, als ob er sich dessen schämen müsse. «Ich hab's irgendwo gelesen.»

Die Geschichte unseres Ikarus begann vor drei Jahren, als wir drei Chinagänse in unserem Kükenaufzuchtraum im ersten Stock des Brauhauses hatten. Dieser Aufzuchtraum ist für Jungtiere eingerichtet, die im Brutkasten ausgebrütet wurden; wir sind sehr stolz auf diese Anlage mit ihren vielen Lampen und Brutapparaten, die wir in unserer Werkstatt selbst gebaut haben. Leider starben zwei von den Gösseln; der überlebende kräftige kleine Ganter piepste den ganzen Tag und begann schlecht zu fressen. Ich hoffte, er würde durchhalten, bis eine Glucke ein Gelege Enteneier ausgebrütet hatte, aber Thaddäa war weniger optimistisch.

«Du mußt etwas für diesen Gössel tun», sagte sie. «Sonst stirbt er dir unter den Händen, und dann bist du wütend.»

Sie hatte völlig recht: das arme Ding war so elend, daß allein schon das übliche Mitleid ein Eingreifen verlangte. Nun sahen wir zufällig in dieser Woche eine Anzeige in der Lokalzeitung über Schwanengänse, und ich stürzte mich auf die Gelegenheit, einige zu erwerben. Die Schwanengans, *Anser cygnoides* (L), brütet im südlichen Sibirien, in der nördlichen Mongolei und in der mittleren Mandschurei, zwischen dem Tobol, dem Ob und dem Ochotskischen Meer und der Insel Sachalin und überwintert in China. Zahme Varietäten der Chinagänse oder Haus-Höckergänse, wie wir sie haben, stammen von dieser Spezies ab. Ich war daher sehr begierig, einige Schwanengänse zu bekommen, doch da der Preis der Gössel hoch war, bestellte ich nur drei.

Als die teuren Gössel ankamen, sahen wir, daß wir angeschmiert worden waren. Uns kamen sie wie ganz gewöhnliche junge Gänse vor, aber da wir sie zu dem Zweck gekauft hatten, daß sie unserem einsamen Ganter Gesellschaft leisten sollten, beschlossen wir, zu retten, was noch zu retten war: wir würden sie alle für den Kochtopf mästen.

Es war nicht ohne Ironie, daß kurz nach der Ankunft dieses kostspieligen Trios der einsame Gössel starb. Dann zogen sich alle drei Neuankömmlinge irgendeine Krankheit zu. Zwei erlagen ihr, und der dritte war schwer krank. Dieser Vogel wurde von meiner Frau gesund gepflegt, und es stellte sich heraus, daß er eine Art unbekannte Hybride war, die von weißen Gänsen abstammen mußte.

Als er wieder gesund genug war, um nach draußen aufs Gras zu können, hatte die Glucke inzwischen ihr Gelege ausgebrütet. Als wir den Gössel zu der reinrassigen Gruppe taten, übernahm er sofort das Kommando. Er erwies sich als ein so hervorragender Führer, daß wir beschlossen, ihn die Schar befehligen zu lassen, sobald er erwachsen war. Nach unserer Erfahrung kann ein wirklich zahmer Vogel wilde oder nervöse Vögel sehr günstig beeinflussen. Wir glaubten, ein Jahr unter der Führung eines furchtlosen Ganters könnte dazu beitragen, daß die Schar ihre Angst vor den Schwänen überwinden würde.

Dieser namenlose Ganter hatte nur einen Sohn von einer Chinagans. Wir wollten keine Mischlinge haben, deshalb steckten wir den Sohn in ein Gehege am Wasser, um ihn für den Kochtopf zu mästen. Der Vater war mittlerweile so bösartig geworden, daß wir ihn gegen eine Weihnachtspute eintauschten, und das war sein Ende. Aber der Hybridensohn gedieh vorzüglich, er fraß Kükenfutter und Gras, später auch Körner, und wuchs rasch zu einem sehr großen Vogel heran. Wir steckten ein paar junge Sachsenenten in das Gehege, die ihm Gesellschaft leisten sollten, und sie kamen prächtig miteinander aus, bis die Enten in einer dunklen Nacht gestohlen wurden.

Der einsame Gänserich blieb nicht allein. Er war befreundet mit einem Paar weißer Lockenten, was sehr faszinierend war. Dann verschwand er eines Tages aus dem Gehege. Er führte nun ein ganz wildes Leben und entwickelte sich zu einer seltsamen und schönen Mischung von weißer Gans und Chinagans, hatte ein weiß und grau meliertes Gefieder, einen gelben Schnabel mit einem Rudiment des Basalhöckers seiner chinesischen Mutter und den dicksten Hals, den ich je bei einem Vogel gesehen habe.

«Fang diese Gans lieber ein», riet meine Frau, «ehe es jemand anderes tut. Ich rechne darauf, sie eines Tages fürs Mittagessen zu haben.»

Ich ging zum Damm mit einer Art Kescher, den wir verwenden, um Geflügel einzufangen, und hoffte, ich würde sie erwischen. Aber an dem Tag hatte ich kein Glück. Und am nächsten und übernächsten genausowenig.

«Ich kann den Ganter einfach nicht kriegen», berichtete ich zwei Wochen später. «Ich hab's mit dem Kescher versucht und mit Futter und allen möglichen Tricks, aber er ist zu schlau.»

«Wart nur ab. Irgend jemand wird ihn schon fangen.»

«Das glaube ich nicht. Er ist zu vorsichtig und zu wild. Wenn ihn nicht einer abschießt, wird er den Winter draußen überleben.»

Als der erste Frost einsetzte, verschwand die Gans. Ich nahm an, daß sie in irgend jemandes Kochtopf gelandet sei, und sagte das beim Abendessen.

«Weißt du denn nicht, wo die Gans ist?» fragte Patrick mit der verächtlichen Miene, die etwas senilen Eltern gegenüber aufgesetzt wird. «Sie ist auf dem Bach bei den kleinen weißen Enten.»

Der Winter zog sich dahin. Als ich eines Tages nach einem kurzen Auslandsaufenthalt auf dem Hof stand, hörte ich deutlich den Schrei einer Wildgans, der immer näher kam. Als ich aufschaute, sah ich plötzlich unseren vermißten Ganter über das Dach des Kuhstalls fliegen und nannte ihn prompt Ikarus. Es war ein prächtiger Anblick, wie dieser große Vogel mit seiner mächtigen Flügelspannweite schnell und hoch auf den Kapellenteich zuflog. Er war nicht allein, sondern flog in einer Gruppe, in der Mitte eines Geschwaders kleiner Lockenten und Stockenten, und er sah genau wie ein großer Bomber aus, begleitet von Jagdflugzeugen.

Seit diesem Wintertag ist das eins der Schauspiele, die wir besonders gern sehen. Das Interessanteste an Ikarus ist vielleicht seine feste Überzeugung, daß er eine Ente sei. Er hat das immer geglaubt und sich seit dem Tag, an dem er das Licht der Welt erblickte, ausschließlich an Enten angeschlossen. Aus diesem Grunde pflegt er nur Umgang mit Enten. Seltsamerweise zieht er weiße Lockenten vor, obwohl er alle Stockenten und Cayugas bei uns toleriert.

Während der Paarungszeit machte Ikarus keinen Versuch, sich mit einer der Gänse zu verbinden. Wäre er sich darüber klargewesen, daß er ein Gänserich war, hätte er Gelegenheit dazu gehabt. Es waren zwei ganterlose Kanadagänse da, mit denen er sich hätte paaren können, wenn die frei lebende Schar Chinagänse ihn aus irgendeinem Grunde nicht akzeptiert hätte. Statt zu versuchen, sich mit den China-, Schnee- oder Kanadagänsen zu identifizieren, hielt er an einem *ménage à trois* mit einem Paar weißer Lockenten fest und nahm das Verhalten eines Enterichs an, solange die Ente auf dem Nest saß. Ich beobachtete mehrmals, daß er die ganze Schar Chinagänse angriff, als sie sich auf zwanzig oder fünfundzwanzig Meter dem Nest näherte. Übrigens kostete es ihn keine Mühe, die Schar in die Flucht zu schlagen.

Als die Brut zum erstenmal aufs Wasser hinauskam, schloß er sich sofort der Ente und dem Enterich an, seinen Freunden aus der Zeit, als er im Gehege gehalten wurde, und schickte sich an, die jungen Entlein gegen jedermann zu verteidigen. Zu dieser Gruppe gesellte sich später noch ein Entenpaar, Stockenten übrigens, und es begann ein Kommunenleben. Als unbestrittener Hüter der freifliegenden Enten scheint Ikarus sich jetzt damit zu begnügen, die Jungen anderer zu beschützen. Er ist sogar ein ausgezeichneter «Vater», und es ist reizend mitanzusehen, wenn die Brut ihm folgt, während er der Mutter und ihrem Ehemann voranschwimmt.

Ikarus und seine *ménage à trois* sind interessant, weil hier zwei verschiedene Spezies in dieses Verhältnis verwickelt sind. Aber in der Welt der Schwäne ist das Dreiecksverhältnis nicht unbekannt. Nicht weniger als vier Experten bezeugen es.[30] Scheidungen kommen auch vor, obwohl der Höckerschwan, wie C. D. T. Minton in seiner kürzlich veröffentlichten Studie ausführt, im großen und ganzen recht treu ist und sich die Scheidungen unter brütenden Paaren nur auf 3 Prozent belaufen.[31] Ich erwähne das, weil im allgemeinen angenommen wird, daß sich Schwäne auf Lebenszeit verbinden; jene beispielhaften Vögel, Hans und Leda, müssen mindestens acht Jahre, wenn nicht länger, zusammen gewesen sein.

Die meisten Menschen nehmen es bereitwillig hin, daß sich bestimmte Vogelspezies, vor allem Schwäne, auf Lebenszeit verbinden. Das entspricht eben der natürlichen Ordnung der Dinge. Doch seltsamerweise ist nicht jedermann bereit zu glauben, daß die Vögel der Luft und des Wassers zu etwas fähig sind, das dem nahekommt, was wir eine Liebesromanze nennen. Ich habe Beweise dafür bei den Kanada- und Schneegänsen, aber unter all unseren Vögeln hat uns ein Entenpaar am meisten entzückt. Wir nannten sie Romeo und Julia.

Die Geschichte begann schon vor langer Zeit auf einer Geflügelausstellung, als wir noch auf der Suche nach Enten waren. Als meine Frau und ich an den ausgestellten Käfigen vorbeigingen, blieben wir an einem stehen und staunten über die größten Enten, die ich je in meinem Leben gesehen hatte.

«Die will ich haben», sagte ich sofort.

«Ich möchte mal wissen, was für welche das sind», sagte meine Frau ruhig und bedächtig und begann, den Katalog durchzublättern, um den Vogel und seinen Züchter herauszufinden. Ich wußte instinktiv aus ihrer Reaktion, daß sie auf diese Entenart ebenso erpicht war wie ich.

Es waren wirklich sehr schöne Vögel. Sie hatten die Färbung der Stockenten, aber ihre schweren Körper ruhten auf kurzen Beinen, und sie sahen stämmig und derb aus.

«Sie heißen Rouen-Enten», verkündete meine Frau schließlich.

Es dauerte nicht lange, da waren wir eifrig damit beschäftigt, acht junge Entlein aufzuziehen. Vielleicht hatten wir sie nicht richtig gefüttert, oder der Züchter hatte uns die falschen Vögel geschickt; jedenfalls waren sie, als sie ausgewachsen waren, ebensowenig Rouen-Enten wie ich ein Tiger bin. Ein Züchter sagte uns, Rouen-Enten brauchen lange, bis sie voll entwickelt sind, und deshalb beschlossen wir, sie ein Jahr lang zu füttern und abzuwarten, was geschah. Doch obwohl sie von Natur aus faule Vögel waren und nicht geneigt, ins Wasser zu gehen, nahmen sie nicht an Gewicht zu und brachten es nicht zu mehr als einer niedlichen Plumpheit und der falschen Art von Äußerem. Wir waren enttäuscht, um es gelinde auszudrücken.

«Sie scheinen mit Ihren Rouen-Enten nicht viel Glück zu haben. Sie sehen wie gewöhnliche Stockenten aus, nur ein bißchen größer.»

«Ich werde die ganze Bande in ein paar Wochen schlachten lassen», erwiderte ich erbittert.

Wie alle anderen Enten, waren auch die Rouen-Enten in dem Entenstall am Hinterhof untergebracht. Zusammen mit den anderen zahmen Wasservögeln wurden sie morgens hinausgelassen und abends wieder eingesperrt. Eines Tages bemerkte ich, daß sich ein kleiner wilder Stock-Enterich in die kleinste der sogenannten Rouen-Enten verliebt hatte. Jeden Morgen gegen sechs Uhr begann der kleine Enterich vor der Tür auf und ab zu schreiten, hinter der seine Liebste die Nacht verbracht hatte. Er war ein hübscher kleiner Bursche, sehr von sich überzeugt und nicht ohne eine gewisse Großspurigkeit. Sobald ich um 9 Uhr erschien, um die Vögel herauszulassen, eilte er mir entgegen, um mich zu begrüßen und in einiger Entfernung begierig darauf zu warten, daß alle Wasservögel auf den Hof kamen.

Als erste kamen die Chinagänse. Die Köpfe hoch erhoben, laut schreiend und mit arrogantem Gehabe einherstolzierend, marschierten sie bis zu einem bestimmten Punkt und stellten sich im Kreis auf. Die Hälse parallel zum Boden vorgestreckt, begrüßten sie sich mit hellen, schrillen Lauten, die meilenweit zu hören waren, als ob sie sich eben zum erstenmal getroffen hätten.

Die anderen Wasservögel folgten ihnen, unter ihnen die Rouen-Enten. Kaum kamen sie heraus, da stürzte ihnen der kleine Enterich entgegen, um sie zu begrüßen und sich seiner Liebsten zuzugesellen. Sie ging auf ihn zu, den Kopf auf die Schulter gelegt, und schnatterte ihm mit schiefgehaltenem Schnabel entgegen. Sobald sie vereint waren, verschwanden die beiden für den Tag, während die anderen Rouen-Enten auf dem Hof herumstanden und ganz und gar nicht unternehmungslustig waren.

Jeder, der regelmäßig mit Tieren in Berührung kommt, lernt bald, die einzelnen Individuen auseinanderzuhalten. Ich wunderte mich früher über Schäfer, die einzelne Schafe erkennen können, denn in meinen Augen sehen alle Schafe gleich aus. Doch nach einiger Zeit vermochte ich die Rouen-Enten und den kleinen Stockenterich unter allen anderen Enten bei uns herauszufinden. Nachdem ich sie morgens und abends beobachtet hatte, war mir klar, daß der Enterich-Romeo es ernst meinte. Er wartete nicht nur morgens, bis seine Liebste für den Tag herauskam, sondern brachte sie, so seltsam es klingt, jeden Abend wieder zum Stall zurück. Ein- oder zweimal ging er sogar mit Julia hinein, aber der umschlossene Raum war wohl mehr, als der wilde Vogel ertragen konnte. Obwohl er sich draußen von mir hatte füttern lassen, geriet er in Panik, sobald ich hineinging, um die wimmelnde Vogelschar zu füttern.

Meine Frau nahm an der Liebesaffäre der Enten ebenso Anteil wie ich. Als ich erklärte, nun sei der Augenblick gekommen, uns der Rouen-Enten zu entledigen, reagierte sie spontan.

«Aber du kannst doch unmöglich die Ente umbringen, die den kleinen Stock-Enterich liebt!» rief sie empört aus.

Ich erklärte ihr geduldig, daß ich diese Enten schon längst geschlachtet hätte, wenn ich nicht hätte sicher sein wollen, daß Julia nicht darunter sei. Ich wolle vielmehr ein Experiment durchführen und herausfinden, ob sie mit dem kleinen Enterich weggehen würde, sobald sie allein sei. Meine Frau war skeptisch. Sie fragte mich, was die beiden meiner Ansicht nach tun würden, wenn sie nicht zusammen blieben, und was ich dann mit der einzelnen Ente zu tun gedächte. Ich mußte zugeben, daß das ein Problem sei, aber jedenfalls wolle ich sehen, was geschieht, wenn eine zahme Ente mit einer wilden zusammenlebt. Ich wolle sehen, was für Nachkommen sie hervorbringen – ob sie fliegen lernen würden oder flugunfähig wären wie ihre Mutter. Nachdem die Rouen-Enten geschlachtet worden waren, verbrachte ich drei Wochen damit, die überlebende Ente aus ihrem Zuhause zu vertreiben, weil ich wußte, daß der kleine Enterich nicht mit ihr im Brauhaus leben würde. Sie war so domestiziert und ein solches Gewohnheitstier, daß sie jeden Abend erschien und versuchte, in ihren Stall zu gelangen. Es ist fast ebenso schwierig, eine Ente zu vertreiben, die seit ihrer Kindheit an einem Ort gelebt hat, wie eine ausgewachsene wilde Ente dazu zu bringen, einen Stall als Wohnung zu akzeptieren.

Als wir sie dazu zwangen, schloß sich Julia den wilden Enten an. Ihr kleiner Stockenterich blieb ihr treu, und bald war das Paar auf irgendeinem der Teiche zu finden.

Wie es nicht anders sein konnte, zog Julia dann eine Familie auf. Da Gebäude für sie etwas Besonderes bedeuteten, zog sie Gestrüpp oder Schilf gar nicht in Erwägung, sondern wählte einen Winkel am Haus aus, um dort ihr Nest zu bauen. Im großen und ganzen war es ein sicherer Platz: auf einem Beton-Schachtdeckel zwischen der Rückfront der Garagen und dem Hinterhaus. Bohnenstangen waren hier aufgestapelt und bildeten eine Art Wigwam, und sie baute ihr Nest aus Dunen, trockenen Blättern, kleinen Zweigen und Stroh genau in der Mitte unter diesem Schutzdach.

Ich warf ihr jeden Tag eine Handvoll Körner hin, wenn ich auf dem Weg zum Fasanengehege bei ihr vorbeikam. Sie plusterte dann die Federn auf und zischte wütend nach mir, aber das war nur Angabe. Hatte sie durch ihr Drohgehabe das Gesicht gewahrt, dann stand sie vom Nest auf, während ich noch da war, bedeckte die Eier sorgfältig und schickte sich dann an, ein herzhaftes Mahl zu genießen. «Wie geht es Julia?» wurde eine Routinefrage, wann immer mich meine Frau in der Halle traf, genau wie «Ist Patrick schon aus der Schule zurück?»

Eines Morgens wachte ich von einem großen Geschnatter und Gequake unter unserem Schlafzimmerfenster auf. Ich stand rasch auf und sah, daß Julia mit acht kleinen Entlein am Futterplatz der Schwäne links von den Treppenstufen wartete.

Später am Vormittag kam sie wieder und tat das noch viele Wochen lang tagtäglich. Auch verabsäumte sie nicht, ihr altes Zuhause zu besuchen. Eines Morgens sah ich sie stolz aus dem Brauhaus herausmarschieren, ihre Brut im Gänsemarsch hinter ihr. Ziemlich lange waren Julia und ihre Jungen fast überall zu sehen, begleitet von dem kleinen Ehemann.

Als die Brut aufgezogen war, pflegten sich Julia und ihr Mann zusammen mit den Schwänen, Gänsen und den anderen Enten bei den abendlichen Fütterungen auf dem Hinterhof einzustellen. Dann ließen sie sich allmählich immer seltener blicken. Zwar war Julia ein wenig schlanker geworden, aber unter den etwa sechzig zahmen oder wilden Enten, die die Gegend bevölkerten, war sie aus dem schlichten und einfachen Grunde immer noch leicht zu erkennen, weil sie größer war als alle anderen.

Etwa ein Jahr nach ihrer ersten gemeinsamen Brut entdeckten wir, daß Julia fliegen gelernt hatte. Wir wußten, daß es Julia war, die zahme Ente, weil sie, wenngleich schlanker geworden, immer noch dicker war als die anderen Stockenten-Damen. Ihr Verhalten war nicht viel anders als früher, sie besuchte sogar das Brauhaus und ging hinein. Es wäre hübsch, wenn man behaupten könnte, Romeo habe ihr das Fliegen beigebracht, aber in Wirklichkeit hatte sie es gelernt, weil sie, nachdem sie «wild» geworden war, ohne diese wesentliche Fähigkeit das Leben einer Wildente nicht hätte führen können; weder hätte sie ihrem Mann folgen noch mit der neuen Gruppe fliegen können. Ich fand das wundervoll, womöglich einzigartig, aber zu meiner Enttäuschung erfuhr ich später, daß das nicht der Fall war. Sei dem, wie ihm wolle, es direkt mitzuerleben ist immer aufregender, als davon zu lesen, daß es geschehen könne, und jedenfalls machte es Spaß.

Julia und Ikarus hatten viel miteinander gemein, obwohl ihre «Motive» unterschiedlich waren. Beide Vögel gaben durch äußere Einflüsse ihr relativ gesichertes Leben und ihre Gewohnheiten auf und schlossen sich den Wildenten an. Beide lernten fliegen, und obwohl sie von zahmen Tieren abstammten, kehrten beide zur Natur zurück und vermochten mit allen Unbilden, die ihnen auferlegt wurden, fertig zu werden.

Ikarus ist inzwischen verschwunden, aber zu unserer Freude ist Julia, jetzt sechs Jahre alt, immer noch da. Mittlerweile hat sie die Mehrzahl ihrer alten Gewohnheiten abgelegt, aber manchmal nähert sie sich uns, auf Futter hoffend, und wird selten enttäuscht. Der Frühling weicht dem Sommer, des Nachts weicht der Gesang der Nachtigall dem Schrei der Eule, bei Tage ruft irgendwo in weiter Ferne immer noch der Kuckuck, und das schrille Mii-ju des Bussards ist nicht mehr zu hören. Eine neue junge Entenbrut ist auf der Schloßgräfte und den Teichen. Neue Generationen sind in Bewegung, eilige Flaumbällchen rasen aufgeregt und geräuschvoll über das Wasser und hinterlassen ein Kielwasser wie Miniatur-Schnellboote. Wir lernen die Jungen mit der Zeit kennen, zählen sie, wann immer wir können, und vermerken es, wenn die Natur ihren Tribut fordert.

Doch die Trennungslinie zwischen Zahmheit und Wildheit ist sehr schmal und nicht so absolut, wie man annehmen könnte.

Viele Menschen, die zufriedene Vögel an unseren Treppenstufen herumlungern sahen, besonders Schwäne, haben den Schluß gezogen, daß wir große Mühen auf uns genommen haben, sie zu zähmen. Dieser Eindruck wird verstärkt, wenn sie noch andere frei lebende Wasservögel auf dem Gut sehen, die dieselben Verhaltensmuster aufweisen. «Offensichtlich müssen Sie *Stunden* darauf verwandt haben, mit Ihren Tieren zu arbeiten, um sie so zahm zu bekommen», heißt es dann. «Ich hätte die Geduld dafür nicht.» Ich weise dann freundlich darauf hin, daß es eigentlich keine Zeitfrage ist. Es waren die Schwäne, nicht wir, die sich für den Faulenzerplatz an der Haustür entschieden hatten, und für die anderen Aktivitäten, denen sie sich hingeben; aber natürlich haben wir sie ermutigt. Liebe und Interesse sind die Hauptzutaten bei dem Zähmungsrezept. Zeit ist nicht so wesentlich wie unendliche Geduld.

Weder meine Frau noch ich verbringen Stunden mit den Tieren. Wir haben beide ein arbeitsreiches Leben, was einen großen Zeitaufwand ausschließt. Keiner von uns wendet mehr Zeit auf, als ein anständiger Wildhüter mit seinen Fasanen verbringen würde, wenn er sie füttert, und gewiß weniger, als ein Wildhüter mit Jungtieren bei der Aufzucht. Drei bis fünf Minuten täglich pro Spezies ist unser durchschnittlicher Zeitaufwand. Das reicht völlig, um die Tiere so zahm zu machen, wie wir sie haben wollen. Es darf nicht übersehen werden, daß es sich bei Zahmheit in diesem Zusammenhang darum handelt, zu verhindern, daß ein Fasan auffliegt und sich an dem Drahtgitter oben verletzt, oder eine Mandarin-Ente zu ermutigen mitzukommen, um sich ihr Futter zu holen. Wir nennen das eher Vertrauen herstellen als das Tier zähmen.

Wir versuchen, und das ist uns auch gelungen, die frei lebenden Geschöpfe dazu zu bringen, unter bestimmten, gegebenen Verhältnissen mit dem Menschen Umgang zu pflegen und ihn zu tolerieren, solange diese Verhältnisse bestehen. Das Ziel des Unternehmens ist nicht, ein Tier seiner Freiheit zu berauben und es *in jeder Beziehung* vom Menschen abhängig zu machen oder, mit anderen Worten, es völlig zu domestizieren. Immerhin nimmt ein wild lebendes

Tier, das in dieser Weise Umgang mit Menschen gehabt hat, seinen Charakter als wild lebendes Tier völlig wieder an, sobald es außerhalb des Bereichs ist, in dem der Umgang stattgefunden hat. Wenn das Verhältnis nicht ständig durch den menschlichen Partner gefördert und am Leben erhalten wird, fällt das Tier, wie zahm es auch zu sein scheint, rasch in seinen alten Zustand zurück und wird innerhalb einiger Wochen oder Monate, je nach dem Individuum, wieder völlig wild.

Jeder, der mit Tieren zu tun hat, verwendet wohl seine eigene Methode. Das Ganze ist sowieso Experiment und Theorie, und in jedem Fall ist Geduld dabei unerläßlich. Wenn jemand nicht bereit ist, sich dazu durchzuringen, nach etwas körperlicher und geistiger Selbstbeherrschung zu streben, dann kann er, wie man in meinem Land sagt, «seinen alten Hut drauf werfen». Ohne Geduld ist jeder Versuch, eine Beziehung zu einem im wesentlichen wilden Tier herzustellen, zum Scheitern verurteilt.

Zahmheit und Vertrautheit gehen durch den Magen. «Erst füttern, dann überzeugen», nach dieser Methode behandele ich alle Tiere, zu denen ich eine feste Beziehung herstellen möchte. Wenn ich mich anschicke, auf ein Tier einzuwirken, das ich aus irgendeinem Grunde zahm haben möchte, dann fange ich mit dem Magen beziehungsweise mit dem Muskelmagen an. Bei Enten und Schwänen ist zuerst Brot das Medium, bei Gänsen und Fasanen einfach Körner. Das hat natürlich nichts zu tun mit der normalen Kost, die später gefüttert wird.

Ich nenne meine Arbeitsweise die «etwas nähere» Methode, die fast für sich selbst spricht. Das Tier, das diesem ganzen unnatürlichen Unterfangen unterworfen werden soll, ist gewöhnlich in einem großen Vogelhaus oder einem großen Gehege untergebracht und muß zwei Vorbedingungen akzeptieren. Es muß begreifen, daß es sich von mir wegbegeben oder von mir fernhalten kann, mit anderen Worten, es muß eine begrenzte Fluchtmöglichkeit haben; und es muß sich an die Anwesenheit eines Menschen gewöhnen. Von diesem Punkt an muß es die Tatsache akzeptieren, daß es gefüttert wird und daß es selbst der Fütterungszeit erwartungsvoll entgegensieht.

Enten und Schwäne werden gewöhnlich nicht in Gehegen gehalten, sondern können frei schwimmen, wo immer sie gerade sind. Auch haben sie normalerweise ihre volle Flugfähigkeit. Ich verhalte mich daher wie die meisten Menschen, wenn sie Enten in einem Park füttern: ich füttere sie. Erst wenn sich die Wasservögel daran gewöhnt haben, an einer bestimmten Stelle gefüttert zu werden, beginne ich, sie jeden Tag ein wenig dichter bei mir zu füttern, bis das betreffende Tier zu guter Letzt freiwillig herankommt.

Tiere in Gehegen werden ein wenig, aber nicht viel anders behandelt. Ich gehe in das Gehege und wandere darin umher, sehe dabei das Tier nie direkt an und versuche nie, ihm nahezukommen. Weil ich es nicht mit einem starren Blick festnagele, steht es dem Tier gewissermaßen frei sich zu sagen: «Der Kerl hat gar nichts mit mir zu tun.» Doch das Futter wird immer an einer bestimmten Stelle ausgestreut und immer mit dem Pfiff oder Ruf, den ich für eben diesen Vogel ein für allemal vorgesehen habe, so daß der Vogel mit der Zeit eine Verbindung herstellt zwischen Ruf = Mensch = Futter. Sobald der Vogel erkennen läßt, daß er aus einer gewissen Entfernung bereitwillig Futter annimmt, wird einen Tag oder vielleicht auch zwei Tage mit der Fütterung ausgesetzt. Das ist nicht etwa grausam, denn im Gehege oder innerhalb der Einzäunung gibt es genug natürliches Futter und Wasser, so daß sich das Tier notfalls immer ernähren kann. Doch wenn ich das nächste Mal komme, nachdem ich das Gehege zwischendurch absichtlich gemieden habe, dann wartet das Tier schon.

In diesem Stadium kauere ich mich hin und warte, rassele mit den Körnern im Behälter und verstreue ein paar auf dem Boden. Anfänglich wirft mir das Tier dann einen nervösen Blick zu und versucht sich klarzuwerden, ob es sich mir nähern soll. Es geht ein paar Schritte vor und wieder zurück, dann wieder vorwärts und bleibt stehen, und vielleicht zischt es auch, wenn es eine Kanada- oder Schneegans ist. Ich bleibe eine Zeitlang da, sehe es nicht direkt an, dann streue ich das Futter hin und gehe in entgegengesetzter Richtung davon. Das Tier begreift allmählich, daß keine Gefahr besteht; ich habe freundlich mit ihm gesprochen, habe den Ruf oder Pfiff ertönen lassen, der Futter bedeutet, ich habe sogar den Wortschatz des Tiers um eins vermehrt. Wenn ich langsam die Körner auf den Boden streue, sage ich immer leise: «Komm, komm.»

In einem Gehege von etwa hundert Quadratmetern ist eine Flucht immer möglich, selbst wenn dem Tier die Flügel beschnitten oder die Flugfedern gestutzt sind. Aber bei jedem meiner Besuche kommt das Tier deutlich ein wenig näher. An dem Tag, an dem sich der Vogel mir auf einen Meter nähert, lasse ich die Körner noch langsamer aus dem Behälter rieseln, ehe ich gehe. Beim nächstenmal strecke ich meine Hand mit dem Futter aus und werfe dem Vogel ein paar Körner hin, der nun zutraulich genug ist, sie aufzupicken. Bei der folgenden Fütterung lasse ich die Körner dicht bei meiner Hand fallen, bis ich meine Hand mehr oder weniger mit Körnern auf dem Boden umgeben habe. Dann warte ich, starr wie eine Bildsäule, bis der Vogel herankommt und die Körner aufpickt. Danach ist alles ganz einfach. Ich lege meine Hand *mit* den Körnern auf den Boden, dann die Körner *in* meiner Hand, und siehe da! mein Vögelchen pickt mir vergnügt aus der Handfläche.

Ein kleiner Rat: seien Sie nicht enttäuscht, wenn der Vogel ein- oder zweimal zupickt, dann aufhört und weggeht. Schließlich sind die Weichheit der Hand und die Wärme, die sie abgibt, ungewohnte Faktoren. Legen Sie das Futter vorsichtig hin und warten Sie geduldig ab, bis der Vogel schließlich aus eigenem Entschluß zur Hand kommt.

Was kommt dabei heraus? Es ist alles Ansichtssache. Einmal Kontakt. Kein

Fasan ist so schön wie das gesunde, schimmernde Geschöpf, das einem aus der Hand frißt. Sieg? Natürlich, über sich selbst und die eigene Ungeduld. Jedenfalls eine Leistung, eine Klarstellung vieler Dinge, ein ausgesprochener Stolz darauf, daß einem Vertrauen entgegengebracht wird. Mißbrauchen Sie dieses Vertrauen oder erschrecken Sie das Tier auch nur einmal, dann mag es sein, daß Sie die ganze Geschichte neu beginnen müssen, wenn nicht von Anfang an, dann wenigstens annähernd. Doch der wirkliche Gewinn ist, glaube ich, darin zu sehen, daß das Tier nicht auffliegt und sich verletzt, wenn Sie ihm nahekommen, so daß Sie es jetzt in Ruhe studieren können.

Das Reden spielt eine Rolle beim Umgang mit allen Tieren; je sanfter der Ton, um so besser. Der Ton ist entscheidend. Leute, die mich gehört haben, finden es lachhaft, daß ich zu unseren Hunden «bitte» und «danke» sage, aber tatsächlich ist die *Einstellung* wichtig, nicht die Worte. Es kostet nichts, höflich zu sein, und das Tier versteht es instinktiv. Ich eile mich hinzuzufügen, falls jemand glaubt, daß ich zu den ganz Überkandidelten gehöre, daß die Tiere Höflichkeit *als solche* nicht verstehen, sondern den Ton, der dazugehört. Wenn man einmal darüber nachdenkt, dann erscheint es einem immer logischer, daß man mit Tieren reden sollte. Die meisten großen Raubtiere, vom Löwen bis zu den Katzen, beschleichen ihre Beute leise und heimlich. So muß das Tier unwillkürlich zweifeln, ob ein Lebewesen, das mit Futter ankommt und obendrein seltsame Geräusche macht, wirklich angreifen wird; selbst wenn das Lebewesen unerfreulich nach Fleisch riecht und seine Augen vorn am Kopf hat wie die meisten Karnivoren.

Wir Menschen können sehr merkwürdige Vorstellungen von Tieren haben, weil wir die Fähigkeit besitzen, *Absichten* zu erkennen. Beobachter von Tieren, die in freier Wildbahn leben, haben festgestellt, daß zum Beispiel Löwen mit ihren Beutetieren zusammen leben, und daß das Beutetier zu unterscheiden vermag zwischen einem jagenden Löwen und einem Löwen, der bloß aus dem Grunde da ist, weil er dort lebt. Die absolut geräuschlose Haltung des angreifenden Tiers und das Fixieren des Opfers mit den Augen verraten die Absicht; aber der Ausdruck einer *guten* Absicht kann einem Tier nicht übermittelt werden, sofern es einem nicht bekannt ist, oder genauer gesagt, sofern es einen nicht kennt. In diesem Zusammenhang glauben viele Menschen, alle Tiere könnten die gute Absicht erraten, wie man überall und Tag für Tag in jedem Zoo sehen kann.

Da wir gerade von guten Absichten sprechen, fällt mir ein nasser und trüber Winterabend ein, an dem ich am Grosvenor Square entlangging und mir der Zeitungsverkäufer an der Ecke South Audley Street einen Goldfisch gab, den er für irgendein Kind mit in die Stadt gebracht hatte. Der Zeitungsverkäufer hatte sein Versprechen nicht vergessen, aber das Kind hatte vergessen, den Fisch abzuholen. Ich brachte ihn in unsere Wohnung in der Park Road am Regent's Park, nahm ihn aus dem Marmeladenglas heraus und setzte ihn liebevoll in ein

Pyrex-Bassin. Da der nächste Tag ein Samstag war, ging ich in eine Tierhandlung in Camden Town und kaufte noch einen Goldfisch, einen mit langen, schleppenden Flossen, außerdem eine Schleie, ein Aquarium, Kieselsteine, Futter, Wasserpflanzen und andere gute Dinge.

Am nächsten Tag war der erste Goldfisch tot. Jetzt hatte ich ein Aquarium, einen Goldfisch und eine Schleie. Am Montag starb der zweite Goldfisch. Am Dienstag war die Schleie noch munter und blieb es bis Samstag, als ich einen weiteren Goldfisch und noch eine Schleie kaufte, die etwas größer war. Am Sonntag starb die erste Schleie. Ungefähr zwei Jahre lang setzte ich immer wieder neue Fische in das Aquarium, aber das Ende der Geschichte ist, daß ich ein großes Aquarium habe und keine Fische, alles wegen meiner guten Absichten gegenüber einem Goldfisch vom Grosvenor Square, der, glaube ich, aus einem Teich in Hackney Wick oder dergleichen stammte.

Ab und zu habe ich immer noch verrückte Ideen. Einmal machte ich eine Fasenenzuchtphase durch. Ich kaufte einen Hahn und zwei kleine Wyandotte-Hennen, die brütig waren und die Fasaneneier ausbrüten sollten. Der Bergmann, der mir die Vögel verkaufte, brachte es auch fertig, mir einen Goldfasanhahn und zwei Hennen zu verkaufen, einen riesigen Australorp-Hahn und seine vier Hennen. Wenn es nach seinem Kopf gegangen wäre, dann hätte er mir auch die Gehege und Vogelhäuser verkauft, aber es gelang mir, mich rechtzeitig davonzumachen.

Die entzückenden Zwerghennen waren überaus reizend und ähnelten sehr den dicken Kindermädchen, die man in der Umgegend des Round Pond in Kensington Gardens oder bei Peter Pan sieht. Sie hatten etwas Beruhigendes an sich, eine Art gluckenhaftes Gehabe, ungetrübt von Intelligenz – wie man es auch bei manchen Menschen findet. Ich fand sie sehr spaßig; außerdem waren sie so tüchtige Brüterinnen, daß ich beschloß, noch mehrere ihresgleichen zu erwerben.

Damals war ich noch ein bißchen naiv, deshalb suchte ich überall in der Gegend nach diesen Vögeln. So kam es, daß ich eines Tages durch Zufall eine ganze Gruppe der Hennen in einem imposanten Vogelhaus auf einem Hinterhof entdeckte, versteckt zwischen einigen Gebäuden in der Nähe des Zoos in Münster. Ich ging sie mir anschauen. Sie waren sehr hübsch und gut gehalten, und jede hatte ein prächtiges gelbes Plastikschild am linken Flügel. Ich stand da, in Bewunderung versunken, als ein Mann vorbeikam und fragte: «Kann ich Ihnen helfen?» Das war offenbar seine Art zu sagen: «Machen Sie, daß Sie fortkommen.»

«Sind Sie der Züchter dieser Hennen?» fragte ich.

«Nein», antwortete er. Ich merkte, daß ich ihn verwirrt hatte.

«Wissen Sie, ob sie zu verkaufen sind?»

«Nein.»

«Wissen Sie wenigstens, wem sie gehören?»

«Nein», sagte er, und ich merkte, daß ihm die Wendung, die das Gespräch nahm, nicht gefiel.

«Ich glaube», fügte er hinzu und richtete sich zu seiner vollen Höhe auf, «Sie kommen besser noch einmal her und sprechen mit Dr. Soundso. Vielleicht kann er Ihnen etwas sagen.»

«Wann wird er zu Hause sein?» fragte ich.

«Das weiß ich nicht, aber er ist hier nicht zu Hause. Das hier ist das Zoologische Institut der Universität Münster. Soviel ich weiß, gehören ihm die Hennen, und Dr. Soundso stellt Versuche mit ihnen an in bezug auf ihre Intelligenz.»

Auf diese Weise erwarb ich ein paar Tage später die Hennen, die in unserer Familie unter dem Namen «Universitätsdamen» bekannt wurden. Zweifellos auf Grund ihrer höheren Bildung und der Tatsache, daß sie auf der Universität gewesen waren, standen sie eine Stufe höher als alle anderen Hennen. Das ist die reine Wahrheit, denn weder vorher noch nachher habe ich derart kultivierte und vornehme Hennen gesehen. Natürlich waren sie so zahm, daß es fast unanständig war. Doch brauchten sie, um glücklich zu sein, viel persönlichen Umgang; sie standen geradezu Schlange, um bei jeder passenden und unpassenden Gelegenheit gestreichelt zu werden. Nur die Favaroles, die ich später hatte, die beigefarben waren und weiße Backen- und Schnurrbärte hatten und dreihundertfünfundsechzig Tage des Jahres wie Weihnachtsmänner aussahen, kamen ihnen an feiner Lebensart und ständigem Trachten nach menschlicher Liebe nahe. Obwohl wir die Universitätsdamen herzlich gern hatten, fanden wir es ein wenig lästig, uns jeden Morgen bücken und den Rücken jeder einzelnen Henne streicheln zu müssen, wenn wir sie hinausließen. Aber wir mußten es tun – sonst hätten sich die Viecher geweigert, tagsüber hinauszugehen.

Als sie zu uns kamen, beherrschten sie wundervolle Kunststücke. Sie konnten eine Pillenschachtel auswählen, unter der ein Korn lag, weil sie mit einem Pluszeichen und nicht mit einem Minuszeichen markiert war; sie konnten an einer Glocke läuten, wenn sie durch eine Tür gehen wollten, und andere fabelhafte Dinge. Leider bröckelte ihre feine Erziehung allmählich ab, weil ich mit den Hennen keine wissenschaftlichen Experimente anstellte, so daß sie bald schrecklich aus der Übung kamen und alles vergaßen, was sie an der Universität gelernt hatten. Ich bin sicher, daß ihnen das Problem von zuviel Freizeit zuerst verwirrend erschien – vorher hatten sie einen festen Stundenplan gehabt – und daß sie ihr neues, natürliches Leben für fast barbarisch hielten. Wir konnten einfach ihren hohen Maßstäben nicht gerecht werden, und zu uns zu kommen, muß für sie ein entsetzlicher sozialer Abstieg gewesen sein. Ehe sie schließlich an irgendeiner geheimnisvollen Leberkrankheit eingingen, hatten sie mich gelehrt, daß Menschen Vögeln eine Menge beibringen können, wenn ein Ziel dabei verfolgt wird und ein Nutzen damit verbunden ist.

Obwohl ich nicht dafür sorgte, daß diese kleinen Hennen in Übung blieben, weil ich sie nicht tun ließ, was zu tun sie gelernt hatten, so lehrten sie mich durch ihr außerordentliches Vertrauen, wie man mit Vögeln umgehen muß und wie ich selbst mich Tieren gegenüber verhalten sollte. Sie waren in der Zeit, als sie der Gegenstand von Verhaltensforschungen waren, an Menschen gewöhnt worden. Nun reagierten sie auf die Anwesenheit von Menschen damit, daß sie herbeikamen und erwarteten, gestreichelt und angesprochen zu werden. Sie waren es, die den Wunsch in mir erweckten, daß alle Tiere in meiner Obhut, und besonders die Schwäne, auf dieselbe Weise reagieren sollten.

Ende Juni ist der größte Teil der jungen Brut auf dem Wasser in einer farbenprächtigen Welt. Wir beobachten, wie die jungen Entlein über die schwimmenden Blätter von Seerosen laufen und im Vorbeigehen die sich öffnenden gelben Blüten berühren. Die großen Rhododendronbüsche sind voll erblüht, und ihr Grün, Rosa und Weiß spiegelt sich in dem stillen Wasser. Näher am Haus blühen die Rosen.

Thaddäas Stolz und Freude ist ein langes, schmales Rosenbeet, das den Hof an der Südseite abschließt. Die Rosen ziehen sich geschwungen dahin wie ein Arm, der das Gras abwehrt, und sie liebt dieses Rosenbeet mehr als alles andere an dem Besitz. Jede einzelne Knospe wird beachtet und sorgsam behütet.

Leider lieben auch die Enten das Rosenbeet. Rücksichtslos durchqueren sie es im Gänsemarsch auf ihrem Weg zum Hof und schaukeln auf ihren eifrigen kleinen Beinen von einer Seite zur anderen.

«Oh, oh, oh», seufzt meine Frau, wenn ein paar Knospen oder Blüten dran glauben müssen. «Das ist nicht gut, das ist gar nicht gut. Es ist immer dasselbe.»

Es ist wirklich dumm. Im Frühjahr zertrampeln die Wasservögel regelmäßig ein ganzes Beet teurer Narzissen am Ufer der Schloßgräfte, wo wir sie optimistisch gepflanzt hatten in der Hoffnung, «ein Heer goldener Osterglocken» vor dem Hintergrund des Wassers sich neigen und wiegen zu sehen. Eine fünfpfündige Gans, ein zwanzigpfündiger Schwan und eine zweipfündige Ente wirken wie Dampfwalzen, wenn sie ihre großen Plattfüße direkt auf die zarten Triebe einer Pflanze setzen.

Aber nichts kann uns dazu bringen, die Vögel aufzugeben. Sie sind ein Teil unseres Lebens geworden, gehören zu unserer Landschaft, und die Arbeit, die sie so erfolgreich geleistet haben, ist Beweis genug für ihren Wert. Wir würden einen ganzen Garten voll kostbarer Pflanzen nicht eintauschen wollen gegen den begeisternden täglichen Anblick von Vögeln, die frank und frei über uns dahinfliegen. Zu jeder Tageszeit kann ein Blick nach oben belohnt werden durch ein kreisendes Paar Enten, das immer tiefer herabkommt und auf einem der Teiche niedergeht.

Aber diese enge Beziehung zu den Wasservögeln und anderen Tieren ist nicht sentimental. Ohne allzuviel Gewissensbisse werde ich einem Vogel den Hals umdrehen, besonders wenn er schwer verletzt ist und ich ihn dadurch vor unnötigem Leiden bewahren kann. Ich gehe auch regelmäßig mit dem Gewehr hinaus, sehr zum Entsetzen von Leuten, die meine Tierliebe und mein Interesse am Naturschutz kennen. Ich schäme mich meines Schießens gar nicht. Meistens schieße ich für die Hunde, nicht um sie mit Nahrung zu versorgen, sondern weil ich einen guten, brauchbaren Jagdhund liebe.

«Wollen Sie damit sagen, daß Sie schießen?» Hände werden vor Entsetzen gehoben. Aber ich bin der Ansicht, daß Schießen den Naturschutz unterstützt. Wir haben zum Beispiel entdeckt, daß wir die Kaninchen, wenn wir ihre Zahl niedrig halten, gleichzeitig gesund erhalten. Die Überlebenden bekommen keine Myxomatose, und wenn ich ein Kaninchen wäre, würde ich lieber durch einen guten, sauberen Schuß sterben als an dieser ekelhaften, zum Hungertode führenden, vom Menschen eingeschleppten Krankheit. Jeder, der davon befallene Kaninchen gesehen hat, wird meinen Standpunkt verstehen.

Ich schieße auch Enten, aber nur auf den Gütern anderer Leute. Meine eigenen Vögel schieße ich nie, denn ich könnte es nicht über mich bringen, jemanden zu erschießen, den ich vielleicht kenne. Indes lasse ich den Hund apportieren, wenn ein anderes Gewehr die überzähligen Enten und Enteriche schießt, um den Bestand auf die 90 oder 100 Vögel zu verringern, die wir den Winter hindurch halten.

Es ist ganz falsch zu glauben, daß Naturschutz die Erhaltung großer Scharen oder Herden von Tieren bedeutet. In Wirklichkeit bedeutet Naturschutz die Erhaltung des Lebensraums. Sauberes Wasser, die Gewährleistung einer reichlichen Versorgung mit natürlicher Nahrung, schlammige Ufer, wo die Vögel finden können, was sie brauchen, um am Leben zu bleiben, Hecken zum Schutz und als Unterkunft für Fasanen und andere wildlebende Vögel, dort, wo es wirtschaftlich möglich ist, die Erhaltung von Land mit hoher Bodenfeuchtigkeit – das sind die Faktoren, die das Denken des echten Naturschützers beeinflussen. Irgendwie hat man immer die Vorstellung, daß Naturschutz etwas mit großen Plänen zu tun habe, die unter der Leitung mächtiger Institutionen durchgeführt werden. Das ist ganz verkehrt; so stellt sich ein Städter die ganze Sache vor. Wirkungsvoller Naturschutz sollte bei jedem beginnen, der mehr Land hat als ein taschentuchgroßes Stück in einem Vorort.

Auf der anderen Seite besteht beim Menschen die entsetzliche Neigung, der Natur ins Handwerk zu pfuschen, ganze Spezies auszurotten, zum Beispiel weil sich einzelne Raubvögel ein paar junge Fasanen oder Rebhühner holen. Sobald eine Spezies einmal vernichtet ist, ist sie praktisch unersetzbar. Es ist eins der Wunder der Ausgewogenheit der Natur, daß diese Vögel je nach dem Vorhandensein ihrer Nahrungsquellen an Zahl zu- oder abnehmen. Mir ist das insbesondere bei Bussarden aufgefallen, von denen wir eine Reihe haben.

Ich mag diese Spezies, wie ich alle Raubvögel mag, diese großartigen Aufseher der Natur. Infolgedessen stellte ich dem Pächter unserer Jagd die Bedingung, daß die Bussarde nicht geschossen werden dürfen. Ich sehe diese schönen

Vögel gern am Himmel kreisen und höre gern ihr einsames, leises Mii-ju. Obwohl unser Pächter es einsah, rief mein Schießverbot gegen Bussarde einen Entrüstungsschrei bei vielen seiner Jagdgäste hervor, den sie damit begründeten, daß ein Bussard gelegentlich einen jungen Fasan hole. «Wie viele junge Fasane gehen jährlich durch ungünstige Wetterverhältnisse, durch Platzregen und den Angriff anderer Raubtiere zugrunde?» fragte ich mit ausdruckslosem Gesicht und in aller Harmlosigkeit. Niemand wußte es. Ich sagte, wenn mir jemand die Antwort geben und den Beweis erbringen könne, daß die von Bussarden geholten Jungtiere die Zahl der durch andere Gefahren umkommenden übersteige, dann dürften die Bussarde geschossen werden. Mein Vorschlag wurde nicht aufgegriffen.

Die Geschichte hatte noch ein interessantes Nachspiel. Vor ein paar Jahren holzten wir eine Ecke des Waldes ab und pflanzten einige tausend Pappeln. Eines Tages kam dann der Förster mit verdrossenem Gesicht zu mir und berichtete, das Unglück wolle es, daß die jungen Bäume von Wühlmäusen angenagt worden seien.

«Sehen Sie es sich selbst an», sagte er. «Die kleinen Biester kerben einen Ring um den Baum etwas über dem Erdboden. Wenn der Rindenring ganz weggefressen ist, wird der Baum eingehen; bleibt nur ein kleines Stückchen übrig, wird der junge Baum durchkommen.»

Ein paar Tage später war ein Mann damit beschäftigt, die Bäume mit Gift anzupinseln. Natürlich überwachten wir die Situation genau, und nach einiger Zeit konnte der Förster melden, daß wir nicht mehr als ein Prozent der jungen Bäume verloren hatten, und daß diejenigen, die schon angenagt und dann mit Gift bestrichen worden waren, am Leben bleiben würden.

Ihrer saftigen Baumrinde beraubt, hatten sich die Wühlmäuse zu anderen Nahrungsquellen begeben, obwohl noch genug da waren, um eine echte Plage zu sein. Und wir stellten fest, daß die Zahl der Bussarde über dem Wald zugenommen hatte. Vermutlich waren sie durch Nahrung angezogen worden. Etwa sechs Wochen lang waren sie sehr aktiv in der Schonung und überhaupt im Wald, und zweifellos waren sie es, die schließlich mit den Wühlmäusen aufräumten. Uns fiel auf, daß die überzähligen Bussarde verschwanden, nachdem die Plage vorbei war, und wir behielten nur den normalen «Bestand» von sechs Paaren, die wir gut kannten. Ganz abgesehen von der nützlichen Seite der Angelegenheit ist sie ein gutes Beispiel dafür, wie die Natur das Gleichgewicht selbst wiederherstellt.

Wir wären schlecht dran gewesen, wenn wir alle Bussarde bloß wegen einer Handvoll junger Fasanen geschossen hätten, die möglicherweise von ihnen geholt worden wären, aber unter normalen und natürlichen Verhältnissen vielleicht sowieso nicht am Leben geblieben wären.

Das Leben geht weiter

Am 14. Januar 1969 läutete in meinem Londoner Hotelzimmer das Telefon. Es war ein Ferngespräch aus Deutschland, und ich machte mir ernstlich Sorgen. Thaddäa ruft selten an, eigentlich nur in Notfällen. Aber die Stimme am Telefon klang ganz normal, sogar fröhlich.

«Ich dachte, du würdest gern erfahren, daß Hans schon wieder da ist.»

«Schon? Ist ja nicht möglich! Was ist mit Leda?»

«Ja, wir haben eine Schwänin in einem Stall, die ein Bergmann heute nachmittag gebracht hat. Patrick ist überzeugt, daß es Leda ist, aber ich bin nicht so sicher.»

Hans war allein angekommen und auf dem Kapellenteich gesehen worden, ehe er sich an den Treppenstufen einfand, um gefüttert zu werden. Thaddäa und Patrick hatten sofort die Teiche nach Leda abgesucht, aber erfolglos. Kurz darauf rief die Polizei an. Ob meine Frau einen Schwan aufnehmen wolle, der im Garten eines Bergmanns gelandet sei? Der Bergmann habe berichtet, daß der Schwan verletzt sei und nicht mehr fliegen könne; da er nicht wisse, was er mit ihm anfangen solle, habe er sich bei der Polizei gemeldet. Meine Frau war gern bereit zu helfen, und sie glaubte, es könne womöglich die vermißte Leda sein. Als der Bergmann mit dem Schwan im Kofferraum seines Wagens erschien, sah sie gleich, daß der Vogel schwer verletzt war und Blutspuren um die Nasenlöcher und an den Flanken hatte.

«Die drei Minuten sind um», sagte sie. «Ich hänge lieber auf.»

«Ach, Unsinn», sagte ich. «Ist es Leda?»

«Ich glaube nicht», antwortete sie.

Ihre Unsicherheit verwunderte mich, und als sie schließlich aufgehängt hatte, fragte ich mich immer noch, wie es kam, daß sie so unsicher war. Ich hatte ziemlich viel Arbeit in London, doch sobald ich konnte, raste ich nach Hause und kam drei Wochen später, am 3. Februar, nach Einbruch der Dunkelheit an.

Ich war so begierig, den Schwan zu sehen, daß ich, als ich aus dem Wagen ausstieg, es kaum erwarten konnte, in die Ställe zu gehen. Aber Thaddäa sagte mir, sie habe den Schwan vor ein oder zwei Tagen herausgelassen. Sie hatte ihn fast drei Wochen lang gepflegt, während er auf Stroh im Stall lag. Er war lammfromm, wie alle verletzten Vögel, und ließ sich von ihr den Rücken streicheln. Als er stehen konnte und wieder mit gutem Appetit fraß, ließ Thaddäa ihn hinaus auf die Schloßgräfte. Hans begrüßte ihn erfreut und liebevoll. Sie waren offenbar glücklich, wieder vereint zu sein, und abgesehen davon, daß es der neuen Schwänin einige Schwierigkeiten bereitete, ins Wasser zu gehen und wieder herauszukommen, schien sie gesund und munter zu sein.

Unglücklicherweise mußte ich zwei Tage später nach Athen reisen, so hatte ich wenig Zeit, die Lage zu erkunden. Früh am Morgen gingen Patrick und ich zum Fischteich. Beim ersten Blick glaubte ich einen Schwan zu sehen, der zufrieden fraß, aber als ich noch einmal hinschaute, war der Vogel noch am selben Platz und in derselben Stellung. Wir gingen hinüber, um ihn uns genauer anzusehen. Die Schwänin war mausetot, Schnabel und Beine begannen durch das Liegen im Wasser schon auszubleichen.

Ich untersuchte den Kadaver sorgfältig. Sie war wirklich ein «polnischer Schwan». Doch die Form von Hals und Kopf und vor allem die Form des Hökkers war anders. Sie war nicht unsere geliebte Leda; dessen war ich ganz sicher.

Der Flug nach Athen war traurig. Ich mußte der Tatsache ins Auge sehen, daß Leda tot war. Alles mögliche konnte geschehen sein, als die Schwäne fern von uns überwinterten – ein Schuß, der Angriff eines Hundes oder ein Unfall. Telegrafen- oder Hochspannungsleitungen mögen der Grund gewesen sein. Freileitungskabel verursachen oft den Tod von Schwänen, von jungen und alten.[32] Aus irgendeinem Grund scheinen sie es nie zu lernen, und obwohl ich keinen Beweis für meine Vermutung habe, glaube ich doch, daß Leda auf diese Weise den Tod fand.

Nun war auch ihre Nachfolgerin tot. Einiger Trost lag in dem Gedanken, daß Vögel Gewohnheitstiere sind. Sobald eine Gewohnheit oder eine neue Gewohnheit einmal angenommen ist, bleibt der Vogel ihr treu. Gleiche Umstände vorausgesetzt, könnte Hans es nicht viel besser haben als bei uns, und sein sicherer Instinkt muß ihm das jetzt sagen, überlegte ich mir. Er hatte sein eigenes Territorium, in das er in jeder Fortpflanzungsperiode zurückkehren und sicher sein konnte, daß er nicht auf Widerstand stoßen würde. Er würde sich eine neue Frau suchen.

Als ich aus Athen zurückkam, erfuhr ich, daß Hans verschwunden sei. Tage später stand ich am Geflügelauslauf, als Katja plötzlich den vertrauten Laut von sich gab, halb Jaulen, halb Bellen, und ihr Schwanz begann auf das Gras zu hämmern. Ich sah zu, wie die Schwäne über unseren Köpfen dahinzogen, bedächtig und schön, und wiederum spürte ich, wie mein Herz eine Spur schneller schlug.

Sie flogen dicht beieinander, der große Schwanenmann ein wenig vor seiner neuen Schwänin, vielleicht dreißig Meter hoch, die Hälse weit vorgestreckt vor ihren bootförmigen, windschnittigen Körpern.

«Hans hat eine neue Frau, eine neue Frau», sagte ich laut zu Katja, deren Antwort ein noch heftigeres Schlagen mit dem Schwanz war. Ich rief den Schwänen, als sie über uns kreisten, den alten Lockruf zu. Der Schwanenmann zögerte den Bruchteil einer Sekunde und schaute herab.

Sie waren prachtvoll anzusehen, als sie sich in die Kurve legten, und ich hielt den Atem an, als der Schwanenmann durch eine Lücke zwischen den Bäumen kam, niedrig über der Straße wie ein zur Landung ansetzendes Flugzeug, und dann auf einem schmalen Streifen offenen Wassers im Eis niederging.

Ich wartete, daß die Schwänin nachkomme, aber sie verfehlte die Lücke und scherte nach Norden ab. Ich sah, wie sie nach rechts drehte, einen Bogen über der Straße und der südlichen Wiese beschrieb und dann umkehrte, um einen zweiten Landungsversuch zu unternehmen. Gerade, als sie herankam, hörte ich ein vertrautes Geräusch und sah einen unseligen Volkswagen die Straße entlangjagen, genau in ihre Landebahn hinein. Sie riß sich hoch und legte sich scharf in die Kurve, und ich sah sie noch kurz, dann verschwand sie hinter den Häusern. Einmal tauchte sie noch auf, eingerahmt von den Gebäuden, dann war sie dem Blick entschwunden.

Ich rannte zum Kapellenteich, Katja dicht hinter mir, und fand Hans auf und ab schwimmend, offenbar völlig sorglos. Da ich annahm, daß die Schwänin irgendwo in der Nähe der Fischteiche im Norden niedergegangen sein mußte, rief ich Hans zu mir. Er kam auch über das Eis der Schloßgräfte und über das Gras, in einem Tempo, das mich rasend machte, während ich vor Ungeduld zappelte. Ich blickte ängstlich hinüber zum Fischteich, sah aber nichts.

Einen Augenblick sprach ich mit dem Schwanenmann, dann ging ich etwas Mais holen. Als er mich in der Nähe der Treppenstufen mit dem vertrauten Futternapf in der Hand sah, kam er herüber und machte sich hungrig über den Mais her. Er war sehr unterwürfig und gefügig. Kaum war er fertig, da machte er sich in Richtung Kapellenteich auf, und ich versuchte nicht, ihn zurückzuhalten.

Hans war eben fort, da erblickte ich die neue Schwänin auf dem hintersten der drei Fischteiche. Ich sah nur ihren Kopf und einen Teil des Halses, die über den Damm hinausragten. Sie stand ganz still, wahrscheinlich an derselben Stelle, an der sie gelandet war, und ich fragte mich besorgt, ob sie wohl verletzt sei.

Man sollte immer die Ratschläge befolgen, die man so großzügig anderen gibt. Eine Lieblingsthese von mir ist, daß man vermeiden soll, der Natur ins Handwerk zu pfuschen. Aber genau das tat ich in diesem Augenblick. Ich wußte, daß es keinen Zweck haben würde, sie zu rufen oder mit einem Futterbehälter zu rasseln, denn auf das Geräusch von Körnern in einer Blechbüchse würde sie nicht reagieren, und eine Stimme würde sie fast gewiß verscheuchen. Doch war ich entschlossen, sie mir genau anzusehen. Nicht nächste Woche, nicht morgen, sondern gleich jetzt.

Ich stürzte zurück zum Haus, holte den Fernstecher aus dem Gewehrschrank, rief in die leere Halle, daß Katja nicht hinausgelassen werden solle, und rannte wieder zu der Holzbrücke, die über den nördlichen Teil der Schloßgräfte führt. Ich begann mich heranzupirschen. Wenn Sie sich eine ziemlich lange Latte von älterem Herrn vorstellen können, bekleidet mit einem dicken Anorak, Lederreithosen, Gummistiefeln und einem grünen Jägerhut aus Österreich, der im Zickzack durch einen Obstgarten schleicht, den Fernstecher vor den Augen, ab und zu stolpernd und dabei fluchend, dann hätten Sie ein ziemlich gutes Bild von meinem Vormarsch. Ein Fremder hätte vielleicht Grund sich zu verwundern. Aber die Einheimischen waren an derlei Possen gewöhnt und wären wahrscheinlich zu dem Schluß gelangt, daß «Herr Baron» oder «Herr Mar Kiss» nicht verschrobener war als sonst auch.

Als ich mich hinter einer großen Kastanie versteckte, wäre ich fast in einen wasserführenden, aber eisbedeckten Graben gefallen, und schickte mich nun an zu beobachten. Der Fischteich, auf dem die Schwänin war, lag sehr viel tiefer, so daß ich von ihr nicht mehr als den Kopf und einen Teil des Halses sah. Mir blieb nichts anderes übrig, als mich bemerkbar zu machen, wenn ich herausfinden wollte, wie sie aussah. Deshalb stand ich kühn auf und begann gemächlich auf den Fischteich zuzuschlendern. Kaum hatte mich die Schwänin gesehen, da verschwand sie hinter einem Haufen Erde am Teichufer. Ich schlich mich am Graben entlang, bis ich zu einer Stelle kam, von der aus ich gut sehen konnte.

Die Schwänin war kräftig. Sie war auch wild und gut gebaut wie Hans und hatte schwarze Beine wie er. Tatsächlich war sie fast so groß wie Hans und hatte einen kräftigen Hals. Eine wahrlich reife Dame. Ich studierte sie sorgfältig etwa zehn Minuten lang, bis ich eine vertraute nasse Nase an meiner Hand spürte. Irgend jemand mußte Katja herausgelassen haben, und sie war meiner Spur gefolgt. Es wäre besser gewesen, ich hätte sie gleich mitgenommen und ihr auf irgendeine Weise «Sitz!» befohlen. Aber der Schaden war nun angerichtet. Fast gewiß würde sich die Schwänin durch den Hund veranlaßt sehen, die Flucht zu ergreifen. Ich ging nach Hause – wütend.

Als ich mich später mit Patrick auf die Suche nach der Schwänin machte, war sie nicht zu finden. Wir gingen alle Teiche und Gräben ab, den Bach und die Schloßgräfte, aber nirgends war eine Spur von ihr zu sehen. Ich war nicht überrascht. «Es hat keinen Zweck», sagte ich. «Sie war wild. Wahrscheinlich ist sie endgültig fort.»

Ich war unglücklich, als sie verschwand, vertrieben durch meine Einmischung oder den Anblick des Hundes. Schlechte Gewohnheiten sind zählebig. Kurz danach flog Hans wieder weg, kam aber am nächsten Tag mit einer neuen Schwänin zurück. Wieder hörte ich den Flügelschlag, wieder rief ich dem fliegenden Schwanenmann einen Gruß zu, der sich rasch näherte und bei der kleinen Insel südlich vom Haus landete.

Ich stand im Vorhof, konnte die Schwänin ganz sehen, als sie den Damm heraufkam, und rief den Schwanenmann. Dann ging ich mit dem Futterbeutel zur Brücke und war nun zwischen den beiden Schwänen. Die neue Schwänin, das sah ich sofort, hatte keine Angst vor Menschen. Ich redete mit ihr und warf ihr ein paar Körner hin; obwohl sie an dem Mais pickte, war sie nicht eigentlich interessiert. Ihre Aufmerksamkeit kreiste um Hans, der mir über die Holzbrücke folgte. Doch als er genau auf der Mitte war, wurde der alte Knabe von Panik gepackt. Er mußte das Gefühl gehabt haben, in eine Falle geraten zu sein, denn er machte kehrt und ging den Weg zurück, den er gekommen war.

Ich machte mich dünne, und nachdem ich fort war, ging Hans hinunter zum Ufer neben der Brücke und über das Eis und kletterte den Damm hinauf, wo die Schwänin stand. Aber sie wollte nichts von ihm wissen, ehe es ihr paßte. Nein, danke. Kaum war er oben auf dem Deich, da ging sie prompt hinunter zum Eis und marschierte ab. Hans hielt einen Augenblick inne, änderte seinen Kurs, hob die Ellbogen und plusterte den Hals auf – und ging auf sehr entschlossene Weise am Eis entlang. Genau an der Stelle, wo Hans und Leda sich immer zu putzen pflegten, stieg die neue Schwänin den Damm hinauf. Sekunden später folgte ihr Hans. Knapp zwei Meter auseinander, begannen die beiden Vögel sich heftig zu putzen.

Die Schwänin gehörte nicht zu den schönsten ihresgleichen. Sie sah aus, als sei es ihr gelungen, sich mühsam durchzuschlagen und am Leben zu bleiben. Auch schien sie noch sehr jung zu sein, vielleicht dreijährig; ihr Hals war schlank, geradezu dünn, und sie machte nicht den Eindruck, als ob ihr Gewicht ein Problem sein würde, wenn einer von uns sie aufheben müßte.

«Ich werde mich um dich kümmern, meine Schöne!» sagte ich. «Wir werden dich schon aufpäppeln. Bleib du nur hier!»

Als ich nach dem Essen mit den Hunden hinausging, war sie nirgends zu sehen. Nachdem ich um den ganzen Park herumgegangen war, entdeckte ich die Schwänin dann auf dem Kapellenteich, wo sie offenbar ihren Gefährten suchte. Ich brachte die Hunde auf einem Umweg nach Hause, um den Schwan nicht zu ängstigen. Aber nichts geht jemals ganz glatt, und ich hatte die Rechnung ohne die Pächterskinder gemacht.

Die beiden jüngsten hatten an dem Tag Besuch von Freunden, die zu allem Unglück auch noch einen Hund mitgebracht hatten. Ausgerechnet diesen Tag suchten sie sich aus, um sich an der Zugbrücke herumzutreiben. Ich sah, wie die Schwänin unter der Brücke hindurchging und auf den Schwanenmann zuhielt, den Hals gestreckt und auf der Hut vor Gefahren. Ich hörte den Hund bellen, woraufhin sie diesen seltsamen, schnell schlagenden Anlauf begann, der dem Auffliegen vorausgeht. Wie ein Landsknecht fluchend, stürzte ich ins Eßzimmer und sah gerade noch, wie die Schwänin schnell über die Wiese im Osten flog. Sie beschrieb einen Halbkreis und verschwand nach Norden. Als ich wieder hinauskam, diesmal auf den Hinterhof, nachdem ich mir einen gehörigen Whisky genehmigt hatte, spielten Patrick und Joseph an der Ecke des Brauhauses, die der Schloßgräfte und der Holzbrücke am nächsten ist. Sie schossen mit Steinen aus ihrer neuesten Geheimwaffe, einem anderthalb Meter hohen Zweimannkatapult. Sie befolgten die Anweisungen und schossen mit dem Ding dort, wo es keinen Schaden bei Mensch und Tier anrichten konnte, nämlich auf eine Pappel.

«Hallo», sagte Patrick gut gelaunt. «Wenn du die neue Frau Schwan suchst, sie ist vor ein paar Minuten auf dem Fischteich heruntergekommen. Hans ist zu ihr gegangen. Aber guck dir das mal an. Ist das nicht Klasse?» Wumm, wieder ging ein Stein los und traf den unglücklichen Baum im Garten.

Nachdem ich mich bei den Jungens bedankt hatte, bat ich sie, mir nicht in den Rücken zu schießen, erhielt einen mitleidigen Blick, weil ich mich so anstellte, und machte mich dann auf den Weg über die Brücke. Hans erreichte den Damm zwischen Schloßgräfte und Fischteich etwa zur selben Zeit wie ich. Er bemerkte mich überhaupt nicht, sondern konzentrierte sich auf die Schwänin, die etwa sechs Meter vom nächsten Ufer entfernt auf dem Eis stand. Sie sah ihn und ging, ohne sich zu eilen, auf ihn zu. Mit gewölbten Flügeln und so gekrümmten Hälsen, daß das Kinn auf der Brust ruhte, gingen sie einander Schritt um Schritt entgegen, bis sie sich mit der Brust berührten, und dann blieben sie stehen und wußten nicht recht, was sie nun tun sollten.

Sie standen ganz still, doch dann streckte Hans seinen langen Hals aus, so daß sein Schnabel gen Himmel wies, und stieß seinen seltsamen «Nöck-nöck-nöck»-Ruf aus. Die Schwänin wurde sofort lebendig und tat es ihm gleich. Wie Tänzer in einem Zeitlupenfilm verschränkten sie die Hälse. Nachdem sie sich gegenseitig etwas liebkost hatten, beschrieben sie einen Halbkreis auf dem Eis, trennten sich und begannen, als ob nichts zwischen ihnen geschehen sei, mit der Gefiederpflege.

Hans hatte seine neue Braut liebevoll begrüßt. Ich kehrte um, als sie sich über Land zum offenen Bach aufmachten.

1970 und 1971

Wir rochen den Schnee schon lange, ehe er kam, und als Patrick und ich bei unserer Arbeit innehielten, waren wir uns einig, daß er bald fallen würde. Ehe wir die vier Meter hohe Tanne, die unser Weihnachtsbaum sein sollte, aufhoben, blickten wir hinüber zur Schloßgräfte, wo Hans und Leda uns erwartungsvoll beobachteten. Dann lavierten wir den Baum vorsichtig durch die offenen Türen der Veranda und trugen ihn zu der Stelle, wo er stehen sollte. Später würden Thaddäa und Walburga ihn sich vornehmen. Bis zum Abend des nächsten Tages würde er sich dann in ein schimmerndes Wunder verwandelt haben, behangen mit Hunderten von Lamettafäden, so daß er aussehen würde wie ein mit Eiszapfen übersäter Baum im Wald. Dann würden die silbernen Kugeln kommen, das silberne Kreuz tief zwischen den Zweigen, die Krippe am Boden und der strahlende silberne Stern an der Spitze.

«Ja», meinte mein Sohn, als der Baum stand, «das ist, glaube ich, der schönste Baum, den wir je hatten.»

Ich nickte zustimmend und dachte bei mir, daß uns jedes Jahr den schönsten Baum beschert, den wir je hatten. Ich schüttelte den Kopf, um das Bild von eben diesem Baum, wie er am nächsten Tag aussehen würde, zu vertreiben, und sagte ziemlich unvermittelt: «Komm, laß uns das Füttern hinter uns bringen.»

«Okay», erwiderte Patrick, «aber ganz schnell. Es ist so kalt draußen.»

Als wir hinauskamen, warteten Hans und Leda schon auf uns, als hätten sie geahnt, was wir vorhatten. Sie standen an ihrem Futterplatz, und obwohl sie einen Schritt auf uns zutaten, warteten sie geduldig, bis ich herüberkam, um sie zu füttern. Sie waren so friedlich und sanft, daß ich sogar ihre Rücken streicheln durfte, nachdem ich den Mais hingestellt hatte.

Es war erstaunlich, daß sie noch bei uns waren. Niemals zuvor waren sie so lange und ununterbrochen hiergeblieben. Selbst der scheue junge Schwan, der einzige Überlebende ihrer 1970er Brut von zwei Jungen, hielt sich noch in Ufernähe auf dem langen Wasserstreifen auf, der am Abfluß zwischen Fischteich und Schloßgräfte noch eisfrei war. Manchmal stand er auch verzweifelt auf dem dicken Eis bei den Schnee- und Kanadagänsen und den hundert oder noch mehr halbwilden und wilden Enten, die bei uns überwintern.

Am nächsten Tag war Heiligabend, ein wichtiger Tag für uns, denn, wie es in Deutschland üblich ist, feiern wir dann Weihnachten, ehe wir zur Mitternachtsmesse fahren. Es ist immer ein stilles Familienfest, an dem nur einige Freunde teilnehmen, die zufällig bei uns zu Besuch sind, und unsere Weihnachtsgeschenke überreichen wir uns in der Nähe des Baums, der mit seinen fünf Dutzend sanft brennenden Kerzen ganz wie im Märchen aussieht.

In der Nacht hatte es geschneit, und am Weihnachtsmorgen war die Welt draußen mit einer weichen, dicken Schneedecke verhüllt, die jedes Zweiglein an allen Ästen überzog und den Wald in eine Szenerie verwandelte, die ebenso an ein Märchen denken ließ wie der von meiner Frau und meiner Stieftochter geschmückte Baum drinnen.

Ich ging hinaus mit einem Eimer Mischfutter in der Hand und war gefaßt auf das, was nun geschehen würde. Obwohl der Schnee frisch gefallen war, hatte das Eis die Wasserflächen schon seit vielen Tagen bedeckt, und sobald jemand um die Nordecke des Brauhauses kam, stimmte die Horde von Wasservögeln auf dem eisfreien Teich zur Begrüßung eine ohrenbetäubende Kakophonie an. Wenn dann ein Eimer zu sehen war, geriet alles in Bewegung, und innerhalb weniger Sekunden stürzten sämtliche Vögel in einer Richtung los.

Als ich herankam, schwangen sich einige Enten, vor Hunger kühn geworden, in die Luft, flogen knapp zwei Meter hoch über dem Eis auf mich zu und landeten in kleinen Schneegestöbern fast unmittelbar vor meinen Füßen. Ich schenkte ihnen keine Beachtung und ging hinaus aufs Eis, gefolgt von einem veritablen Schwanz von Enten, während die Schnee- und Kanadagänse mir entgegenkamen, um mich zu begrüßen; mit hochgereckten Hälsen hoben und senkten die Kanadagänse ihre weißwangigen Köpfe und stießen dabei ihren Begrüßungsschrei aus. Meine Gedanken wanderten über den Ozean, und ich dachte an meine Freunde David und Betty Marshall, die mich durch Oregon gefahren hatten auf der Suche nach Trompetenschwänen, und daran, wie wir unter dem Schutz und Schirm ihres Freundes John Scharff, des Leiters des Tierschutzgebiets, ungefähr viertausend Kanadagänse beobachtet hatten, die herbeiflogen, um die Nacht an einem See im Malheur Refuge zu verbringen.

Wie damals hielt ich auch jetzt erwartungsvoll Ausschau nach Schwänen, diesmal nach meinen Schwänen, aber außer einem einsamen jungen Schwan war keiner zu sehen. Ich fütterte die Vogelgesellschaft und rief den jungen Schwan, aber er bekundete kein Interesse, deshalb streute ich etwas Futter an eine seichte Stelle und machte mich auf die Suche nach Hans und Leda. Hans und Leda waren nicht zu finden.

Ich hielt es für unmöglich, daß sie uns verlassen hatten. Anfang des Monats, ehe die Gewässer zufroren, hatte ich beobachtet, daß Leda und der junge Schwan sich in die Luft schwangen und das Territorium umkreisten, und sie sahen riesig aus, als sie so niedrig dahinflogen. Aber sie waren geblieben. Jetzt erschien es mir unmöglich, daß die Eltern davongeflogen waren und den jungen Schwan allein im Territorium zurückgelassen hatten. Doch als dieser und auch der nächste Tag verging, erwies es sich, daß es so war. Hans und Leda waren aufgebrochen, als der Schnee kam.

«Die Schwäne sind fort», verkündete ich drei Tage nach Weihnachten dramatisch beim Abendessen.

«Nun, das war ja wohl zu erwarten.» Eine Pause. «Der junge Schwan auch?»

«Nein, das ist merkwürdig. Der junge Schwan ist noch auf dem offenen Wasser in der Nähe des Fischteichs. Er kam nicht, als ich ihn zum Füttern rief.»

«Ach, das ist aber ungewöhnlich, nicht wahr?»

«Er ist ziemlich scheu», meinte ich leichthin, «und schon oft ist er nicht gekommen, wenn ich ihn rief. Ich habe ihm etwas Futter hingestreut.»

Ich hätte meine Schlüsse ziehen und vermuten sollen, daß etwas Ernstliches vorlag, aber da ich wußte, wie scheu der junge Schwan war, nahm ich an, daß er gefressen hatte, nachdem ich außer Sicht war. Gewöhnlich ließ er sich in der Mitte des offenen Wassers treiben, den Hals auf dem Rücken geringelt, den Kopf in der weichen Wärme des Gefieders verborgen. Obwohl er wenig oder gar kein Interesse an mir bekundete, wenn ich hinüberging, war nicht an der Tatsache zu rütteln, daß das Futter, das ich ins Wasser gestreut hatte, immer fort war, und deshalb nahm ich an, daß er gut fraß.

Eine meiner Schwägerinnen war über Weihnachten bei uns. Sie war es, die dann Alarm schlug. Ein Instinkt sagte ihr, daß etwas mit dem Vogel nicht stimme, und dieser Instinkt war so sicher, daß sie mir ununterbrochen zusetzte, ich solle etwas unternehmen. Zum Glück kam der Schwan auf das Eis des Kapellenteichs. Kaum sah ihn meine Schwägerin dort, machte sie sich auf die Suche nach mir, bis sie mich schließlich fand, und beschwor mich, ihn einzufangen, um zu sehen, was ich tun könne.

Ich war ehrlich skeptisch, als ich mich dem Vogel näherte, aber ich mußte zugeben, daß meine Schwägerin recht hatte. Obwohl er vor mir davonrannte und sich zwischen die unteren dichten Zweige eines großen Taxusbuschs neben dem Teich flüchtete, tat er es nur, weil er Angst hatte. Erst als ich Katja und Lica losschickte, ihn vorsichtig auf mich zuzutreiben, sah ich, wieviel Energie ihn die Anstrengung gekostet hatte. Ich war entsetzt, als ich ihn sanft hochhob und auf den Arm nahm. Hunderte von kleinen Eisperlen saßen an seinem Gefieder, und der junge Schwan hatte so gut wie gar kein Gewicht mehr.

Da ich die Mandarin- und Brautenten den ganzen Winter über draußen ließ, war ihr Stall mit dem eingebauten Schwimmbecken frei, und ich hatte einen Platz, wo ich das arme Geschöpf hintun konnte. Als der Schwan heil und sicher drinnen war, holten wir ein paar Bündel Stroh, und bald lag er auf einer warmen, dicken Streu, die süß duftete. Weil er gar nicht fressen wollte, füllten wir das Schwimmbecken nicht, sondern stellten ihm nur ein Gefäß mit Wasser hin, das wir mit einer guten Dosis verschiedener Vitamine angereichert hatten, wie wir sie auch dem Geflügel geben. Diese Behandlung schien anzuschlagen, denn nach zwei Tagen sah ich zu meiner Freude, daß er kleine Mengen Körner fraß.

Die Lage schien zufriedenstellend zu sein, als ich Anfang Januar nach England reiste, aber als ich den jungen Schwan kurz vor meiner Abfahrt noch einmal besuchte, entdeckte ich ein häßliches bronchiales Rasseln beim Atmen. Da ich meine Frau und ihre Tüchtigkeit kannte, machte ich mir keine Sorgen und war überzeugt, daß der junge Schwan bei guter Pflege und richtiger Behandlung seine Krankheit überstehen würde. Am Abend des 11. Januar läutete das Telefon in meinem Hotel, und Thaddäa brachte mir schonend bei, daß der junge Schwan am Tag zuvor gestorben war trotz all ihrer Bemühungen, ihn zu retten. Draußen war die Erde so tief gefroren, daß er nicht begraben werden konnte, sondern im Zentralheizungskessel eingeäschert werden mußte.

Mit dem Tod dieses jungen Schwans endete die Zeit der erfolgreichen Aufzucht bei uns. Seit die Schwäne zu uns gekommen waren, hatten wir zum erstenmal eine ganze Brut, wenn sie auch nur aus zweien bestand, verloren, solange sie noch bei uns war.

Eine Woche vor meiner Heimkehr Ende Januar waren Hans und Leda zurückgekommen. Keiner von uns hatte sie fortfliegen und keiner hatte sie zurückkommen sehen. Sie waren plötzlich da und warteten am Futtertisch, dem Schachtdeckel in der Nähe der Tür zum Anbau. Da sie nur vier Wochen fortgewesen waren statt der üblichen sechs bis sieben Monate, waren sie noch schmuck und in guter körperlicher Verfassung, und sie taten, als seien sie gar nicht weg gewesen.

Anfang Oktober war mir ein Experiment geglückt, das ich seit Jahren versucht hatte: die Schwäne dazu zu bringen, daß sie aus einem mit Wasser gefüllten Behälter fraßen, in den die Körner geschüttet werden konnten. Es war mir nur deshalb gelungen, weil ich die kleine Aluminiumpfanne mit den Körnern über dem Wasserbehälter hielt, bis sie nach ihr hackten und so die Körner selbst ins Wasser streuten. Wenn jetzt der Behälter nicht da ist, suchen die Schwäne nach ihm, und er ist ihr Warteplatz geworden.

Auch mit einem anderen Experiment, das unmittelbare Nähe bedeutete, hatte ich Erfolg. Ich pflegte dabei an der Hauswand entlangzugehen, wobei der Schwan außen war und seine Flügel meine Beine streiften, wenn er mir die etwa sechs Meter von der Tür bis zum Futterplatz folgte. Ich bückte mich dann, schüttete die Körner ins Wasser und streichelte gleichzeitig den Rücken des Schwans vom Halsansatz über die Flügel bis zum Schwanz.

Diese Art Zahmheit begann sich Anfang März zu verlieren. Hans war fast seßhaft geworden, denn er und Leda verbrachten den größten Teil des Tages mit Warten im Hinterhof. Er gab das bald auf und begann sein Territorium abzupatrouillieren – gemächlich zuerst, dann mit zunehmender Aktivität, bis sein Flügelschlag, wenn er zu Flügen dreißig Zentimeter über dem Wasser ansetzte, wieder die Begleitmusik unseres Lebens wurde.

Selten ist der Schwanenmann bei der Säuberung seines Territoriums so aggressiv gewesen, und selten waren seine Angriffe so zahlreich. Auch war die tote und betrauerte ursprüngliche Leda eine friedfertige Heilige gewesen im Vergleich zu der neuen Schwänin dieses Namens. Die neue Schwänin, die das ganze Jahr 1970 hindurch auf ihrer Hut und sogar scheu gewesen war, hatte sich zu einem wahren Drachen entwickelt, einem aggressiven, zischenden Weibsteufel, fast so groß wie ihr Gefährte und annähernd so kampflustig.

Im April hat mich Hans zum erstenmal richtig angegriffen, und im ganzen passierte es dreimal zur Futterzeit; einmal brachte er mich zwischen sich und die Hauswand und versetzte mir heftige Schläge mit dem Schnabel und den Flügelspitzen. Endlich wußte ich aus eigener Erfahrung, wie es ist, wenn man von einem Schwan angegriffen wird, und welche Folgen es hat.

An die Wirkung der Schläge oder des Hackens mit dem Schnabel kann ich mich nicht genau erinnern, aber es gelang Hans wiederholt, mich mit den Flügeln am Bein zu treffen, ehe ich mich retten konnte. Seine Schläge hinterließen keine äußerlichen Verletzungen und nicht einmal blaue Flecke, aber der Muskel tat hinterher ein paar Tage lang weh und war ziemlich steif und empfindlich. Wenn ein Schwan einem Menschen mit einem Flügelschlag ein Bein brechen kann, dann muß es sich um einen sehr unglücklichen Zufall oder ein sehr schwaches Bein handeln. Immerhin gebe ich zu, daß das Ergebnis von Hansens Bemühungen schmerzhaft genug war, so daß ich mir nicht gerade eine Wiederholung des Auftritts wünschte.

Bei einer anderen Gelegenheit kam er mit ausgestrecktem Hals und halb fliegend über den Hinterhof angerast. Da das nach dem ersten Zwischenfall war, hatte ich keine Lust, mir den Blödsinn gefallen zu lassen, deshalb rannte ich mit ausgestreckten und auf- und abschlagenden Armen auf ihn zu. Das verwirrte ihn erheblich und zwang ihn, mit aller Macht auf die Bremse zu treten, um sich nicht bei einem Frontalzusammenstoß den Hals zu brechen. Er kippte fast nach hinten über, dann stand er ziemlich bedeppert da und tat so, als ob nichts geschehen sei, wobei er sich vor Verlegenheit kratzte.

Aber ich bin die Güte in Person im Vergleich zu einem Kanadagänserich, der schlicht Ganter genannt wird. Ganter ist ein sehr humorloser Vogel und noch mehr in territorialem Denken befangen als Hans. Sogar Hans kann das eine oder andere von diesem fünfjährigen Burschen lernen, der außerhalb der Brutperiode ganz sanft ist. Während der Brutperiode indes ist er zäh wie Leder und absolut furchtlos und geht mit gleicher Unbefangenheit auf Hunde, Menschen und Schwäne los.

Dieses Jahr hatten er und seine Frau ihren Hausstand hinter dem Pächterhaus gegründet, wie auch im Jahr davor. Dort saß Frau Ganter auf fünf Eiern in einem Nest auf einem Vorsprung in der Nähe des Wassers. Während sie sich der Aufgabe widmet, die kostbaren Eier auszubrüten, die um so kostbarer sind, als es die Eier des einzigen brütenden Kanadagänsepaars sind, das wir noch haben (die anderen waren so zahm geworden, daß sie gestohlen wurden), patrouilliert er sein Territorium ab. Es besteht aus den Hühnerausläufen, dem Teil der Schloßgräfte hinter dem Pächterhaus und einem ziemlich großen Stück Wiese.

Wir haben auch eine verwitwete Gans mit Namen Assie, die in dieser Geschichte eine Rolle spielt. Normalerweise lebt diese Dame mit der Ganterfamilie, aber wenn die Brutperiode beginnt, wird sie ohne viel Umstände abgeschoben. Da sie für das Paar und seinen einjährigen Sohn, der merkwürdigerweise nicht vertrieben wird, nicht mehr akzeptabel ist, muß sie in Hansens Territorium leben. Zu Beginn dieses Jahres amüsierte sie sich damit, diesen Herrn ständig zum Narren zu halten. Mir kam es manchmal so vor, als ob er den Tag damit verbrachte, sie wegzujagen, weil es keinen anderen gab, den er wegjagen konnte, und daß es ihr offenbar Spaß machte. Immer, wenn er ihr zu nahe kam oder sie sich langweilte, schwang sie sich in die Luft, stieß fröhliche Schreie aus, flog von ihm weg und kehrte kurz darauf zurück, damit die Jagd von neuem beginnen konnte. So seltsam es erscheint, diese Gans verbrachte viel Zeit in der Gesellschaft der Schwäne, schwamm und fraß mit ihnen und wurde anscheinend ihre gute Freundin.

Doch eines Tages vergaß Hans sich so weit, daß er ihr auf Ganters Wiesenstück folgte und die unsichtbare Demarkationslinie überschritt, die den Wasservögeln offenbar bekannt ist. Ganter war wie der Blitz hinter ihm her. Ich sah es alles vom Fenster aus: die dahinstolzierende Assie, gefolgt von Hans, und dann der tief geduckte Ganter, der zum Angriff überging, der schwarze, glänzende Hals geschlängelt, der Kopf von einer Seite zur anderen pendelnd, der Schnabel offen und die Zunge sichtbar, so stieß er seine eigenartigen drohenden Wutlaute aus.

An einen solchen Empfang nicht gewöhnt, beging der arrogante Hans, meines Wissens zum zweitenmal, den Fehler, sich als Boss aufzuspielen. Blitzschnell stieß er mit dem Schnabel zu, was danebenging, und nun versuchte er es mit Flügelschlägen, die den hurtigen Ganter auch verfehlten. Als er seinen Fauxpas erkannte, drehte er ab, um sich davonzumachen, aber noch war er auf dem Territorium der Kanadagans, und ehe er Gelegenheit hatte, sich mit Anstand zurückzuziehen, war Ganter auf ihm. Ich meine das wörtlich; auf seinem Rücken, im Gefieder zwischen den Flügeln verkrallt. Mit ausgebreiteten Flügeln drehte sich Hans im Kreis und versuchte, Ganter abzuwerfen, was ihm schließlich gelang, wobei er diesem Herrn einen Schnabel voll weißer Federn überlassen mußte.

Hans trat den Rückzug an, nicht mehr ganz so arrogant wie bei seiner Ankunft, und der tief geduckte Ganter folgte ihm. Aber an irgendeinem unsichtbaren Punkt verließ Ganter sein Territorium, und nun ging wieder

Hans zum Angriff über. Kaum hatte Ganter die unsichtbare Grenze überschritten, blieb Hans stehen, und die beiden blickten einander mindestens eine halbe Minute ins Auge. Dann begann Ganter mit einer Arroganz, die der von Hans gleichkam, Gras zu fressen. Das war das Zeichen. Hans ließ die Ellbogen sinken, glättete seinen Hals, wandte Ganter den Rücken und machte sich davon in sein eigenes Territorium; doch bemerkte ich mit Interesse, daß er es sich versagte, die übliche Triumphhaltung einzunehmen, was er bestimmt getan hätte, wenn die Sache anders ausgegangen wäre.

Ganter ist das einzige Lebewesen an Ort und Stelle, das sich Hansens Respekt erfreut. Alle übrigen, die fünf anderen Gänseriche, die Hunde, die Enten oder sogar einige Menschen, sind nur dazu da, weggejagt und eingeschüchtert zu werden. Aber Hans und Ganter haben als Garanten der Zukunft ihrer Spezies viel miteinander gemein.

Als sich die Schneeglöckchen zur Ruhe setzten und die Narzissen dem frischen Grün des Grases ihr goldenes Lächeln schenkten, begann Hans seiner Leda Nester anzubieten. Er verbrachte seine Tage eifrig mit Bauen und hoffte, den richtigen Platz zu finden, während sie auf der Suche nach zusätzlicher Nahrung zu mir kam, genau wie es meine geliebte, sanfte alte Leda vor ihr getan hatte. Hans baute ihr dieses Jahr vier Nester, eins am alten Nistplatz, den die tote Leda geliebt hatte, eins auf der kleinen Insel, eins auf dem Landvorsprung am Wasser der Schloßgräfte, gleich hinter der zweiten Garage, und schließlich eins auf dem Deich zwischen der Schloßgräfte und dem Fischteich.

Während der grüne Pinsel des Frühlings seinen zarten Farbanstrich auf allen Zweigen der großen Bäume im Park auftrug und die ersten Triebe der Wasserschwertlilien über die Oberfläche der Schloßgräfte und der Teiche hinausschossen und wie marschierende Regimenter die Ufer einfaßten, sah man die Schwäne von Zeit zu Zeit in das anmutige Ritual ihrer Liebe vertieft.

«Bald werden sie nisten», sagte ich mir voll Freude und fragte mich, welches der Nester sie wohl nehmen würden. Sie nahmen das auf dem Deich, und Ostern saß Leda auf mindestens vier Eiern. Sie brütete sehr gut, und ich habe sie nur ein paarmal vom Nest aufstehen sehen. Hans ist oft bei ihr, faulenzt, pflegt sein Gefieder und leistet ihr Gesellschaft. Jetzt ist er nicht aggressiv, er wartet.

Ich muß gestehen, daß meine Frau eine etwas andere Vorstellung von Schwänen hatte als ich. Sie sah im Geist elegante Vögel lässig über die breite Schloßgräfte und die Teiche ziehen, schneeweiß und dekorativ. Zu guter Letzt hatte sie «die verwöhnten Viecher an den Treppenstufen», wie sie sie nennt, deren Kommen und Gehen so sehr zu unserem täglichen Leben gehört.

Gelegentlich sagt einer von uns ungeduldig «Komm!» zu einem Hund mit dem Ergebnis, daß Schwanenfüße hinter einem hertrappeln. Derlei Dinge kommen tagtäglich vor und sind nur deswegen bemerkenswert, weil eigentlich die Schwäne das Verhältnis hergestellt haben, und nicht wir. Amüsant ist, daß Leute, die glauben, wir hätten «Stunden damit zugebracht, diese Vögel zu zähmen», sich dieser Tatsache gar nicht bewußt sind und ihr außerdem keinen Glauben schenken.

Zu guter Letzt kommen die Schwäne zu uns, weil sie kommen wollen. Sie kommen aus eigenem Antrieb, und wir ermuntern sie lediglich, weiterhin zu kommen. Abgesehen davon haben wir gar nichts damit zu tun. Es sind nicht unsere Schwäne. Wir sind ihre Menschen.

Neulich flogen mit starken Flügelschlägen drei wilde Schwäne hoch über mir dahin. Ich lüftete den Hut vor ihnen, als sie vorbeiflogen, zielgerade auf ihrem Kurs, hinreißend schön. Als ich sie in diesem kurzen Augenblick beobachtete, spürte ich in meinem Herzen diese starke Erregung, dieses seltsame Prickeln in den Adern, diese Sehnsucht, mit ihnen zu fliegen, die mich immer überkommt, wenn ich Schwäne in der Luft sehe. Ich fragte mich, ob ich sie wohl früher gekannt habe; ob es womöglich «meine» Schwäne seien, hier ausgebrütet und aufgezogen, Kinder «meines» Hans, dessen Anwesenheit meine Tage verschönt, wenn ich hier bin, und dessen Abwesenheit eine so große Lücke hinterlassen kann. Es ist ein schöner Gedanke, daß die Vorbeiziehenden vielleicht «unsere Kinder» sind und wir auf unsere bescheidene Weise dazu beigetragen haben, daß noch weiße Flügel am Himmel zu sehen sind.

Was ich gelernt habe

Ich glaube, als junger Mann hatte ich eine recht alltägliche Meinung über Schwäne. Sie bedeuteten für mich dasselbe wie für die meisten Leute; und das ist nicht viel. Als ich neulich einem Freund erzählte, daß ich ein Buch über Schwäne schreiben wolle, war seine sofortige Reaktion voraussagbar. «Das kann doch nicht dein Ernst sein», sagte er. «Du kannst doch unmöglich ein ganzes Buch über Schwäne schreiben. Sie sind dumm und launisch.» Mein Freund hat sich in zwei Punkten geirrt. Nach unserer Erfahrung sind Schwäne alles andere als dumm und nur gelegentlich launisch. Und ein ganzes Buch über sie zu schreiben, ist kein Problem; die Frage ist, was man auslassen soll. Einiges wurde in dieser Geschichte von Hans und Leda ausgelassen; es folgt hier für den Leser, der etwas mehr über diese faszinierenden Vögel erfahren möchte, mehr darüber, wie sie sich verhalten, und darüber, was ich unternahm, um sie besser zu verstehen. Ich *mußte* sie verstehen, und mit Hilfe äußerer Zeichen dazuzukommen, hat mir soviel Freude gemacht, wie mit ihnen zu leben.

Für die meisten Menschen, und das sage ich, nachdem ich mich recht gründlich informiert habe, ist die Hauptfunktion eines Schwans reine Dekoration. Ein Gewässer sieht romantischer aus, wenn ein Schwan da ist. Aber ihre Begeisterung beginnt oft zu schwinden, wenn die Schwäne näher kommen. Die Haltung des Schwanenmanns wirkt bedrohlich und löst Angstgefühle aus, wenn er mit Bugwelle heranbraust, die großen Flügel gewölbt, den Hals aufgebläht und weit zurückgezogen. Der bedrohliche Eindruck wird noch verstärkt durch den starren Blick der glitzernden Augen, denn durch die schwarze Zeichnung, die vom unteren Teil des orangefarbenen Schnabels bis zu einem vom Auge gebildeten Punkt zurückspringt, sind sie besonders auffällig. Außer wenn wirkliche Angst erweckt wird, ist indes die allgemeine Einstellung zu den Vögeln recht positiv. An Seen in öffentlichen Parks oder an Flußufern werden sie mit Brot gefüttert, doch die meisten Leute beobachten sie mißtrauisch, ob sie nicht womöglich plötzlich einen Rappel bekommen und ihren Wohltätern etwas zuleide tun.

Ich kenne ein paar Schwäne, die von Natur aus bösartig sind. Einer davon gehört meinem Vetter, dem Grafen Schlitz von Görtz, der auf den Teichen seines Parks in der Nähe von Schlitz, Hessen, eine schöne Auswahl von Wasservögeln hat. Sein Höckerschwanenmann ist von fast beispielloser Bösartigkeit; er ist überaus angriffslustig und verletzt jeden, der vorbeikommt, so daß mein Vetter einen großen Teich mit einem niedrigen Maschendraht einzäunen mußte. Aber nach meiner Erfahrung ist dieser Schwan ganz ungewöhnlich; dieser reizbare Vogel greift sowohl während als auch außerhalb der Brutzeit an und kommt auf Wogen der Wut über seinen Teich geschwommen, sobald er einen Menschen erblickt.

Zum Glück ist der normale Schwan nicht auf solchen Unfug aus. Der Schwanenmann wird nur Aggression bekunden, wenn er glaubt, sein Territorium werde während der Brutzeit verletzt, und selbst dann ist es durchaus möglich, die Aggression abzulenken. Wenn Hans zum Beispiel versucht, einen seiner Söhne zu ertränken, habe ich oft festgestellt, daß ein lauter Ruf und das Rasseln mit Mais in einer Blechbüchse ausreichen, das mörderische Unterfangen abzubrechen und beide Parteien zu mir zu bringen, um sich Futter zu holen. Kurz und gut, man muß die Dinge nehmen, wie sie kommen, und man muß seine Schwäne kennen.

So dumm sind die Vögel nämlich auch nicht. In der ersten Zeit mit Hans und Leda entdeckten wir, daß Leda bereitwillig auf die menschliche Stimme reagierte und ebenso wie Hans einen recht großen Wortschatz verstand. Das bedeutete einfach, daß sie gewisse Laute oder Wörter mit gewissen Situationen in Verbindung brachte: «Komm», «warte» und so weiter. Tatsächlich ist daran kaum etwas bemerkenswert, denn die meisten Tiere lernen in recht kurzer Zeit Wörter verstehen, und ihr Lernen ist gewöhnlich mit Fressen verknüpft.

Es ist ein Fehler, den Tieren menschliche Wertvorstellungen von Verhaltensweisen zuzuschreiben, oder auch menschliche Begriffe von Logik und Gut und Böse. Das ist verhängnisvoll, wenn man eine Beziehung zu ihnen herstellen will. Tiere sind Tiere, und Menschen scheinen das sehr leicht zu vergessen. Es ist seltsam, daß die Leute einerseits sagen: «Es ist nur ein Tier», und andererseits Forderungen an das Tier stellen, die menschliche Intelligenz und Denkvorgänge bei ihm voraussetzen. Ich kann nur für mich sprechen, aber ich habe immer gefunden, daß es sich bezahlt macht, wenn man versucht, sich in ein Tier hineinzuversetzen und die Dinge zu vereinfachen.

In zoologischen Gärten faszinieren mich die Menschen, und ich bin versucht, eher sie als die Tiere zu betrachten. Sie scheinen sich nach Tierfreundschaft zu sehnen, wie man feststellen wird, wenn man lange genug vor einem Käfig steht. Indes ist die Sympathie nicht immer gegenseitig. Zweifellos «kennen» die Tiere «ihre» Leute und reagieren auf sie. Die Erfahrung habe ich hier immer wieder gemacht. Unsere Schneegänse zum Beispiel kommen bereitwillig zu mir, wenn ich allein bin oder mit Patrick; aber sie zögern, wenn ein Fremder in der Nähe ist. Der Goldfasan frißt mir, meiner Frau und Patrick aus der Hand, aber nicht so bereitwillig einem Fremden, es sei denn, er hört meine Stimme.

Die vertraute Stimme und das Kommen sind also miteinander verknüpft. Ich habe beobachtet, wie Dr. Kear vom Wildfowl Trust in Slimbridge mit verschiedenen Enten, Gänsen und Schwänen umgeht, die sie kennt, seit sie das Licht der Welt erblickten. Alle diese Tiere kommen bereitwillig zu ihr. Als ich eine Bemerkung über die Art und Weise machte, wie sie mit den Vögeln sprach, reagierte sie augenblicklich. «Aber das ist doch selbstverständlich», antwortete sie. Der Fremde, der einen Schwan über das Wasser auf sich zubrausen sieht, hat keine Gelegenheit dazu gehabt. Kein Wunder, daß er geneigt ist, sich zurückzuziehen, wenn er den drohenden Vogel sieht, und ihn als dumm oder launisch bezeichnet.

Um zu begreifen, was ein Schwan wirklich vorhat, muß man etwas von seinem allgemeinen Verhalten wissen. Wir können nur dadurch verstehen, was er zeigen will, daß wir die körperlichen Anzeichen erkennen, die durch die jeweilige Situation verursacht werden. Die Situation kann Ärger oder Freude hervorrufen oder auch zustande kommen durch die Reaktion des Schwans auf gewisse Umstände, die zu einer bestimmten Zeit vorherrschten. Zum Beispiel ist das Aufwölben der Flügel, wobei der Schwan die Ellbogen hebt, so daß die Schwungfedern der 2. und 3. Reihe den Bogen bilden, in der Regel begleitet von einem Aufplustern der Halsfedern. Die ganze Haltung hat zweifellos den Zweck, denjenigen einzuschüchtern, um dessentwillen die Schaustellung inszeniert wird. Gewöhnlich gelingt das, nach der Art und Weise zu urteilen, wie die meisten Zuschauer ängstlich zurückweichen. Wenn der Schwan mit aller Macht über das Wasser braust, setzt er seine kräftigen Beine und Füße gleichzeitig ein und kommt mit einer leicht ruckhaften Bewegung vorwärts, wobei er eine beachtliche Bugwelle vor sich herschiebt.

Die meisten Autoritäten bringen diese Schaustellung sehr zu Recht mit «Aggression» in Verbindung, doch habe ich beobachtet, daß es Gelegenheiten gibt, bei denen das Aufplustern des Halses und das Aufwölben der Flügel nicht mit irgendeiner Form von Aggression zusammenhängt. Täglicher und sehr naher Kontakt mit einem Schwanenpaar hat mich veranlaßt, mir die Frage vorzulegen, ob nicht das Aufplustern des Halses und das Wölben der Flügel noch andere Bedeutungen haben könnten. Halsaufplustern ohne Flügelwölben oder nur mit einem begrenzten Flügelheben kommt vor, wenn ich mich mit einem vertrauten Behälter nähere, der mit Futter in Verbindung gebracht wird, dem gelben Plastikeimer mit Mais oder der Aluminiumpfanne mit Mais oder gemischtem Körnerfutter. Beide Schwäne kommen grüßend auf mich zu, den Hals mehr oder weniger aufgeplustert, das Kinn gehoben, und schnauben einen Willkommensgruß. Sie wissen sehr genau, was das alles bedeutet. Sie drehen sich sofort um, sobald ich an ihnen vorbeigegangen bin, und laufen neben mir oder etwas hinter mir her wie Hühner; die Schwänin voran, den Hals nicht gestreckt und nur teilweise aufgeplustert. In ihrer Gier und Aufregung versucht sie ab und zu nach dem Futterbehälter zu hacken. Auf diese Weise läuft die Schwänin den *ganzen* Weg; der Schwanenmann bleibt ein wenig zurück, und dann und wann gibt er die aufrechte Haltung auf und nimmt die angebliche Drohstellung ein. Er sieht aggressiv aus, ist es aber nicht.

Am Futterplatz schütte ich den Mais langsam auf den Boden oder streue eine Handvoll nach der anderen aus, ein paar Zentimeter von den gierigen und erwartungsvollen Schnäbeln entfernt. Die Vögel fangen sofort an zu fressen, beide konzentrieren sich völlig auf das Fressen oder auf den Gedanken an das Fressen. Der Gedanke, jemandem Schaden zuzufügen, liegt ihnen ebenso fern wie der, das Futter abzulehnen. Meine Schlußfolgerung: in einer solchen Situation wird das Aufplustern des hochgehaltenen Halses durch *Erregung* und Erwartung verursacht.

Wenn die Vögel fressen, glätten sich die Federn, besonders bei der Schwänin. Aber dann kann es sein, daß ein Flugzeug die Schallmauer durchbricht; ein paar Sekunden später kommt es zum Überschallknall. Die Schwäne schauen auf, offenbar erschreckt; sie plustern einen Augenblick die Hälse auf, dann fressen sie weiter. Oder ich mache eine plötzliche Bewegung, suche nach meinem Päckchen Zigaretten. Die hochgehaltenen Hälse schwingen zurück, etwas seitlich wie ein Boxer, der einem Schlag ausweicht. Die Hälse plustern sich einen kurzen Augenblick auf. Ich ziehe den Schluß, daß das Aufplustern der Halsfedern in solchen Augenblicken einen vorübergehenden Alarmzustand anzeigt; wenn der Vogel dagegen wirklich erschreckt ist, dann zeigt er es durch ein *Glätten* der Halsfedern. Zum Beispiel kann es sein, daß die Schwäne an ihrem gewohnten Platz in der Nähe der Haustürstufen warten und ich mit Gewehr und Hund von einem Spaziergang zurückkomme. Wenn es etwas gibt, das die Schwäne nicht vertragen können, dann ist es der trottende Gang eines Hundes. Die Hälse heben sich. Sie geben einen Laut von sich und machen sich trappelnd zur Schloßgräfte auf, und ihre glatten Köpfe auf glatten Hälsen blicken ängstlich über die Schulter zurück. Manchmal sind die Flügel ausgestreckt und schlagen leicht, um das Rückzugstempo zu beschleunigen. Das ist natürlich die echte Angstsituation, die hier ganz deutlich zum Ausdruck kommt im Vergleich zu der vorübergehenden Beunruhigung durch den Überschallknall, bei der sich der Hals rasch aufplustert und sich ebenso rasch wieder glättet.

Die Schwäne fressen vielleicht ganz friedlich und werden dabei von den Enten geplagt, die hin und her flitzen und sich schnappen, was sie bekommen können. Wenn die Schwäne nach den kleinen Vögeln hacken, sind ihre Hälse aufgeplustert. Manchmal zischen sie auch zur Warnung; meist heben sie lediglich die Flügel. Meine Schlußfolgerung: der Schwan plustert sich auf aus reinem *Ärger*, er hebt halb die Flügel aus *Wut*, aber er läßt es dabei bewenden.

Oder es kommt vor, daß der Schwanenmann frißt und der Zuchthahn daherkommt und versucht, ihm Futter zu stehlen. Der Hahn ist sehr entschlossen und läßt sich nicht weghacken – tatsächlich geht er sogar selbst zum Angriff über. Der Schwan plustert den Hals auf und senkt ihn. Der Hals scheint doppelt so dick zu sein wie normalerweise. Die Flügel wölben sich, während die Ellbogen sich heben, und der Schwanenmann stößt mit dem Schnabel nach dem Hahn. Er unternimmt tatsächlich etwas gegen den unverschämten Eindringling. Das Anschwellen des Halses und das Aufwölben der Flügel sind verknüpft mit einer Handlung oder einer Reihe von Handlungen, die wirklich ausgeführt werden. Meine Schlußfolgerung: das ist eindeutig Aggression, genauso wie wenn der Schwanenmann oder die Schwänin Enten verjagt oder einen der jungen Schwäne angreift, wenn sie vertrieben werden sollen.

Doch während es sich bei all diesen Beispielen um typische Fälle von Halsaufplustern handelt, gibt es andere, bei denen sich der Vorgang nicht so leicht interpretieren läßt. Das Aufplustern des Halses in der Paarungszeit bei beiden beteiligten Tieren hat doch wohl sicherlich wenig mit Aggression zu tun? Und warum plustert ein Schwan, der ganz allein auf einem Gewässer ist, seinen Hals auf? Und warum wird ein Schwan, der sich ganz friedlich der Gefiederpflege hingibt, den Hals aufplustern? Es ist eine lächerliche Vorstellung, daß der Vogel bei solchen Gelegenheiten aggressiv sei oder drohe.

Nach meiner unmaßgeblichen Meinung ist das scheinbar unmotivierte Halsaufplustern mit Zufriedenheit und Behaglichkeit und ebenso mit Aggression und kriegerischen Handlungen verknüpft. Es mag auch etwas mit der Belüftung der Haut zu tun haben; ähnlich dem Öffnen und Schließen von Ventilationsklappen bei einer Heizungsanlage. Doch glaube ich, daß man zuerst und vor allem beobachten muß, was der Schwan gerade tut, ehe man den Schluß ziehen kann, daß der Vogel droht.

Unser Schwanenmann ist ein großer Flügelwölber. Für viele Leute ist das Flügelwölben gewöhnlich mit Aggression verbunden, aber das ist nicht immer der Fall. Wenn Schwäne jedesmal, wenn sie ihre Flügel wölben, angreifen würden, dann käme keiner aus den Aufregungen heraus. Drohhaltungen, wie sie genannt werden, bedeuten nicht unbedingt, daß der Vogel wirklich angreifen wird. Es ist einfach seine Art und Weise, den Anwesenden kundzutun, daß sie sich besser entfernen, sonst... Wir alle kennen das klassische Bild des Schwans, der mit aller Macht über das Wasser gebraust kommt, die Flügel gewölbt und den Hals nach hinten zwischen sie gezogen. Bei dieser Stellung werden die Schwungfedern der 2. und 3. Reihe verwendet, während die Handschwingen verschränkt und nicht zu sehen sind. Wenn Sie zufällig in einem Boot sind, wenn ein Schwan so herankommt, besteht kein Grund zur Beunruhigung. Wenn Sie auf den Schwan zuhalten, weicht er gewöhnlich zurück und paddelt verunsichert davon. Rudern Sie von ihm weg, dann verfolgt er Sie im vollen Glanz seiner Drohhaltung vielleicht ein Stück Wegs, aber er wird Ihnen nichts *tun*, denn er hat das Gefühl, Sie aus seinem Territorium vertrieben zu haben.

Wenn ich Hans gerufen habe, er solle mitkommen, um gefüttert zu werden, dann marschiert er oft über Land neben mir oder dicht hinter mir, den Hals ziemlich nach hinten gezogen und die Flügel gewölbt. Aber das Wölben ist nicht vollständig; es ist eher ein Anheben der Ellbogen und ein leichtes Aufblähen der Flügel. Die Flügel berühren sich zwar über dem Rücken, aber die Darbietung ist nicht eindrucksvoll. Anscheinend ist ein gutes Aufwölben der Flügel nicht mit der Anstrengung des Laufens in Einklang zu bringen – wenn der Schwan wie ein alter Infanteriegeneral ausschreitet, dann ist er nicht so in seinem Element wie auf dem Wasser. Diese Art von halbherzigem Aufwölben ist nicht eigentlich eine Drohhaltung. Ich glaube, sie hat etwas mit der heftigen Anstrengung zu tun, denn wenn Hans mir wirklich nahe kommt, hackt er nicht einmal in meine Richtung; er steht einfach da, richtet sich vielleicht zu seiner vollen Höhe auf, schüttelt die Federn ein wenig und wartet ab, was nun geschieht.

Dann gibt es die Drohhaltung, bei der er an Land steht oder sehr langsam geht und sich dabei sehr übertrieben von einer Seite zur anderen wiegt, ein gewichtiges Schlingern, das den ganzen Körper erfaßt. Hierbei ist das Wölben sehr schön und vollständig und hat zusätzlich den Reiz, daß die Handschwingen gesenkt sind und von den Flanken weggehalten werden. Der Hals ist vorgestreckt und krumm, der Kopf wird dicht über dem Boden von einer Seite zur anderen bewegt. Das ist nach meiner Erfahrung die Haltung, bei der Vorsicht ratsam ist, denn sie kann sich sehr schnell in eine aktive Angriffsschaustellung mit Hacken und Flügelschlagen verwandeln. Von den drei Haltungen ist diese letzte diejenige, die am wahrscheinlichsten zu einem Angriff ausartet, weil sie nämlich auf die Landung nach einem Flug folgt und der Schwan sehr wohl ernst machen kann.

Die Formen des Flügelwölbens, die ich eben beschrieben habe, sind ganz deutlich zu erkennen, aber manche sind schwer zu verstehen. Man stelle sich einen Schwan vor, der sich ganz allein mitten auf einem Gewässer befindet. Er trödelt herum, paddelt mit einem Fuß und läßt sich zwischen den einzelnen Stößen dahingleiten. Die Flügel sind halb gewölbt, der Hals ist glatt. Es ist weit und breit nichts zu sehen, keine Ente, keine Gans, kein Wasserhuhn. Der Schwan hält inne und holt irgend etwas aus dem Wasser heraus oder trinkt auch. Seine Flügel sind immer noch gewölbt. Meine Schlußfolgerung: dieses Wölben ist kein Zeichen von Aggression, sondern eher von Zufriedenheit. Tatsächlich wölbt ein Schwan die Flügel oft und in vielen verschiedenen Situationen, bei denen er keine Drohhaltung einnimmt. Drohhaltungen sind immer offenkundig, weil man sehen kann, wen oder was der Schwan bedroht und wann. Es läßt sich mit gutem Grund annehmen, daß das Flügelwölben ebenso wie das Halsaufplustern gewissermaßen ein Mittel ist, um den Körper zu belüften.

Mein Vetter Schlitz von Görtz sagte mir einmal, wenn ich je in einem Wald auf einen starken Hirsch stoße, der angriffswütig zu sein scheint (und manchmal greifen sie wirklich an), dann solle ich rasch seine Geweihspannweite abschätzen und mich sofort nach einem trockenen Ast oder Zweig umsehen, der größer oder breiter ist als das Geweih des Hirschs. Dann solle ich mir den Ast an den Kopf halten und forsch auf den Hirsch zugehen. Laut meinem Vetter wird er dann Fersengeld geben, weil er glaubt, ich habe das größere Geweih, und mit mir solle man sich besser nicht in einen Kampf einlassen.

Etwas Ähnliches gilt für den Schwan. Wenn ein Schwan erkennen läßt, daß er Sie wirklich angreifen will, genügt es völlig, wenn Sie Ihre Arme leicht angewinkelt ausstrecken und so auf ihn zugehen. Er wird dann zwar schützend seine Flügel ausbreiten, aber umdrehen und sich davonmachen. Mit sehr wenigen Ausnahmen haben Schwäne nicht die Absicht, Menschen anzugreifen; eher im Gegenteil. Ein Schwan greift nur an, wenn Sie sich in der unmittelbaren Nachbarschaft seines Nestes herumtreiben oder versuchen, seine Jungen zu fangen, und in diesem Fall haben Sie vollauf verdient, was immer auf Sie zukommen mag. Hans hat mich ein paarmal ohne einen wirklichen Grund angegriffen, aber immer an Land und auf dem Hinterhof. Sobald ich ihn mit schlagenden Flügeln auf mich zukommen hörte, drehte ich mich zu ihm um und *rannte* auf ihn zu, was solchen Zurschaustellungen von Launenhaftigkeit bald ein Ende bereitete. Aber diese Angriffe waren auf Vertrautheit oder Zahmheit zurückzuführen. Wenn ich Jean Delacour noch einmal zitieren darf: «Sehr zahme Schwanenmänner greifen Tiere und Menschen bereitwillig an und versetzen ihnen schwere Schläge mit ihren mächtigen Flügeln.»[33]

Ich beschloß eines Tages selbst herauszufinden, inwieweit sehr zahme Schwanenmänner Tiere und Menschen angreifen. An Tieren waren damals hauptsächlich Kühe vorhanden, so daß für sie keine wirkliche Gefahr bestand; was die Menschen betraf, so glaubte ich, wenn ich Hans gegen Ende der Zeit, die er bei uns verbrachte, zähmte, dann würden meine Frau und ich diejenigen sein, gegen die sich die Angriffe hauptsächlich richteten. Er kümmerte sich sonst kaum um jemand anderen, und ich hatte das Gefühl, daß wir mit ihm schon fertig werden würden.

Ich begann das Experiment damit, daß ich ihn etwa vier Wochen vor seinem vermutlichen Weggehen direkt aus der Hand fressen ließ. Ich trug Handschuhe aus Pferdeleder, wenn ich ihm Brotstückchen reichte; innerhalb einer Woche war der Daumen des Handschuhs durch die Innenfläche seines Schnabels aufgerauht und abgeschabt, denn der gierige Kerl versuchte meinen Daumen ebenso zu packen wie das Brot. Es wäre eine Übertreibung, wollte ich behaupten, daß er in Folge des Experiments bösartig wurde oder irgend jemanden angriff. Aber zweifellos nahm er die ziemlich demoralisierende Gewohnheit an, auf Menschen zuzustürzen und nach ihren Händen zu schnappen, weil er glaubte, sie hätten irgendeinen Leckerbissen für ihn. Sowohl der Bäcker als auch der Briefträger (ein weiterer unglücklicher Briefträger) hatten regelmäßig etwas in der Hand, wenn sie kamen. Da keiner von ihnen Hansens Gewohnheit sehr belustigend fand, gab ich das Experiment nach etwa drei Wochen auf.

Doch rückblickend betrachtet, bin ich nicht sicher, ob «angreifen» das richtige Wort ist für das, was er tat, als er überzahm wurde. Obwohl er alle aggressiven Merkmale erkennen ließ, möchte ich doch annehmen, daß seinen sogenannten Angriffen mehr Gier als Bosheit zugrunde lag. Daraus ist eine doppelte Lehre zu ziehen. Wenn Sie einen Schwan so zahm machen, daß er erwartet, aus Ihrer Hand fressen zu können, dann wird er natürlich versuchen, Ihnen aus der Hand zu fressen, auch wenn sie kein Futter hat; wenn Sie womöglich eine Spur naiv sind, werden Sie vielleicht glauben, er greife Sie an. Die zweite Lehre ist, daß der Schwan, wenn er zahm gemacht worden ist, vielleicht nicht gewillt ist, zwischen den Menschen zu unterscheiden; infolgedessen stürzt er zu Fremden und «greift» sie «an» in der Hoffnung, das Futter zu erhalten, das er normalerweise von der Hand erwartet. Das Ergebnis: der Schwan wird leiden; wenn Sie also Ihre Schwäne lieben, machen Sie sie nicht zu zahm.

Leute, die mich mit meinen Schwänen gesehen haben, fragten mich oft, welche Schäden ein Schwan verursachen könne. Aus irgendeinem Grund erwarten die Menschen immer, daß Tiere beißen, und zwar ohne jeden Grund beißen. Ich habe einen Biß als solchen nie ernstlich in Betracht gezogen, aus dem einfachen Grund, weil ich wußte, daß das nicht die Angriffsmethode eines Schwans ist. Nach meinen Beobachtungen und aus unmittelbarer Erfahrung kann ich sagen, daß ein Schwan einen Schlag mit dem Schnabel austeilt, oder zuhackt, wenn man will, daß aber der ernstlichere Angriff mit den großen Flügeln geführt wird. Da die Menschen indes Angst davor haben, gebissen zu werden, nahm ich mir vor herauszufinden, wie fest ein Schwan zubeißen kann und ob er auf diese Weise wirklich Verletzungen zu verursachen vermag. Ich versuchte es, aber es mißlang. Was Hans betrifft, so erzielte ich überhaupt keinen Erfolg. Der Bursche wollte mir den Gefallen nicht tun, wieviel Mühe ich mir auch gab, ihn dazu zu bringen, daß er mich biß. Das Rauhwerden des Pferdelederhandschuhs bewies nichts, denn der Schwan hatte nicht in meinen Daumen *gebissen*; er hatte ihn bloß als einen Teil des Futters angesehen, das ihm angeboten wurde.

Ich hätte es vielleicht nie herausgefunden, hätte ich nicht eines Tages den Zoo in Hellbrunn bei Salzburg besucht. Ich liebe diesen Zoo. Er wird an Charme von keinem anderen mir bekannten Zoo übertroffen. Die meisten Tiere sind unglaublich zahm, so daß man bald das Gefühl hat, als seien bei einem allgemeinen Verstellungsspiel die Rollen vertauscht worden. Ich ging eines Tages mit meiner Frau dorthin und mit Walburga, die ihre übliche Auswahl von Kameras dabei hatte. Da war ein wundervolles Gehege, das ich im stillen den «Garten Eden» nannte, weil vielerlei verschiedene Tiere darin herumstreifen. Dicht an der niedrigen Einfriedigung stand ein gelangweilt aussehender Zwergschwan und machte eine ganze Menge Krach, um die Aufmerksamkeit auf sich zu lenken.

Ich ging zu ihm hin und streckte meine Hand aus. Er kam sofort heran und nahm entgegenkommend einen meiner Finger in den Schnabel. Er hielt ihn fest, als hänge das Leben davon ab, aber mir sagte die harte Umklammerung meines Zeigefingers nicht sehr zu, ich zog den Finger zurück und bot dem Schwan statt dessen den weichen Teil meiner Hand zwischen Daumen und Zeigefinger dar. Er packte das Fleisch und zog daran. Das sagte mir auch nicht sehr zu, ich zog die Hand wiederum zurück und bot ihm nun meinen Handrücken dar, an dem er sein Möglichstes versuchte. Tatsächlich biß der Schwan in den nächsten fünfzehn Minuten in verschiedene Teile meiner Hand und des Handgelenks und wiederholte das Ganze später noch einmal fünf Minuten lang, nachdem Walburga gekommen war, um ein paar Bilder aufzunehmen.

Von einem Schwan gebissen zu werden ist nicht schlimmer und etwas weniger schmerzhaft, als von einem netten Mädchen gekniffen zu werden. Das Ergebnis waren ein paar Quetschungen und Druckstellen, die rot und blau wurden und ein oder zwei Tage anhielten. Als ich nach Hause kam, versuchte ich es wieder mit Hans, bloß um des Spaßes willen. Hans war auf dem Wasser und ich am Ufer. Ich ließ ihn meinen Zeigefinger packen und verschloß ihm dann den Schnabel, indem ich oben mit dem Daumen draufdrückte. Wir machten nun Tauziehen, woran ihm nicht sehr viel lag. Aber er schien auch nichts dagegen zu haben: er zog ganz schön kräftig, während er von mir wegpaddelte, doch vermochte er mich nicht zu verletzen. Ich zog daraus die Lehre, daß man vor einem Schwanenbiß keine Angst zu haben braucht. Ein guter Rat für jeden, der es ausprobieren möchte: wenn Sie die Wahl haben, von einem Schwan oder einem Ganter gebissen zu werden, wählen Sie den Schwan. Ein Ganter kann wirklich verletzen, denn er gebraucht seinen Schnabel zusammen mit den Flügeln als Angriffs- und Verteidigungswaffe.

Andererseits hatte ich schon als Kind davon gehört, daß ein Schwan einem Menschen mit einem Flügelschlag das Bein brechen könne, deshalb kann auch gleich mit diesem Märchen aufgeräumt werden. Der Flügel ist eine Angriffs- und Verteidigungswaffe. Flügelschläge können unangenehm sein, aber jeder, der ein bißchen behende ist, kann ihnen ausweichen. Schwäne pflegen Menschen nicht um des Spaßes willen anzugreifen, und infolgedessen sind die Aussichten, daß man sich mit einem ernstlichen Angriff auseinandersetzen muß, gering. Aber Delacour berichtet, daß sehr zahme Schwanenmänner *Kindern* gefährlich werden können, und ich bin sicher, daß ein genau gelandeter Flügelschlag das Schienbein eines Kindes brechen könnte. Als ich mit Mr. Turk, dem Swan Keeper der englischen Königin, über Schwan-Markierungen sprach, fragte ich ihn, ob ein Schwan einem Menschen mit einem Flügelschlag ein Bein brechen könne. Er glaube es nicht, sagte er, doch halte er es für möglich, daß ein Schwan einem Menschen den Arm brechen könne; daher ist mit Fug und Recht anzunehmen, daß er einem kleinen Kind ein Bein brechen könnte. Die Moral aus der Geschichte ist, daß man die Schwäne füttern soll, wenn man will, sie aber besser in Frieden läßt; und das ist genau das, was sie wollen.

Weit davon entfernt, dumm und launisch zu sein, haben sich unsere Schwäne als reizende und umgängliche Vögel erwiesen, sehr erpicht auf menschliche Gesellschaft und durchaus bereit, sich sanft leiten zu lassen. Sie haben sich ihren eigenen Platz in unserem täglichen Leben geschaffen, wußten, wann sie kommen sollten und wie sie uns auf ihre Weise über ihre Bedürfnisse unterrichten könnten, reagierten bereitwillig auf unsere Unterhaltung mit ihnen und kamen mit uns zu dem Platz, an dem wir sie haben wollten. Das enge Zusammenleben mit ihnen hat uns gelehrt, daß sie von Natur aus sanft und freundlich sind und ihre gelegentlichen Ausbrüche von schlechter Laune und Aggression dagegen gar nicht ins Gewicht fallen. Wenn wir sie nicht allzu vertraut werden lassen, dann wegen der möglichen Gefahren für sie selbst und andere Menschen, die, weil sie die Motive der großen Vögel vielleicht nicht verstehen, ihnen unter Umständen bei der «Selbstverteidigung» Schaden zufügen könnten. Was meine Frau, unsere Kinder, mich und die Hunde betrifft, so ist gegenseitiger Respekt die Richtschnur für unser tägliches Leben mit den Schwänen; so wird es ein glückliches Leben.

Weit entfernt von einem Dauerzustand der Aggression verbringen die Schwäne vielmehr einen großen Teil ihres Lebens mit Gefiederpflege. Das muß eine sehr notwendige und angenehme Beschäftigung sein, denn sie geben sich ihr manchmal mit Vergnügen einen ganzen Vormittag hin. Zu meinem Glück hatten unsere Schwäne schon frühzeitig eine Ufersenke in der Nähe des Zugangs zur Insel als bevorzugten Platz für diese Tätigkeit ausgewählt, und an derselben Stelle fanden später die Flugstunden statt. Das bedeutete, daß ich die Vögel mit bloßem Auge beobachten konnte oder aus nächster Nähe mit dem Feldstecher, ohne vom Schreibtisch oder Zeichenbrett in meinem Arbeitszimmer aufstehen zu müssen.

Eine wirklich gute Mahlzeit scheint das Verlangen nach Gefiederpflege anzuregen, vielleicht weil die Vögel zufrieden und satt sind und es nicht nötig haben, noch weiter nach Futter zu suchen. Gefiederpflege scheint auch sinnliche Befriedigung zu gewähren und steht, wie Johnsgard ausführt, mit dem Vor-Paarungsverhalten in Zusammenhang, wenn «gegenseitige Kopftauch»-Bewegungen mit verschiedenen Bewegungen des Behagens abwechseln, zum Beispiel Gefiederpflege am Rücken und an der Flanke, und es können sogar Reibebewegungen des Kopfes an denselben Stellen und Gründeln beobachtet werden.[34]

Die Gefiederpflege wird sehr gründlich und geradezu methodisch ausgeführt. Flanken, Brust, Flügel oben und unten, und sogar der Hals, allen wird Aufmerksamkeit zuteil. An Bauch, Brust und Flanken werden die Federn gegen den Strich geputzt, und zwar mit dem flachen Unterschnabel und seiner unteren Kante. Die Bewegung entlang den Flanken ist gewöhnlich rasch und scheint in zwei Teile zu zerfallen: vom Schwanz nach vorn und wieder zurück. Die beiden Teile unterscheiden sich, der wichtigere ist der vom Schwanz nach vorn, während die zweite, deutlich erkennbare Bewegung nur ein schnelles Glätten des Gefieders ist. Die Bewegung nach vorn wird mit der Unterkante des Schnabels ausgeführt und ist der Art und Weise sehr ähnlich, in der ein Friseur mit dem Rasiermesser über das Gesicht eines Kunden gleitet. Kopf und Hals sind dabei zum Schwanz leicht angewinkelt, während sich der Kopf nach vorn bewegt. Die Kante des angewinkelten Schnabels fährt mit einer scharfen, schnellen Bewegung über die Federn, die die weichen Federn vor dem Schnabel aufriffelt und gleichzeitig alle losen Federn entfernt. Daher sind die Gefiederpflegeplätze immer mit den weichen Brust- und Flankenfedern der Vögel übersät.

Der Rücken wird geputzt, indem der Hals zu einer Schlinge gelegt wird, gewöhnlich über die rechte Schulter. Die Tätigkeit des Schnabels selbst habe ich unter diesen Umständen nicht sehen können, aber da die Verrichtung und Geschwindigkeit dieselben zu sein scheinen wie beim Putzen der Flanke und Unterseite, glaube ich mit Fug und Recht annehmen zu können, daß die Unterkante des Unterschnabels verwendet wird. Die Unter- und Oberseite der Flügel werden in derselben Halsstellung geputzt. Bei dem größten Teil der Gefiederpflege läßt sich die wunderbare Biegsamkeit des Halses am besten erkennen. Der Schwan kann eine große Vielzahl komplizierter Bewegungen ausführen. Da die Halsfedern oft in einem gewissen Ausmaß aufgeplustert sind, bin ich zu der Überzeugung gelangt, daß das Halsaufplustern auch ein Zeichen von Zufriedenheit oder Befriedigung sein kann und nicht nur von Aggression.

Nach der Gefiederpflege kommt eine Zeit des Faulenzens, obwohl das nicht immer zutrifft, und darauf folgt gewöhnlich eine Mahlzeit. Wenn die Vögel faulenzen, liegen sie oft auf der Seite, das obere Bein und der Fuß behaglich zwischen die Flankenfedern gesteckt, oder sie strecken sich genüßlich.[35] Diese Stellung scheinen sie gemütlich zu finden, denn sie nehmen sie auch oft ein, wenn sie vor der Haustür auf ihr Futter warten.

Ebenso wie die meisten Menschen füttern wir Schwäne gern. Gleich zu Anfang entdeckten wir, daß sie gelben Mais schätzten, besonders wenn wir sie an ihrem geliebten Futterplatz links von den Stufen damit fütterten. Es ist ihre Lieblingszusatznahrung und wird an Beliebtheit nur noch von Brotstückchen übertroffen. Mais hat außerdem den Vorteil, daß er ihnen «trocken» gefüttert werden kann, auf dem trockenen Land, und daß sie ihn leicht aufpicken können. Schon frühzeitig merkte ich allerdings, daß ein Vogel, vor den man einen kleinen Haufen schüttet, nur ein oder zwei Körner auf einmal nimmt, zuerst mit unerhörtem Eifer, dann in verlangsamtem Tempo, und oft läßt er etwas übrig.

Im Laufe der Jahre haben wir verschiedene Ernährungsmethoden ausprobiert, darunter die Zugabe von Fischfutter zum Mais. Damit füttern wir oft unser Geflügel; es besteht aus getrockneten Fischabfällen, Garnelen, Krabben und Schalen von Meerestieren, die erstaunlicherweise auch gefressen werden. Die Schwäne schätzen es so, daß wir es jetzt regelmäßig auf ihre Speisekarte setzen. Aber ihr Appetit ist nicht unersättlich; nach unserer Erfahrung sind anderthalb Scheiben Brot und etwa 200 Gramm Mais und Fischfutter (entsprechend einem Tassenkopf) etwa das, was sie auf dem trockenen Land zu sich nehmen.

Doch bereitet es ihnen die größten Schwierigkeiten, kleinere Körner aufzupicken, und in einem der beiden Fälle, als wir versuchten, sie mit einer Mischung von Weizen, Gerste und Hafer zu füttern, wie wir sie den Enten und Gänsen geben, konnten sie nur verzehren, was oben auf dem Haufen lag. Alles, was auf dem Boden lag, blieb liegen, zur großen Freude der Enten. Natürlich braucht der Schwan eine ganze Menge Wasser, wenn er frißt, um das Aufpikken und Schlucken der Nahrung zu erleichtern. Wir haben oft bemerkt, daß er beim Fressen auf trockenem Land die Bewegungen des Trinkens ausführt. Das

Wasserbedürfnis mag der Grund sein, warum die Schwäne nur eine beschränkte Menge Nahrung in trockenem Zustand aufnehmen können. Die Vögel sind zu wild, um aus irgendeinem Gefäß zu trinken, das vor sie hingestellt wird, weil sie natürlich in freier Wildbahn nicht aus Gefäßen trinken.

Bei einem Besuch im Winter im Wildfowl Trust in Slimbridge in Gloucestershire sah ich, daß es am vorteilhaftesten ist, Schwäne mit kleinen Körnern im Wasser zu füttern. In Slimbridge werden die Körner in die seichten Stellen am Ufer geschüttet. Diese Methode erschien mir so überaus geeignet, daß ich beschloß sie einzuführen, wenn ich im Frühjahr nach Deutschland zurückkehrte. Was für die berühmten Zwergschwäne in Slimbridge gut war, mußte bestimmt für meinen Hans und meine Leda gut sein. Hans und Leda waren noch nicht zurück, und ich mußte warten, bis sie im Februar zurückkehrten. Das Wasser war noch vereist, so mußte ich meine Axt nehmen und das Eis an den seichten Stellen aufschlagen. Danach fütterte ich sie zweimal täglich auf diese Weise. Da die Schwäne so zahm waren, konnte ich sie aus nächster Nähe beobachten. Ich brauchte nur in hockender Stellung das Futter etwa fünfzehn Zentimeter vor ihnen ins Wasser zu streuen, alles übrige taten sie.

Wenn Schwäne auf dem trockenen Land Futter aufpicken, hört man, wie die Körner an der Innenseite des Schnabels entlangrollen, ehe sie geschluckt werden, und sieht sie dann in Form eines Klumpens nach unten rutschen. Bei dem ins Wasser gestreuten Futter war es ganz anders. Kaum hatte ich mit Streuen angefangen, bemerkte ich, daß die leichten verschrumpelten Körner nicht nach unten sanken, sondern von beiden Vögeln sofort an der Wasseroberfläche aufgesaugt wurden. Es schien, als hätten sie Staubsauger in den Schnäbeln, denn die schwimmenden Körner wurden nicht verschlungen und gefressen, sondern buchstäblich aufgesaugt. Nachdem diese schwimmenden Körner vertilgt waren, machten sich die Vögel an die Körner unter der Wasseroberfläche. Sie hielten ihre Köpfe verhältnismäßig ruhig und saugten schwallweise die Körner an, wobei sich der Unterschnabel sehr rasch und sehr wenig öffnete und schloß. Währenddessen wurden das unerwünschte Wasser und die Luft an den Seiten des Schnabels und durch die Nasenlöcher ausgestoßen. Fast ununterbrochen stiegen Luftblasen auf, während sie die Körner aufsaugten, die wie ein fast vollkommenes Dreieck in den Schnabel strömten. Ab und zu hörten die Vögel allerdings mit Saugen auf, um zu trinken und zu schlucken. Mit der Zeit sah man an der Seite des Halses eine Säule von Körnern, die dort offenbar «gespeichert» wurden. Dann wurde ein ordentlicher Schluck Wasser getrunken, der Hals nach oben gestreckt, und die Körner verschwanden.

Die Tatsache, daß die Schwäne, wenn die Gewässer zugefroren waren, fast ausschließlich auf dieses Getreidefutter angewiesen waren, brachte mich auf den Gedanken, ob womöglich die Gefahr bestehe, daß die Schwäne in dieser Zeit zu wenig zu fressen bekommen. Als das Eis dann geschmolzen war, beschloß ich eine Reihe von Versuchen anzustellen, um herauszufinden, wieviel Futter ein Schwan eigentlich jeweils zu sich nehmen kann und will. Das war nicht nur von praktischem Interesse, sondern auch eine Frage der Neugier. Mein Experiment zerfiel in zwei Teile. Erstens, Trockenfütterung auf dem Land am Haus, zweitens Naßfütterung an seichten Stellen im Wasser. Nachdem die Schwäne eine Trockenfütterung von einem Tassenkopf Mais und einer Scheibe Brot bekommen hatten, lockte ich sie zum Wasser, etwa sechzig Meter weit. Wenn wir angekommen waren, trieb ich sie ins Wasser, wo sie auf mich warteten. Ich nahm acht Kanister, die je eineinviertel Pfund Körnermischung enthielten, und stellte sie am Ufer des Futterplatzes auf, dann rief ich die Schwäne. Sobald sie an Ort und Stelle waren, begann ich die Körner ins Wasser zu streuen, jeweils eineinviertel Pfund auf einmal.

Die Menge, die sie fraßen, war recht enttäuschend: beide zusammen nur zweieinhalb Pfund. Mehr wollten sie nicht, aber ich streute noch ein Pfund vor sie ins Wasser. Davon fraßen sie ein wenig, hörten dann aber ganz auf zu fressen. Von den beiden fraß die Schwänin kontinuierlicher, aber das war weitgehend darauf zurückzuführen, daß die Lockenten, Stockenten und Cayugas auf der Bildfläche erschienen waren und der Schwanenmann ab und zu das Fressen unterbrach, um sie wegzujagen.

Als die Schwäne nichts mehr wollten, trieben sie vom Ufer fort. Ihre Flügel waren nicht völlig gewölbt, sondern nur aufgebläht und von den Flanken abgehalten, und der obere Teil ihrer Hälse war aufgeplustert. Jeder von ihnen hatte insgesamt ein Viertelpfund Mais, eine Scheibe Brot und eineinviertel Pfund Körnermischfutter zu sich genommen; damit hatten sie, wie ich glaubte, den Sättigungsgrad erreicht. Als sie zur Mitte der Schloßgräfte kamen, glätteten sie die Hälse, behielten aber die halbgewölbte Flügelstellung bei und trödelten auf dem Wasser herum. Ich streute noch eine Handvoll Mais über die Körnermischung, und die Vögel kamen gemächlich angeschwommen. Auch jetzt wollten sie nicht fressen, sondern begnügten sich damit, das übriggebliebene Futter zu inspizieren. Da beide keine Neigung erkennen ließen, den Futterplatz oder die restlichen Körner zu verlassen, nahm ich meine Kanister und begab mich nach Hause. Es war 18 Uhr 30.

Jedesmal, wenn ich aus dem Fenster unserer kleinen Eßecke schaute, bemerkte ich, daß sich die Schwäne noch in der Nähe des Futterplatzes aufhielten. Als ich um 20 Uhr 45 wieder dort hinging, war noch viel Futter da, aber es war deutlich davon gefressen worden: Körnerspuren zogen sich vom Ufer her etwa dreißig Zentimeter nach draußen. Bei der nächsten Kontrolle um 22 Uhr 45 begannen die Schwäne gerade ihren normalen nächtlichen Zyklus; zu dieser Zeit war die Hälfte des übriggebliebenen Futters vertilgt. Eine Nachprüfung um Mitternacht ergab, daß die Schwäne zurückgekommen waren und die Körner aufgefressen hatten. Alles in allem hatten die beiden zusammen 3¾ Pfund verzehrt.

Es zeigte sich, daß der Schwan (im Gegensatz zur Hausente, die ein Körnerfresser mit einem relativ großen Kropf ist) nicht alles verschlingen kann, was ihm vorgesetzt wird. Als Pflanzenfresser frißt er wenig, aber oft, mehr oder weniger die ganze Zeit, und das ist zum Teil der Grund, warum die Schwäne auf der Suche nach Futter immer pünktlich erscheinen. Wenn ihnen auf Verlangen Futter gegeben wird, fressen sie je nach ihrem Appetit ein viertel bis ein halbes Pfund Mais auf einmal, auch Brot, wenn es zufällig auf der Speisekarte steht. Überdies erscheinen sie zu dieser Art Fütterung so pünktlich, daß man fast die Uhr danach stellen kann. Wir haben diese Versuche über eine Reihe von Jahren hin und wieder durchgeführt; ihr Wert bestand darin, daß sie uns zu erkennen erleichterten, wieviel Futter wir den Schwänen geben sollten und wieviel sie in bestimmten Zeiträumen brauchen. Wir lernten, daß es nicht genügt, den Schwänen etwa ein- oder zweimal am Tag eine handfeste Mahlzeit zu servieren, sondern daß ständiges Füttern ganz in Ordnung ist.

Rückblickend betrachtet, war der dritte Winter nach dem Kommen der Schwäne seltsam und einsam. Wir hatten die Flugfedern des Elternpaars wachsen lassen, und sie waren mit ihren Jungen fortgeflogen; zum erstenmal hatten wir es gewagt, sie fortzulassen. Wir fragten uns oft, ob sie je zurückkommen würden. Doch gab es vieles, was Hansens und Ledas Abwesenheit wettmachte, und es war in dieser Zeit, daß mein Interesse an Wasservögeln aller Art sich voll entfalten konnte. Allerdings bezweifle ich, ob ich zum Beispiel je etwas über die Flüge der Enten am frühen Morgen erfahren hätte, wäre nicht eine besonders lautstarke Gruppe Schweine verladen worden.

Der Viehhändler kommt zu unchristlicher Zeit, um seine gekauften Schweine abzuholen, nämlich um 5 Uhr 45. Eines Morgens wurde ich durch einen unerhörten Wirrwarr von Geschrei und Gequieke geweckt. Ich stand auf, sah aus dem Fenster und erblickte zehn kräftige Ferkel, die in allen Richtungen auseinanderstoben. Überall schienen Ferkel zu sein, und alle waren darauf aus, Herrn Balz und seine Frau, den alten Stefan und den Viehhändler so schön zum Narren zu halten, wie man es sich nur ausmalen kann. Ein Ferkel war mitten auf unserem Hof, eins unten am Ufer der Schloßgräfte, wieder eins an den Rhododendren, und zwei taten ihr möglichstes, um die Rosenbüsche meiner Frau zu schänden.

Als der Spaß vorbei war, ging ich ins Badezimmer, um einen Schluck Wasser zu trinken. Ich war hellwach, was normalerweise um diese Tageszeit nicht der Fall ist, deshalb öffnete ich das Fenster und schaute hinaus, um mich zu überzeugen, ob wirklich alles ruhig sei, und um gleichzeitig die Welt zu dieser frühen Morgenstunde zu genießen. Ich wurde belohnt durch den Anblick von zwei Stockenten und einer Lockente, die am Himmel dahinflogen. Ihnen folgte noch eine Gruppe, dann eine zweite und eine dritte. Alle umkreisten ein paarmal die Schloßgräfte, ehe sie wieder auf dem Wasser niedergingen.

Diese Flugweise schien mir mehr als ein Zufall zu sein, deshalb stellte ich in den nächsten sechs Wochen jeden dritten Tag um 5 Uhr 30 den Wecker und bezog an einem geeigneten Fenster Stellung. Meine Frau murmelte undeutlich, daß sie einen Verrückten geheiratet habe, der vor nichts zurückschrecke; bald lernte ich, den Wecker abzustellen, ehe er sie aufweckte. Aber das Ergebnis dieses verrückten Verhaltens war, daß ich mich davon überzeugte, daß die halbzahmen Stockenten, Cayugas und weißen Lockenten rituelle Morgenflüge durchführten, offenbar allein zu dem Zweck, ein dringendes Flugbedürfnis zu befriedigen. Schnell fliegende Enten zu beobachten, war mir immer ein Genuß, und das entschädigte mich für das frühe Aufstehen. Um ganz ehrlich zu sein, hinterher pflegte ich wieder ins Bett zu gehen.

Ich hatte täglich Kontakt mit diesen Vögeln, die frei leben im Gegensatz zu den Hausenten, die nachts in den Stall kommen, und zu den reinen Zierenten, die im Gehege sind. So kam es ganz von selbst, daß ich merkte, wie sie die Nacht verbrachten, wo sie sich tagsüber aufhielten, und wie sie ihre Tage einteilten. Ich fand es insbesondere interessant, daß diese halbwilden Wasservögel entdeckten, zu welchen Zeiten das Hausgeflügel gefüttert wurde. Das deutete darauf hin, daß sie irgendeine «eingebaute Uhr» hatten, denn gewöhnlich warteten sie schon lange vor den zahmen Spezies am Futterplatz.

Gewiß könnten auch dieselben Richtlinien für die Schwäne gelten, überlegte ich mir. Sie kamen regelmäßig und zu bestimmten Zeiten, um gefüttert zu werden oder uns Gesellschaft zu leisten. Doch wenn ihre Kontrolluhr durch menschliche Intervention beeinflußt war, was würde dann geschehen, wenn das menschliche Element ausgeschaltet wäre und die Schwäne sich selbst überlassen blieben? Würden sie sich selbst einen Tagesplan aufstellen oder bloß herumschwimmen, auf planlose Weise von einem Ort zu anderen auf der Suche nach Futter ziehen? Je mehr ich mir diese Fragen stellte und sie nach meinen Erinnerungen zu beantworten versuchte, mit um so größerer Ungeduld erwartete ich die Rückkehr der Schwäne. Ich suchte den Himmel ab, horchte nach dem vertrauten Geräusch der Flügel, blickte, nach den weißen Gestalten Ausschau haltend, über die Teiche.

Als Hans und Leda in jenem Jahr Ende Februar zurückkamen, wurden sie wie üblich willkommen geheißen. Wenn dieses Experiment ernstlich durchgeführt werden sollte, mußte persönlicher Kontakt ausgeschlossen oder zumindest stark eingeschränkt werden. Ich beschloß daher, sie nur noch zweimal am Tag zum Füttern herbeizurufen: um 11 Uhr und nach dem Mittagessen. Es fiel mir schwer, diesen Entschluß zu fassen, doch wollte ich die Vögel weitgehend sich selbst überlassen. Tatsächlich ließen dann die Schwäne ein Widerstreben erkennen, «wild» zu werden. Aber weil ich sie nicht so oft fütterte und nicht mehr versuchte, jeden Tag regelmäßig Kontakt mit ihnen aufzunehmen, begriffen sie es schließlich und wurden ein wenig «wild». Sie begannen sich vom Haus fernzuhalten und kamen nur noch zu den festen Fütterungszeiten. Ich hatte ein schuldbeladenes Gewissen; ich hatte das Gefühl, daß ich meine Freunde im Stich ließ, weil ich sie nicht so fütterte, wie sie es gewohnt waren, und daß ich gegen die Regeln der Gastfreundschaft verstieß. Ich würde es wiedergutmachen müssen, dachte ich, sobald ich herausgefunden hatte, was ich wissen wollte.

Weil ich nie früh zu Bett gehe, beschloß ich, meine Beobachtungen um Mitternacht zu beginnen und den Aufenthaltsort der Schwäne alle Stunde bis etwa 10 Uhr vormittags zu überprüfen. Das war nicht ganz so mühevoll, wie es klingt, denn die meisten Beobachtungen (mit Ausnahme der Kontrollen um Mitternacht und um 4 Uhr morgens) konnte ich in aller Behaglichkeit von verschiedenen Fenstern des Hauses aus vornehmen, teils mit, teils ohne Fernstecher. Da ich nicht die Absicht hatte, mehr als eine Nacht aufzubleiben – was ich einmal tat, um ein vollständiges Bild von ihren Gepflogenheiten zu erhalten –, führte ich ein System von Stichprobenerhebungen zu bestimmten Nachtstunden ein. Ich verteilte diese Stichprobenerhebungen auf mehrere Wochen und glaubte so, das Schlafversäumnis und etwaige häusliche Störungen auf ein Minimum zu begrenzen. Tatsächlich kennt mich meine Frau nur zu gut. Sie tat es mit einem Schulterzucken ab, wenn ich zu ungewöhnlichen Stunden aufstand, und schrieb es meiner Verschrobenheit zu.

Ich stellte fest, daß die Schwäne unter normalen Verhältnissen die Nacht am Westende des Kapellenteichs, und zwar in der Nähe des Südufers, begannen (vgl. Karte auf dem Vorsatzpapier). Dort ist eine schwimmende Schilfinsel, die bei Schwänen und Enten gleichermaßen beliebt ist und unter der die großen Karpfen gern liegen. Das Futter dort muß gut sein, denn es sind immer viele Vögel dort, vor allem die wilden Stockenten, die zu Besuch zu uns kommen. Die Schwäne kamen gewöhnlich in den späten Abendstunden zu dieser Stelle und blieben bis kurz nach Mitternacht dort in der Nähe. Dann begannen sie ihre nächtliche Wanderung und zogen langsam am Südufer entlang, bis es nach Osten und Norden abbiegt. Sie fraßen am Rand des Schilfs, schwammen zur Mitte des Teichs, auch ans Nordufer, und mit Vorliebe zum Südostufer.

Es ist hier nachts niemals völlig dunkel. In manchen Nächten ist die Sicht durch Bewölkung stark eingeschränkt, aber völlige Dunkelheit gibt es kaum in unserer weitflächigen Landschaft. Das machte meine Beobachtungen relativ einfach. Ich entdeckte auch, daß Hans und Leda einen großen Teil ihrer Zeit entweder mit Fressen am Ufer oder mitten auf der Wasserfläche, auf der sie sich gerade befanden, verbrachten, so daß ich sie leicht ausfindig machen konnte. Ich habe nie gesehen, daß sie nachts an Land gingen.

Um 2 Uhr oder halb drei ruhten sie sich aus und fraßen an den seichten Stellen in der Nähe des Damms, der zur Zugbrücke führt. Das ist der Damm, von dem aus Erwachsene und Kinder aus der nahegelegenen Stadt die Schwäne und Enten zu füttern pflegen.

Ich entdeckte, daß die Schwäne, wenn ich des Nachts von diesem Damm aus mit ihnen sprach, mehr oder weniger sofort herbeikamen und ziellos herumschwammen, weil sie Futter erwarteten. Sonst schienen die nächtlichen Verhältnisse sie nicht sehr zu beeinflussen. Wenn sie den bekannten Lockruf hörten oder ich ihre Namen rief, kamen sie ebenso bereitwillig wie bei Tage. Selbst wenn ich dreißig oder vierzig Meter entfernt war, begannen sie mir entgegenzukommen, doch waren sie im allgemeinen etwas unsicher, bis sie mich an der Stimme erkannten. Was sie gar nicht mochten, war der helle Strahl einer starken Taschenlampe. Der beunruhigte sie, und sie versuchten, sich aus dem Lichtkegel in die Dunkelheit zu flüchten.[36] Wenn ich den Strahl auf sie gerichtet hielt und sie dann rief, kamen sie langsam und unsicher näher und schwammen ruckweise und ungleichmäßig; schaltete ich die Lampe aus, dann schwammen sie sofort normal in Richtung auf den Ruf. Im Gegensatz zu schlafenden Enten, die durch einen solchen Lichtstrahl verwirrt und ängstlich werden und sogar wegfliegen, wenn der Strahl sie erfaßt, sind die Schwäne dadurch nicht mehr beunruhigt als unsereiner, wenn er durch die Scheinwerfer eines Autos geblendet wird. Wenn sich ihre Augen auf das Dämmerlicht der Nacht eingestellt haben, können sie sie vielleicht nicht wieder so rasch dem hellen Schein einer Taschenlampe anpassen.

Irgendwann zwischen 3 und 4 Uhr morgens schwammen die Schwäne unter der Zugbrücke hindurch in die eigentliche Schloßgräfte. Obwohl sie jetzt gegenüber ihrem normalen Faulenzer- und Gefiederpflegeplatz waren, kamen sie nie an Land. Sie hielten sich dort ein oder zwei Stunden auf und schwammen zwischen dem Ufer und der kleinen Insel hin und her, die der Wendepunkt der Schloßgräfte nach Osten ist.

Dann begannen sie ihren Weg um die Schloßgräfte nach Norden.[37] Zwischen 5 und 7 Uhr morgens machten sie sich an den seichten Stellen des Ostufers zu schaffen, direkt gegenüber vom Haus. Sie blieben mehr oder weniger an dieser einen Stelle, weil es dort reichlich Futter gibt, und diese Stelle ist auch ein Lieblingsplatz der Gänse. Aus dem Entwässerungssystem der großen Wiese fließt hier überschüssiges Wasser in die Schloßgräfte, und ein wenig weiter ist ein Graben, in dem, wenn die Zeit dafür gekommen ist, die Frösche gern laichen.

Die Schwäne «beachteten die Spielregeln» während des Tages nur in einem gewissen Ausmaß. Obwohl sie «wilder» geworden waren, war es nicht möglich, sie völlig von ihren gewohnten Reaktionen abzubringen, wenn sie mich sahen oder meine Stimme hörten. Infolgedessen wurde das Experiment tagsüber gewissermaßen eine Farce. Jedenfalls hielten die Schwäne an Tagesgepflogenheiten fest, zu denen das menschliche Element gehörte. Sie warteten am Damm, bis ich kam, um sie zur Morgenfütterung zu rufen. Wenn ich sie zufällig nicht rief oder mich aus irgendeinem Grunde verspätete, schwammen sie herüber, stellten sich an der Tür des Hinterhauses auf und warteten geduldig, bis ich kam.

Wenn ich sie auf dem Damm rief, kamen sie sehr munter herbei, die Schwänin immer dem Schwanenmann voraus. Diese Fütterung war gewöhnlich eine der «Naßfütterungen», so daß sie gar nicht herauskamen, sondern im flachen Wasser stehenblieben. Nachher kehrten sie gewöhnlich zu ihrem Faulenzerplatz auf dem Damm zurück, um sich lange und genüßlich der Gefiederpflege hinzugeben, die etwa bis Mittag dauerte. Dann entschwanden sie dem Blick, nachdem sie den zweiten Damm überquert hatten, der den Fischteich vom Bach trennt.

Nun begaben sie sich bachabwärts zum Mühlenteich, bereit für die «Kaffeemahlzeit» nach dem Mittagessen. Bei schönem Wetter trinken meine Frau und ich gern in der Sonne Kaffee. Natürlich tun wir das nicht im Winter und Frühling, aber die Kaffeezeit ist den Schwänen heilig, und sie kommen immer um diese Stunde. Trotz ihrer vorübergehenden «Wildheit» blieben sie da, um uns

Gesellschaft zu leisten, und verfolgten mit ihren lebhaften kleinen Augen jede unserer Bewegungen.

Wenn wir wieder hineingingen, blieben die Schwäne entweder noch eine Weile da oder kehrten zu ihrem Faulenzerplatz vor der Zugbrücke zurück. Dort blieben sie den Nachmittag über in Rufweite, bis die Enten und Gänse nach Hause kamen, um in ihren Ställen am Hinterhof schlafen zu gehen. Dann kommen alle an: Schwäne, Gänse, halbwilde Enten, Hausenten, die ganze Bande. Die Schwäne warten geduldig, bis alle anderen eingesperrt sind. Für sie ist nun der Tag mit seinem menschlichen Umgang beendet. Ruhig machen sie sich wieder zum Wasser auf, schwimmen gemächlich und dabei fressend über den östlichen Teil der Schloßgräfte zurück zum Kapellenteich, nachdem sie sich eine Weile an der kleinen Insel oder in der Nähe der Zugbrücke aufgehalten haben. Um acht Uhr waren sie verschwunden. Ein Aufenthalt auf dem Mühlenteich, und um Mitternacht trafen wir uns noch einmal. Der Kreis ihrer Wanderung hatte sich geschlossen.

Ich hörte mit allen Experimenten auf, sobald sich Leda aufs Nest setzte, um ihre Eier zu legen. Ich wollte, daß die Dinge wieder normal würden, damit das Leben mit den Schwänen wieder seinen gleichmäßigen Rhythmus erhielt. Ich hatte meine Neugier bis zu einem gewissen Grad befriedigt und zweierlei zu meiner völligen Zufriedenheit bewiesen. Die nächtlichen Überprüfungen, zweifellos der erfolgreichste Teil des Experiments, überzeugten mich davon, daß die Schwäne ihren nächtlichen Wanderungszyklus «planten». Sie fraßen und schliefen und bummelten die ganze Nacht durch, etwa so, wie sie es auch tagsüber tun, nur daß sie nicht an Land kamen und sich nicht putzten. Zweitens entdeckte ich, daß die Schwäne trotz meiner Versuche, das Füttern einzuschränken und damit die menschliche Einmischung zu vermindern, Gewohnheitstiere waren; sie stellten sich an den gewohnten Orten und zu den gewohnten Zeiten ein, ob ich sie gerufen hatte oder nicht. In beiden Fällen, sowohl nachts als auch am Tage, war ihr Wanderungszyklus zeitlich und richtungsmäßig festgelegt. Sie begannen ihre Wanderung um den Teich und die Schloßgräfte im Süden, zogen dann weiter nach Norden und im Laufe des Tages wieder zurück zum Süden, wobei sie an bestimmten Stellen und zu bestimmten Zeiten Pausen einlegten, um sich auszuruhen, sich zu putzen und zu fressen. Zu guter Letzt wurden die Schwäne sehr rasch wieder ganz zahm, nachdem ich beschlossen hatte, wieder häufig Kontakte herzustellen. Als Leda in jenem Jahr ihre neue Brut an die Treppenstufen brachte, wußte ich, daß alles wieder «normal» war.

Was meine Schwanstudien ein wenig von denen anderer unterscheidet, ist, daß ich mich auf ein einzelnes Paar konzentrierte – was ich bereits erwähnt habe. Deswegen habe ich mich oft gefragt, ob sich wohl alle Schwäne ebenso verhalten. Ich hatte kaum Zeit, um andere Schwäne zu suchen und zu beobachten und einen Vergleich zu ziehen, und ich wollte die Literatur nicht allzu gründlich studieren, weil ich meine eigenen Beobachtungen anstellte und später herausfinden wollte, ob ich richtig beobachtet hatte oder zu ungefähr denselben Schlußfolgerungen gelangt war wie andere Leute. Ob es klug war oder nicht, jedenfalls wollte ich mich nicht zu sehr auf das von anderen erlangte Wissen stützen.

Indes verspürte ich im Grunde meines Herzens wohl doch den Wunsch, aus erster Hand einen Vergleich zu ziehen. Gelegenheit dazu bekam ich nach dem Tod von Leda I., der «alten» Leda, wie ich sie nennen will. Kaum war Hans mit neuen Gefährtinnen zurückgekommen, da fand ich in einer Beziehung eine ideale Situation. Ich hatte eine weit bessere Vergleichsgrundlage, als ich sie bei einem anderen, an irgendeinem Fluß oder See beobachteten Paar gehabt hätte. Ich hatte *genau* dasselbe Gelände, ich konnte jederzeit *genau* die gleichen Bedingungen wiederherstellen, die ich haben wollte, und außerdem war einer der Partner – und noch dazu der dominierende – *genau* derselbe, der er immer gewesen war. Theoretisch müßte also die Lebensweise der Schwäne *genau* dieselbe sein wie immer; das glaubte ich jedenfalls.

Da alle Bedingungen gleich oder zumindest reproduzierbar waren, konnte ich vermutlich mit Fug und Recht annehmen, daß Hans die gewohnte Lebensweise wiederaufnehmen und die neue Leda ihm folgen würde. Aber ich hatte mich verrechnet. Ich hatte die Individualität nicht einkalkuliert. Bald lernte ich, daß Partnerschaft in einer Schwanenehe absolut ist, womit ich meine, daß die Partner offenbar gleichberechtigt sind, wenn es darum geht, Entscheidungen zu treffen.

Ich sollte entdecken, daß eine breite Kluft besteht zwischen voraussehbarem und eingeführtem Verhalten; das heißt zwischen Schwänen bei der Gefiederpflege oder in Triumph- oder Drohhaltung und Verhaltensfolgen und -mustern wie den Wanderungen auf dem Gelände oder der Wahl von Nistplätzen. Kurz, die tägliche Lebensweise. Die Lebensweise von Hans und der neuen Leda unterschied sich von der Lebensweise von Hans und der alten Leda durch den wichtigsten Faktor im Leben eines brütenden Schwans: den endgültigen Nistplatz und das endgültige, vom Elternpaar benötigte Territorium.

Ich habe herausgefunden, daß Größe und Grenzen des Schwanenterritoriums offenbar eng verknüpft sind mit der wahrscheinlichen Lage des endgültigen Nestes, womit ich das Nest meine, das schließlich benutzt wird. Der tägliche Wanderungszyklus hängt von der Lage des Nestes ab, soweit ich feststellen konnte, und zwar auch dann, wenn das Nest nicht benutzt wird. Infolgedessen gilt die bereits beschriebene Untersuchung mit der «Ein Tag im Leben eines Schwans» betitelten Karte nur für das aus Hans und der alten Leda bestehende Paar.

Die jetzige Leda lehnte alle ihr angebotenen Nester ab und entschied sich in ihrem ersten Jahr hier, 1970, für ein Nest auf der kleinen Insel mitten im Karpfenteich (vgl. Karte) zwischen dem Fischteich und dem hintersten Karpfenteich, der auf der Karte nicht mehr zu sehen ist. Durch diese schlichte Tatsache veränderte sie das gesamte Territorium und den gesamten Ablauf der gewohnten Wanderungen ihres Gefährten wie auch ihrer eigenen vor und nach dem Nisten und währenddessen. Außer wenn er gerufen wurde, verschwand Hans praktisch von der Bildfläche und wurde uns fast entfremdet und wild.

Weil die Schwäne Ende 1970 so lange bei uns blieben, hatte sich die Schwänin schließlich an uns gewöhnt und ging uns nicht mehr aus dem Weg. Das Territorium änderte sich wieder, denn nachdem ihr der Schwanenmann eine ganze Reihe neuer Nester gebaut hatte, entschied sie sich schließlich für eins auf dem Deich zwischen dem Fischteich und der Schloßgräfte, und sie ließ sich gar nicht stören, wenn Menschen in ihre Nähe kamen. Wieder einmal änderte sich der Ablauf der gewohnten Wanderungen, wobei der Schwan und auch die Schwänin bereitwillig zum Futterplatz an der Tür auf dem Hof kamen. Inzwischen hatte die Schwänin gelernt, offenbar aus dem ihr von Hans gegebenen Beispiel, daß sie weder die Menschen noch die Hunde hier zu fürchten brauchte.

Ich glaube, die große Lehre, die ich zog, war, daß die Vögel höchst individuell und fähig sind, sich gegenseitig zu beeinflussen. Zuerst glaubte ich das nicht, aber jetzt spricht alles dafür, daß dem so ist. Überaus interessant war, wie sich Ledas ganzer Charakter änderte, nachdem sie von ihrem Gefährten gelernt hatte. Gewiß hatten mich sowohl Erfahrungen aus erster Hand als auch Kenntnisse aus zweiter Hand schon viel früher gelehrt, daß es möglich sei, wilde Tiere zahm zu machen, indem man ihnen ein zahmes Tier zugesellt – eine Methode, die ich oft bei Fasanen angewandt habe und die die Burmesen bei Elefanten anwenden. Aber ich hatte nicht gewußt, daß auch in Freiheit lebende Tiere auf dieselbe Weise zahm gemacht werden können.

Beiläufig habe ich Scheidungen unter Schwänen erwähnt, und auch das haben wir miterlebt. Nach dem Verschwinden der alten Leda kam Hans mit einer jungen Schwänin zurück, die sich offenbar zwar paaren, aber nicht brüten konnte. Als sie keins der Nester akzeptierte, die er für sie gebaut hatte, beschloß er, sich ihrer zu entledigen. Dadurch erhielt ich Gelegenheit, eine in die Tat umgesetzte Scheidung zu beobachten.

Die ganze Geschichte ging deutlich schrittweise vor sich. Zuerst war Hans sehr sauer und in den letzten Phasen der unglücklichen Beziehung dann recht grausam. Im Mai 1969 begann er sie zu verfolgen und ließ sie keinen Augenblick in Frieden. Er pflegte in prächtiger Drohhaltung auf sie loszugehen, als ob sie ein fremder Schwan sei, der in sein Territorium eindringe. Obwohl er sie nie so angriff, wie er es bei einem fremden Schwan getan hätte, biß er sie doch und trieb sie ins Schilf. Zuletzt flüchtete sie sich dann unter den überhängenden Zweig eines halbversunkenen Baums in der Nähe des Einfahrtsdamms zwischen Schloßgräfte und Kapellenteich. Dort lebte sie von der Mildtätigkeit der Städter, die herkamen, um die Enten zu füttern, aber Hans wußte es, und er kam heran und verjagte die Schwänin mit der offenkundigen Absicht, sie auszuhungern.

Uns tat die sanfte kleine Schwänin leid, die so zahm war, daß wir uns oft fragten, ob sie womöglich eine unserer eigenen Schwäne aus einer Brut früherer Jahre sei, aber wir konnten das nicht nachprüfen, denn wir hatten die Vögel nie beringt. Ich zweifle nicht, daß sie noch bei uns wäre, wenn Hans ein Jahr gewartet hätte, aber leider war sie zu sanftmütig für ihren schneidigen und aggressiven alten Ehemann.

Nachwort

Es war mir eine große Freude, daß ich aufgefordert wurde, ein Begleitwort zu diesem Buch zu schreiben. Ich erinnere mich, daß wir dem ersten Besuch des Marquis MacSwiney mit einiger Besorgnis entgegensahen. Sein Name, seine Adresse, sein Beruf, all das paßte ganz und gar nicht zu der Vorstellung von jemandem, der ernsthaft Schwäne studiert. Der erste Eindruck – ein gutaussehender, eleganter Mann in einem roten Sportwagen mit Fließheck – war in dieser Hinsicht auch nicht gerade verheißungsvoll. Doch rasch wurde uns klar, daß er sehr viel über Schwäne wußte und entschlossen war, noch viel mehr zu lernen.

Er war zum Tee gekommen, aber mein Mann und ich freuten uns, als er (um zwei Uhr morgens) einsah, daß es besser wäre, noch zum Frühstück zu bleiben. Bei seinen wohldurchdachten, oft lustigen Geschichten aus seinem und dem Leben seiner Schwäne waren uns die Stunden nur so verflogen. Eine lange Korrespondenz begann, und wir waren fast so froh wie er, als Hans jedes Jahr zurückkam, wenn auch unlängst mit einer neuen Frau.

Es ist für uns alle eine Bereicherung, daß er sich entschlossen hat, zur Feder zu greifen, statt einfach das Glück zu genießen, in einem schönen, von einem Wassergraben umgebenen Schloß zu leben, dem ein prächtiges Schwanenpaar zur Zierde gereicht. Wie er bei einem ihn vollauf beschäftigenden, abwechslungsreichen und mit vielen Reisen verbundenen Beruf die Zeit zum Schreiben gefunden hat, ist ziemlich rätselhaft. Der keltische Sinn für Romantik nimmt für sich ein, führt aber nicht oft zu nüchterner Beobachtung. Doch wie gut hat dieser ungewöhnliche Mann, der vor seiner Schwanen-Offenbarung nicht einmal Amateur-Ornithologe war, die Vögel beobachtet, und wie richtig sind seine Schlußfolgerungen über ihr Verhalten. Er begeht nicht den Fehler, seine Gefühle für sie mit ihren Gefühlen für ihn zu verwechseln. Indes sind es hauptsächlich die Schönheit der Vögel und die Freude, die sie der Familie des Autors bereiten, die in diesem Buch zum Ausdruck kommen.

Und so sollte es auch sein, denn wir schützen wilde Tiere nicht allein um ihres wissenschaftlichen Wertes willen, sondern gewiß auch deshalb, damit kommende Generationen sich an ihnen so erfreuen können, wie wir es getan haben.

Janet Kear
Slimbridge, November 1970

Anmerkungen

1 Ministry of Agriculture, Fisheries and Food, 1960

2 Ulick O'Connor, 1964

3 Es ist anzunehmen, daß früher in diesem Gebäude Bier für die Gutsarbeiter gebraut wurde, obwohl heute keine Einrichtungen mehr da sind, die darauf hindeuten. Das große Gebäude diente als Bäckerei – der Ofen ist noch vorhanden, wurde bis 1959 benutzt und könnte jederzeit wieder in Betrieb genommen werden –, ferner als Unterkunft für Tagelöhner, Kornspeicher usw. Heute ist es hauptsächlich Getreidespeicher mit einer Mahlanlage und Trocknungseinrichtungen, während ein Raum im ersten Stock für den alten Stefan reserviert ist, der dort gern im Sommer haust. Schweinekoben, Ställe für Enten und Gänse und ein Schlachthaus nehmen das ganze Erdgeschoß ein.

4 Unter Berufung auf Heinroth bezeichnet Johnsgard (1965, S. 27) die Lauterzeugungen als «einfach und ziemlich schwach»; zu ihnen gehören ein lautes «Schnarchen» und ein leiseres «Chirr». Nach unserer Erfahrung ist das von diesem leisen Chirr begleitete Kinnheben die höchste Form der freundlichen Begrüßung und wird recht häufig angewandt. Die Schwäne pflegten diesen Laut von sich zu geben und das Kinn zu heben, wenn wir sie im Stall besuchten, und diese Begrüßung sowie das leise Zischen wurden uns auch oft bei der ersten Begegnung des Tages zuteil. Fast immer heben sie das Kinn und geben Laut, wenn sie gerufen worden sind und dann auf den Rufenden zuschwimmen. Es gibt noch eine andere Bewegung, eine Abwandlung des Kinnhebens, die allerdings seltener vorkommt; dabei wird der Kopf hoch- und zurückgeworfen und von einer Seite zur anderen geschüttelt. Das ist der Kopfschüttel- und Kopfwerfbewegung der Kanadagänse, mit der sie reagieren, wenn sie aus einiger Entfernung gerufen worden sind und mit ihren lauten, schreienden Stimmen darauf antworten, auffällig ähnlich, aber es ist nicht annähernd so hingebungsvoll und nachdrücklich.

5 Jean Delacour (1954, S. 67)

6 In der Hauptsache nimmt der Höckerschwan Pflanzennahrung zu sich und verzehrt im wesentlichen Wasserpflanzen, ganz gelegentlich auch kleine wirbellose Tiere, Frösche und Fische. Delacour (1954, S. 66) bestätigt die von Witherby u. a. (1939, S. 177) erwähnten Beobachtungen, wonach Höckerschwäne «kleine Frösche und Kröten, Kaulquappen,

Würmer, Süßwasser-Mollusken, gelegentlich kleine Fische (Alburnus) sowie Insekten und ihre Larven» fressen. Wir haben festgestellt, daß Hans und Leda Stücke von ziemlich großen Fischen (Karpfen, Hecht und Barsch) – schätzungsweise im Gewicht von ¼ bis 1 Pfund – fraßen, die im dicken Eis eingeschlossen waren und beim Tauen an die Oberfläche kamen. Die ausgebleichten und schon in Verwesung übergegangenen Kadaver wurden von den Vögeln nur teilweise gefressen; sie packten ein Stück mit dem Schnabel, schüttelten so lange die Köpfe, bis sich das gepackte Stück vom Kadaver löste, und verzehrten es dann. Es läßt sich nicht abschätzen, wieviel Fleisch dieser Art die Schwäne fraßen oder wie viele Kadaver auftauchten, weil eine so große Zahl im Wasser trieb. In jenem Jahr waren ein paar Hundert Fische im Eis erstickt. Es wurde auch beobachtet, daß die Schwäne die langen Blätter der Wasseriris fressen, die sie dicht an der Knolle abbrechen. Oft werden die Blätter von Weiden, die über das Wasser hängen, abgestreift, während an den Gefiederpflegeplätzen und vor dem Haus häufig Gras verzehrt wird. Das den Schwänen zusätzlich gegebene Futter ist im Text erwähnt.

7 Jean Delacour (1954, S. 65)

8 Das Fußtrocknen, das für den Höckerschwan wie auch für den Trauerschwan charakteristisch ist, scheint eine Notwendigkeit zu sein, denn die Vögel tun es oft. Sie schwimmen dann mit einem Bein und halten das andere aus dem Wasser heraus; der Fuß wird dabei in der Nähe des Schwanzes gespreizt, damit die Schwimmhaut trocknet. Um den Fuß während des Schwimmens zu trocknen, legt sich der Vogel ganz beträchtlich auf die dem zu trocknenden Fuß entgegengesetzte Flanke, so daß sie und der zusammengefaltete Flügel unter Wasser sind. Dadurch kann der falsche Eindruck entstehen, daß das Bein und der Fuß auf dem Rücken liegen, während das Bein in Wirklichkeit über der Flanke nach hinten und zur Seite ausgestreckt ist. Die Schwäne betreiben das Fußtrocknen auch an Land und stecken den getrockneten Fuß dann vorn unter die Federn. Dieses Fußtrocknen ist auch bei ausgewachsenen Trompetenschwänen beobachtet worden (Banko, 1963, S. 121), aber im Gegensatz zu Höcker- und Trauerschwänen nur selten (Delacour, 1954, S. 66).

9 Die Vögel sind Menschen gegenüber aufgeschlossen und werden sehr bereitwillig zahm. In der Brutzeit sind sie weniger umgänglich und werden Menschen gegenüber manchmal aggressiv, häufiger aber anderen Wasservögeln gegenüber, wenn auch nicht unbedingt die ganze Zeit. Es wurde beobachtet, daß es aggressive Tage gibt und aggressive Zeiten, die bei uns gewöhnlich zwischen 10 und 12 Uhr und 15 und 18 Uhr liegen. Manchmal verteilen sich solche aggressiven Perioden über den ganzen Tag, seltsamerweise mit einer Unterbrechung zwischen 13 und 14 Uhr, als ob die Schwäne dann «zum Mittagessen» gingen. Allerdings mag dieses Verhalten eine Eigentümlichkeit gerade dieses Schwanenmanns sein, und es braucht nicht unbedingt ein Zusammenhang zwischen Aggression und Tageszeit zu bestehen.

10 Es gibt beim Zischen zwei verschiedene Klangfarben. Einmal ist es hart und tonlos und kommt über die angehobene Zunge hinten aus dem Schnabel. Die zweite Art Zischen ist weicher und eher ein sanftes Ausstoßen von Luft. Das harte Zischen ist gewöhnlich begleitet von Aggressionsgebaren, wobei die Halsfedern aufgeplustert und die Flügel leicht gewölbt sind und das Ganze eine Warnung anzudeuten scheint, daß man sich besser fernhalten solle. Indes habe ich nie gesehen, daß auf diese Haltung eine Tat folgte, die einwandfrei eine Angriffsabsicht erkennen läßt, sondern vielmehr ein Zurückweichen und Ducken des Kop-

fes, die eher ein Zeichen von Angst und Unsicherheit denn von Wut sind. Das zweite, sanftere Zischen klingt mehr nach Unterhaltung und recht freundlich und ist meist begleitet von einem sehr kurzen Aufplustern der Halsfedern und einem leichten Anheben der Ellbogen, das etwa eine Sekunde anhält.

11 Bei jungen Höckerschwänen gibt es zwei Färbungsphasen, grau und weiß, die schon beim Ausschlüpfen erkennbar sind. Die weiße Phase ist seltener als die graue, doch tritt sie häufiger auf, je weiter man in Europa nach Osten kommt. Ausgewachsene Tiere der weißen Phase sind kenntlich an ihren fleischigen grauen Beinen und Füßen, während die Beine der grauen Phase schwarz sind. Dieselben Färbungsphasen sind bei Trompetenschwänen in Yellowstone Park festgestellt worden, wo im Laufe von vier Jahren, von 1937 bis 1940, 13 Prozent der jungen Schwäne zur weißen Phase gehörten. Außerhalb von Yellowstone Park hat man das Vorkommen dieser Phase in freier Wildbahn 1956 in Icehouse Reservoir, Idaho, beobachtet. Nach Hilprecht (1956, S. 107 f) ist die weiße Phase der Höckerschwäne nur bei Vögeln bekannt, die in Gefangenschaft leben, anscheinend eine Folge von Inzucht. Das ist möglicherweise ein Irrtum. Die weiße Phase kommt auch bei wildlebenden Schwänen vor, zum Beispiel bei den Schwänen von Rhode Island (Munro, Smith und Kupa, 1968, S. 504 f) und den wildlebenden Schwänen, die Gegenstand dieses Buches sind. In der Zusammenfassung ihrer erwähnten Studie wiesen Munro u. a. darauf hin, daß die weiße und graue Phase, die die untersuchte Rhode Island-Population spaltete, auf ein einziges, geschlechtgekoppeltes Gen zurückzuführen ist. Das Grau war dominant gegenüber Weiß, und die Gen-Häufigkeit des rezessiven Allels (weiß) wurde auf 0,293 geschätzt. Delacour (1954, S. 65) stellt fest, daß manchmal gemischte Bruten vorkommen. Im Fall von Hans und Leda waren gemischte Bruten die Regel.

12 Ich bin ziemlich sicher, daß die sechs Schwäne, die angeflogen kamen, Zugvögel waren, und hätten wir sie nicht durch reichliche Futtergaben zum Bleiben verlockt, wären sie aus eigenem Antrieb niemals bei uns geblieben. Es ist mehr als wahrscheinlich, daß sie sich irgendeiner überwinternden Kolonie anschließen wollten, vermutlich an der Lippe, und daß sich die alten Vögel dort ihrer Jungen entledigt hätten. Tatsächlich wurde ihr ganzes Leben dadurch verändert, daß sie eingefangen, in einem Stall untergebracht und ihre Flügel gestutzt wurden, und daß sie dann einen ganzen Winter zusammenblieben. Als sie wieder hinausgelassen wurden, lernten sie Verhältnisse kennen und hatten sie kennengelernt, die ihren natürlichen Lebensrhythmus störten. Erstens: das erzwungene Zusammenbleiben der Familie unter unnatürlichen Umständen im Stall war der ganze Grund, warum das Elternpaar die vorjährige Brut nicht zur rechten Zeit vertrieben hatte. Zweitens: weil die vorjährige Brut flugunfähig war und es auch immer sein würde, mußte sie, nachdem sie ins Freie gelassen worden war, in dem zukünftigen Brutrevier bleiben; für das Elternpaar eine unerträgliche Lage. Drittens: auch die Flugfedern der Eltern waren gestutzt, so daß sie vorübergehend und gerade in der Zeit flugunfähig waren, in der sie normalerweise zu ihrem alten Brutrevier zurückgekehrt wären, wo immer es gewesen sein mag. Nun aber mußten sie das Gebiet, auf dem sie sich befanden, als neues Brutrevier akzeptieren, was sie gewiß nicht getan hätten, wenn sie hätten wegfliegen können. Es blieb ihnen nichts anderes übrig, als sich das neue Territorium zu eigen zu machen oder gar nicht zu brüten. Es war eben diese Kette von Umständen, die die Eltern zwang, sich so zu verhalten, wie es taten. Sie mußten sich der vorjährigen Brut entledigen, und zwar so rasch wie möglich und mit allen Mitteln, selbst wenn das bedeutete, die Jungen zu töten, was sie auf etwas zaghafte Weise versuchten. Als sie freigelassen wurden, begann für die alten Vögel sofort die Fortpflanzungsperiode,

und just zu dieser Zeit hatten wir ihren ganzen natürlichen Lebensablauf durcheinandergebracht. Erst am Ende jener Fortpflanzungsperiode konnten sie mit der Wiederherstellung ihrer Flugfähigkeit wieder normales Verhalten zeigen. Inzwischen hatten sie sich mit dem neuen Territorium abgefunden und es akzeptiert. Das alte war vergessen.

13 Hans hat niemals viel getötet. Seine Methode bestand darin, seine Feinde durch kühnes und schwungvolles Dahinstürmen über das Wasser zu verscheuchen. Eine Reihe von Wasservögeln hat er allerdings umgebracht, und infolgedessen wurden ihm alle unerklärten Todesfälle auf den Gewässern in die Schuhe geschoben. Die ersten jungen Schwäne, die er mitgebracht hatte, wollte er töten. Er pflegte sich halb in die Luft zu erheben, den Gegenstand seines Angriffs am Hals direkt hinter dem Kopf zu packen und dabei zu versuchen, auf den Rücken des Opfers zu gelangen und den Kopf des anderen Schwans unter Wasser zu drükken, um ihn zu ertränken. Der britische Swan Keeper F. J. Turk bestätigte (brieflich, 1967) diese Angriffsmethode und fügte hinzu, daß der stärkere Schwanenmann «den Flügel benutzt, um den Gegner in den Schwitzkasten zu nehmen», wenn er auf seinem Rücken ist. Ich habe das nie gesehen, denn Hans vermochte niemals auf den Rücken eines seiner Kinder zu gelangen. Indes habe ich gesehen, daß Hans von einem sehr starken Kanadaganter auf diese Weise angegriffen wurde, der ihn mit einem schraubstockartigen Griff am Rücken packte und hinaufzuklettern versuchte. Ogilvie schrieb (1965 f., S. 72), daß «eine kleine Zahl von Vögeln im Kampf gegen andere Schwäne getötet oder schwer verletzt wird, gewöhnlich bei territorialen Auseinandersetzungen», und er fügte hinzu, daß ein Schwanenmann körperlich imstande ist, einen anderen Schwan umzubringen, daß es jedoch kaum dazu kommt, es sei denn, der angegriffene Schwan kann nicht mehr fliehen.

14 Es ist ständig von Aggression und Angriff die Rede. Die Formen des defensiven oder offensiven Angriffs lassen sich in vier Rubriken einteilen. Erstens: Angriff aus der Luft, niedrig über dem Wasser fliegend oder nur teilweise fliegend, wobei der Schnabel in Verbindung mit der Schwungkraft des Schwans benutzt wird, um einen tödlichen Schlag gegen den Nacken oder das Rückgrat zu führen; in Kapitel «Ein Krankenhausbesuch und eine neue Familie» beschrieben. Zweitens: Angriff auf dem Wasser oder teilweise über dem Wasser mit Schnabel und Flügeln. Hierbei ist der Schnabel die Hauptangriffswaffe und wird durch die Flügel unterstützt. Ein ausgezeichnetes Beispiel für diese Angriffsmethode gibt Banko (1963, S. 105 f.): ein Trompetenschwan, der eine Bisamratte angreift. Drittens: Angriffe zu Lande mit dem Schnabel; falls es mißlingt, werden mit den Flügeln Schläge ausgeteilt. Diese Form ist defensiv, der Angreifer wird mit dem Schnabel abgewehrt, und wenn das nicht ausreicht, werden die Flügel zu Hilfe genommen. Vgl. Kapitel «Hans und Leda». Viertens: Ertränkungsversuch wie in Anmerkung 13 beschrieben.

15 Die Schwäne waren zu weit entfernt, um genau beobachten zu können, ob der Schwanenmann die Schwänin tatsächlich *fütterte*, aber jedenfalls stand sie vom Nest auf und fraß gemeinsam mit ihm die Blätter, die er zum Nest gebracht hatte. Ob er die Blätter eigens für die Schwänin gebracht hatte oder für sich selbst, wissen wir nicht. Als ich zehn Minuten später hinkam, war im Nest und in seiner Umgebung keine Spur von frischen Blättern zu sehen. Ich bin daher überzeugt, daß die Blätter nicht als zusätzliche Baustoffe zum Nest gebracht worden waren; denn dann wären sie deutlich zu sehen gewesen, weil die Nester bei uns immer aus Zweigen und Reisig bestehen.

16 Der Zeitpunkt der alljährlichen Rückkehr der Schwäne hängt von den allgemeinen Wetterbedingungen ab, die im ersten Viertel eines neuen Jahres herrschen. Gewöhnlich kehren sie um so später zurück, je strenger die Witterung ist. Im Widerspruch dazu steht die Tatsache, daß sie auch schon zurückgekehrt sind, wenn noch Eis auf dem Wasser war; deshalb ist es nicht von der Hand zu weisen, daß ihr Zug eher durch irgendwelche lokalen Umstände beeinflußt wird, entweder Nahrungsknappheit oder schlechtes Wetter am Winteraufenthaltsort, und weniger durch die «Aussicht» auf bessere Verhältnisse bei uns.

17 Eine Filmaufnahme des Schwanenmanns beim Landen ist, obwohl der Film kurz und unbefriedigend ist, dennoch erwähnenswert, weil sie Einzelheiten der Schlußphase der Landung zeigt, obwohl es sich dabei um einen Einzelfall handeln mag. Nur viele Aufnahmen ähnlicher Art würden zeigen, ob das, was folgt, die Regel oder eine Ausnahme ist. Bei normaler Ablaufgeschwindigkeit läßt der Film erkennen, daß der Vogel nach dem Flug die Flügel in die normale Stellung bringt, kurz nachdem das Schlittern beginnt. Läßt man den Film mit der geringstmöglichen Geschwindigkeit ablaufen, sieht der Vorgang ganz anders aus. Der Vogel legt nämlich die beiden ausgebreiteten Flügel seitlich auf die Wasseroberfläche und scheint sie als letzte Bremse oder Stabilisierungsflosse einzusetzen, welches von beiden, ist schwer zu sagen; erst dann hebt er die Flügel und bringt sie in die normale Stellung.

18 Perrins und Reynolds (1965 f., S. 80) erinnern an die Feststellung von Heinroth, daß ungefähr 25 Prozent des Gewichts der jungen Höckerschwäne beim Ausschlüpfen auf den Dottersack entfallen. Er bleibt in ihrer Leibeshöhle, und Heinroth erwähnt, daß die jungen Schwäne sich mehrere Tage lang davon ernähren können. Perrins und Reynolds erwähnen auch eine von Dr. Kear beobachtete Brut, die aus irgendeinem Grunde nicht dazu gebracht werden konnte zu fressen und die sich 10–11 Tage am Leben erhielt. In einer Studie über Schwäne in Oxfordshire (1965) berechnete Reynolds die Sterblichkeitsziffer in jeder Lebenswoche. Sie war bei weitem am höchsten in der zweiten Lebenswoche. Es ist beachtenswert, daß wir bei den großen Bruten, die wir hatten, nur drei junge Schwäne verloren, solange die Jungen bei uns waren, und diese Verluste sind auf Unfälle zurückzuführen.

19 Es scheint mehr als nur flüchtige Beachtung zu verdienen, daß «zurückgewiesene Nester», die der Schwanenmann der Schwänin «angeboten» hatte, immer nur teilweise fertig waren und relativ rasch aufgegeben oder, wenn man will, niemals akzeptiert wurden. Meine Theorie, daß diese Nester mit der «Absicht» begonnen wurden, die Schwänin zum Nisten anzuregen, fußt darauf, daß dieser Vorgang Jahr für Jahr gleichbleibend stattgefunden hat, ehe der endgültige Nistplatz festgelegt und dann dort gebaut wurde. Diese Form des Nestbaues und der Ablehnung gab es nicht nur bei der ursprünglichen Leda, sondern auch bei späteren Schwäninnen desselben Namens und war besonders deutlich bei der zweiten Leda, die sich als unfruchtbar erwies. Soviel ich weiß, wurde nur einmal ein vorgeschlagenes Nest von der Schwänin als endgültiger Nistplatz akzeptiert, ein Platz, der vorher von ihr abgelehnt worden war, obwohl ihn der Schwanenmann jedes Jahr «angeboten» hatte. In diesem Nest hatte sie dann ihr Rekord-Gelege und ihre Rekord-Brut, ein hundertprozentiger Erfolg. Spätere Schwierigkeiten, die damit zusammenhingen, daß die Jungen die steilen und schlüpfrigen Ufer des Inselchens schlecht hinauf- und hinunterkonnten, weisen auf ihren überlegenen Instinkt bei der Auswahl des Nests und der Nestorganisation hin. Obwohl es logisch und sogar auf der Hand liegend erscheinen könnte, wenn sie gleich zu Anfang auf den endgültigen Nistplatz zurückgekommen wären, wurde er immer in Reserve gehalten, bis das endgültige Nest gebaut wurde, das der Schwanenmann zuerst so weit fertigstellte, wie die ande-

ren Nester waren, wenn sie angeboten und abgelehnt wurden. Indes wurde das vorgeschlagene Nest an dem endgültigen Platz niemals abgelehnt, und die Schwänin begann sofort, dem Schwanenmann bei der Fertigstellung zu helfen. Was den Augenblick bestimmte, an dem sich der Schwanenmann diesem Platz zuwandte, um das endgültige Nest zu bauen, ließ sich nicht feststellen. Bei der zweiten Schwänin hielt Hans das normale Verfahren ein, reparierte das Nest auf dem Inselchen, baute vier «anregende» Nester in einer Reihe, alle etwa zehn Meter auseinander, und besserte schließlich das alte «endgültige» Nest aus. Die Schwänin erwies sich als unfruchtbar. Die dritte Leda akzeptierte das dritte angebotene Nest, das auf dem Inselchen im Karpfenteich halbfertig erbaut war und dazu führte, daß für die Fortpflanzungsperiode 1970 ein völlig anderes Territorium begründet wurde.

20 Form und Größe des Nests werden von dem Vorhandensein der Baustoffe bestimmt. Die Abbotsbury-Schwäne, die auch Höckerschwäne sind, bilden zum Brüten Kolonien und bauen ein Nest, das einen kleineren Umfang hat und in der Mitte tiefer ist als das unserer Schwäne. Da unser Schwanenpaar unter Bäumen und teilweise umgeben von Büschen nistet, sind immer reichlich Baustoffe für das Nest vorhanden. Die Nester bestehen größtenteils aus Zweigen, Ranken, dicken Gräsern, Baumrindenstückchen und Nesselstengeln, die alle für den weichen Teil des Nests verwendet werden. Die Außenseite wird verstärkt mit großen, dicken Ästen oder Treibholz, das in der unmittelbaren Nachbarschaft gefunden oder von dem Schwanenmann zum Nistplatz gebracht wird. Diese Teile werden so übereinandergelegt, daß sie sich in etwa verzahnen, und damit ist das Nest fertig. Die nachgemessenen Nester hatten gewöhnlich einen Durchmesser von etwa 160 Zentimetern, waren in der Mitte, wo die Eier abgelegt werden, 20 cm tief und außen etwa 30 cm hoch. Nester, die aufgeschnitten wurden, nachdem die Brut sie nicht mehr brauchte, hatten in der Mitte noch eine Tiefe von 15 cm bis zum Boden, da sich die Baustoffe zusammengedrückt hatten und teilweise eine Art weicher Kompost geworden waren.

21 Unsere Schwäne waren ein höchst erfolgreiches Zuchtpaar. Die Gelege vergrößerten sich nach den beiden ersten Jahren von sieben auf acht, und das größte umfaßte elf Eier. In ihrer Studie über die Vögel in der Gegend von Oxford geben Perrins und Reynolds (1965 f, S. 80) die durchschnittliche Gelegegröße mit sechs an; sie stimmen Eltringham (1963) und Campbell (1960) zu, die Zahlen von 6 bzw. 5 nennen. In Tabelle 11 desselben Werks erwähnen sie Gelegegrößen, die bei einzelnen Tieren zwischen 1 und 11 schwanken, wobei die größten Gelege – in einem Zeitraum von drei Jahren – mit 9, 10 und 11 Eiern alle von derselben Schwänin stammten, die dann 5, 8 und 8 Junge aufzog. Unsere Schwänin legte im Verlauf von sechs Fortpflanzungsperioden 48 Eier; 5 waren befruchtet, doch schlüpften keine Jungen aus, 4 gingen durch menschliche Plünderung verloren; die zerbrochenen Eier und die Dunenjungen wurden in der Nähe des Bachs gefunden, denn die Eier waren ein oder zwei Tage vor dem Ausschlüpfen geraubt worden. Die restlichen 39 Jungen zog die Schwänin erfolgreich auf, mit Ausnahme eines vier Wochen alten Schwänleins, das am zweiten Gefiederpflegeplatz blutüberströmt und tot aufgefunden wurde. Ihre großen Gelege und ihre erfolgreiche Aufzucht waren vermutlich auf ihre idealen Nistplätze zurückzuführen, die über Fluthöhe lagen, auf die reichlich vorhandene Nahrung und das Fehlen von Raubtieren.

22 Das Tragen auf dem Rücken bei den in der gemäßigten Zone brütenden Schwänen, die alle ihre Jungen beim Schwimmen auf dem Rücken tragen können, ist teilweise ein Ersatz für das Brüten, das bei den nördlichen, meist in der Arktis brütenden Spezies, *C. cygnus* (ein-

schließlich *buccinator*) und *C. columbianus* (einschließlich *bewickii*) ausnahmslos zu Lande stattfindet (Johnsgard und Kear [1968, S. 94]). Auf dem Rücken getragen werden die Jungen in den beiden ersten Lebenswochen, aber es gibt Abweichungen. F. J. Turk (brieflich) hat Themseschwäne beobachtet, die ihre Jungen noch auf dem Rücken trugen, als sie schon sechs Wochen alt waren. Die Zahl, die getragen werden kann, schwankt nach Turk zwischen 3 und 4 und beträgt nach meinen eigenen Beobachtungen bis zu 5. Beide Eltern können sich am Tragen beteiligen, obwohl ich es nicht gesehen habe.

23 Das Fußwärmen scheint ebenso wesentlich zu sein wie das Fußtrocknen (vgl. Anm. 8) und findet häufig gleich im Anschluß daran statt, d. h. der Schwan steckt den getrockneten Fuß in das Flankengefieder. Die Körperhaltung auf dem Wasser ist dieselbe wie beim Fußtrocknen. Wenn sich der Schwan auf dem Land ausruht, legt er sich leicht auf die Seite und zieht den Fuß in das Gefieder der oberen Flanke. Die im Text erwähnte Fotografie eines fliegenden Trompetenschwans, der während des Flugs seine Füße wärmt, ist in Bankos Buch über diese Spezies zu finden (Banko, 1963, S. 74).

24 Johnsgard und Kear (1968, S. 97 f, Fig. 8)

25 Alle Federn des Flügels sind für das Fliegen wichtig. Um indes die Erklärung für den Nichtfachmann einfacher zu machen, habe ich mich bei meinen Bemerkungen auf die Flugfedern beschränkt und die Oberflügeldecken, ihre Klassifizierung und Anordnung nicht erwähnt. Den Ausdruck «Schwungfedern der 3. Reihe» habe ich beibehalten im Interesse derjenigen, die vielleicht ältere Lehrbücher zu Rate ziehen, und habe sie als eine Verlängerung der Armschwingen oder Schwungfedern der 2. Reihe bezeichnet und nicht als modifizierte Armschwingen. Wer mehr über die Anordnung der Flügelfedern erfahren möchte, möge in Lehrbüchern nachschlagen.

26 Obwohl auf diesem Bild Trompeten- und nicht Höckerschwäne dargestellt sind, wurde es nicht nur wegen seiner Schönheit ausgewählt, sondern auch, weil es den Text am besten erklärt. Es wurde von Winston E. Banko im Red Rocks Lakes National Wildlife Refuge, Montana, aufgenommen.

27 «Fotografien lassen erkennen, daß die Flügel eines Vogels in der Luft eine eigentümliche Bahn beschreiben, die fast einer vollständigen Acht entspricht, da die Flügel am tiefsten Punkt des Abschlags nach *vorn* gleiten ... Das Nach-vorn-Gleiten am Ende des Abschlags wird verursacht durch die ‹propellernden› Spitzen, die die Flügel nach vorn und vor den Körper ziehen. Während die Flügel gehoben werden, bewegen sie sich daher ein wenig rückwärts und auch aufwärts, um in die obere Stellung zu kommen» (Gibbs-Smith [1970]). Wenn der Fahrtwind auf die hintere Federfahne drückt, verwinden sich – beim Abschlag des Flügels – die ausgefransten Handschwingen und werden kleine Propeller, die Vortrieb und auch ein gewisses Maß von Auftrieb erzeugen.

28 Baroness Beck (1965).

29 Die Verwendung einer «Dressurpeitsche» als Verlängerung der Hand, um junge Hunde auf die Leine abzurichten, ist nicht durch Baroness Becks Buch oder ihre Methode angeregt worden und wird daher in ihrem Text auch nicht erwähnt. Ihr System haben wir angewandt und tun es auch noch, um die Hunde für die Jagd abzurichten. Die Methode der Dressurpeit-

sche haben wir selbst ersonnen und fanden sie besonders nützlich, um uns mit dem jungen Hund wortlos und nur mit einem leichten Druck zu verständigen, wenn wir ihn auf belebten Bürgersteigen an der Leine hatten und ihn an Straßenverkehr gewöhnen wollten. In solchen Situationen wird die Dressurpeitsche eine Verlängerung der Hand und macht es überflüssig, an der Leine zerren oder laute Befehle geben zu müssen.

30 Banko zitiert (1964, S. 98) drei andere Wissenschaftler im Zusammenhang mit dem Thema *ménage à trois* und berichtet von einer eigenen Beobachtung dreier ausgewachsener Trompetenschwäne mit einer Brut von drei Jungen; Low (1935, S. 147) erwähnt zwei Fälle bei Höckerschwänen und einen bei Trompetenschwänen in Woburn Abbey; Dewar (1936, S. 178) zitiert sechs Fälle aus der Literatur und hat persönlich einen siebenten beobachtet, und Ellis (1936, S. 232) einen oder möglicherweise zwei bei Höckerschwänen in englischen Parks. Alle diese Vögel lebten in Gefangenschaft. Der Ausdruck *ménage à trois* wurde von Dr. Dewar gebraucht und seine Bedeutung folgendermaßen definiert: «Als Bezeichnung wird der Begriff *ménage à trois* seinem Synonym Bigamie vorgezogen, weil er bedeutet, daß ein gemeinsamer Haushalt gegründet wird, was bei Bigamie nicht unbedingt der Fall ist.»

31 In seiner sich über sieben Jahre erstreckenden Studie über die Paarung und das Brüten von Höckerschwänen behandelt Minton (1968, S. 41) das Thema ausführlich, und seine Feststellungen veranlassen uns zu glauben, daß der Schwan im großen und ganzen zu Recht in dem Ruf ehelicher Treue steht. Unter anderem stellt Minton fest, daß «85 Prozent der Brutpaare Jahr für Jahr denselben Ehegefährten behielten, wenn er noch am Leben war». Nichtbrütende Paare waren weniger beständig in ihrer Bindung. Die Scheidungen beliefen sich auf 3 Prozent bei brütenden Vögeln und 9 Prozent bei nichtbrütenden. Unser Hans trennte sich von seiner dritten Gefährtin, die er nach dem mutmaßlichen Tod der ursprünglichen Schwänin in das Brutrevier gebracht hatte. Nachdem diese Leda im Laufe des April keins der Nester, die er halbfertig gebaut und ihr angeboten hatte, akzeptierte und infolgedessen auch keine Eier legte, machte er sich still und leise davon und überließ ihr das Territorium. Sie blieb bis Ende November – allein bis auf die Gesellschaft der Kanadagänse, mit denen sie Umgang pflegte, bis sie dann endgültig fortflog. Hans erschien im nächsten Jahr mit einer neuen Schwänin.

32 Minton gibt (1968, S. 49) «in Gegenstände fliegen» als Haupttodesursache bei Höckerschwänen an und erwähnt, daß der Mensch «eine ständig wachsende Zahl von Hindernissen, zum Beispiel Hochspannungsleitungen (die so häufig durch Flußtäler geführt werden) den Schwänen in den Weg legt». Ogilvie stellt (1965 f., S. 70) eine Tabelle von Todesursachen zusammen, bei der das Hineinfliegen in Leitungen der Grund für die weitaus größte Zahl von Todesfällen ist: 464 Todesfälle von Schwänen aller Altersgruppen bei einer Gesamtzahl von 1051 Todesfällen, die in dieser Studie untersucht wurden. Er schreibt, daß «offensichtlich die Höckerschwäne, wenn sie älter werden, auch nicht lernen, Leitungen auszuweichen ... Die Zahl derer, die sich an Freileitungen und anderen Hindernissen zu Tode fliegen, nimmt mit zunehmendem Alter nicht ab.» Da verschiedene Reihen hoher Maste mit vielen Leitungen über unser Land führen und von Nordwesten nach Südosten verlaufen und sich andere, niedrigere Leitungssysteme im benachbarten Industriegebiet innerhalb des Flugbereichs unserer Schwäne befinden, ist es nicht ausgeschlossen, daß die ursprüngliche Schwänin auf diese Weise den Tod fand.

33 Jean Delacour (1954, S. 67)

34 Johnsgard (1965, S. 25)

35 Höckerschwäne recken sich oft und mit großem Vergnügen. Dann und wann während der Gefiederpflege recken und strecken sie ausgiebig Flügel, Beine und Hals. Häufig wird gleichzeitig ein Flügel und ein Bein nach unten und außen gestreckt. Die Vögel recken sich auch im Liegen. Dann strecken sie Hals und Beine gleichzeitig und liegen dabei auf dem Bauch; beide Beine werden nach hinten zum Schwanz gestreckt und der Hals, allerdings leicht gekrümmt, parallel zum Boden nach vorn. Sehr gern reckt sich der Schwan auch, wenn er auf der Seite liegt und einen Fuß, wie in Anmerkung 23 beschrieben, im Gefieder der Flanke wärmt. Dann wird plötzlich ein Bein, ein Fuß ausgestreckt und rasch von einem sich streckenden Flügel bedeckt. Auf dieses Sich-Recken folgt meist ein ausgiebiges Schwanzwackeln. Oft wird die Gefiederpflege damit abgeschlossen, daß der Vogel ganz aufrecht steht, den Schnabel gen Himmel reckt, die Federn schüttelt und heftig mit den Flügeln schlägt.

36 Wasservögel haben es nicht gern, wenn sie von dem hellen Strahl einer Taschenlampe erfaßt werden, und die meisten Enten sind dadurch sehr beunruhigt; die wilden Stockenten ergreifen sogar die Flucht, wenn sie angestrahlt werden. Anders ist es, wenn eine Wasserfläche beleuchtet wird. Die Bewicks-Schwäne in Slimbridge scheinen durch die Illumination des «Schwanensees» nicht beunruhigt zu sein, aber natürlich ist dort die ganze Wasserfläche beleuchtet, und darin liegt eben der Unterschied.

37 Zweierlei ergibt sich aus dieser Studie. Erstens, alle Bewegungen schienen eng mit der Zeit verknüpft zu sein. Wenn man die Schwäne zu einer bestimmten *Zeit* finden wollte, brauchte man nur zu einer bestimmten *Stelle* zu gehen. Nur sehr selten ergaben sich dabei Schwierigkeiten. Selbst ihr Zusammensein mit Menschen – wenn sie während des Tages nicht gerufen wurden, wie es während des Experiments geschah – war zeitgebunden und durch Gewohnheit bestimmt. Zweitens ergab sich, daß die Wanderungen in der Beständigkeit ihrer Richtung gewohnheitsmäßig waren. Die 24-Stunden-Wanderung begann im Südwesten, dann Süden, Osten, Norden, Osten und wieder Norden, und dann Norden, Westen, Süden, Westen auf Südwest, wenn es hell geworden war. Der Fall, daß die nächtliche Wanderung in umgekehrter Richtung vor sich ging, d. h. im Norden begann, sich nach Westen fortsetzte usw., trat nie ein. Der Grund, warum die Schwäne immer diese Richtung einschlugen, ist wahrscheinlich eher in Lärm und Störungen zu sehen als in der Nahrungssuche. Immerhin verläuft die Landstraße südwestlich und östlich des Kapellenteichs, und die anschließende Schloßgräfte ist auf der Ostseite von Wiesen umgeben, während die Fischteiche und die Nordseite der Schloßgräfte von Verkehrsgeräuschen völlig frei sind. Nach Mitternacht ist die Straße relativ ruhig, nur gelegentlich fährt ein Wagen vorbei, und die Mehrzahl der wilden Stockenten kommt dann, um die Nacht in der Gesellschaft der halbwilden Enten zu verbringen, die immer da sind und deren Territorium es ist. Es ist denkbar, daß Lärm bei der Entstehung der Gewohnheit eine Rolle spielte. Wenn das zutrifft, könnte allerdings die Wahl des Nistplatzes auf dem Damm zwischen Kapellen- und Mühlenteich merkwürdig erscheinen, denn dieser Platz ist nur etwa dreißig Meter von der Straße entfernt; doch darf nicht vergessen werden, daß er topographisch in bezug auf freie Sicht nach allen Seiten einer der besten verfügbaren Plätze ist.

Bibliographie

G. C. Aymar: *Bird Flight*, Garden City, N. Y. 1938

Winston E. Banko: *The Trumpeter Swan.* North American Fauna, Nr. 63, April 1963.

Baroness Elizabeth Beck: *Train Your Own Labrador.* London 1965.

Jean Delacour: *The Waterfowl of the World.* Bd. 1. London 1954.

Ders: *Ducks and Geese.* Ministry of Agriculture, Fisheries and Food, Bulletin Nr. 70, 1967.

C. H. Gibbs-Smith: *Aviation.* London Science Museum 1967.

Alfred Hilprecht: *Höckerschwan, Singschwan, Zwergschwan.* Wittenberg 1956.

Paul A. Johnsgard: *A Handbook of Waterfowl Behavior.* Ithaca, N. Y. 1965.

Paul A. Johnsgard und Janet Kear: *A Review of Parental Carrying of Young by Waterfowl.* The Living Bird, Vol. VII, Oktober 1968.

C. D. T. Minton: *Pairing and Breeding of Mute Swans.* Wildfowl Nr. 19, 1968.

R. E. Munro; L. T. Smith; J. J. Kupa: *The Genetic Basis of Colour Difference Observed in the Mute Swan (Cygnus Olor).* Auk Vol. 85, July 1968.

Ulick O'Connor: *The Times I've Seen, Oliver St. John Gogarty.* New York 1963.

M. A. Ogilvie: *Population Changes and Mortality of the Mute Swan in Britain.* Wildfowl, 18th Annual Report. 1965 f.

C. M. Perrins und C. M. Reynolds: *A Preliminary Study of the Mute Swan.* Wildfowl, 18th Annual Report. 1965 f.

Harry Forbes Witherly; Francis Charles Robert Jourdain; N. E. Ticehurst; B. W. Tucker: *The Handbook of British Birds.* London 1939.

Danksagungen

Dem amerikanischen Innenministerium, Bureau of Sport Fisheries and Wildlife Service, habe ich für die Erlaubnis zur Wiedergabe von Winston E. Bankos Fotografie von zwei fliegenden Trompeterschwänen zu danken; David B. Marshall, Regional-Biologe desselben Ministeriums in Oregon, für seine Unterstützung auf vielen Gebieten; Dr. Janet Kear vom Wildfowl Trust, Slimbridge, Glos., für ihre ständige Unterweisung in vielen Punkten und ihre nie erlahmende Geduld; Mr. F. J. Turk, H. M. Swan Keeper, für Auskünfte über die Höckerschwäne auf der Themse; Dr. P. J. K. Burton, National History Museum, South Kensington, für die Rekonstruktion der Flügelknochen, nach denen die Zeichnung auf S. 104 angefertigt wurde; Charles Harvard Gibbs-Smith vom Victoria and Albert Museum für seine Anteilnahme und Unterstützung von Anfang an und dafür, daß er das Manuskript gründlich durchgesehen hat; Antony Burton-Brown von Reader's Digest, ohne dessen Anleitung, Sachkenntnis und Hilfe das Buch in seiner jetzigen Form nicht hätte entstehen können; meiner Tochter, die lange und oft unbehagliche Stunden damit verbrachte, die Aufnahmen zu machen, die ich haben wollte, und schließlich den Schwänen Hans und Leda, die viel Freude in mein Leben gebracht haben.

Das Vorsatzpapier wurde nach der Originalvorlage für die deutsche Ausgabe umgezeichnet von Gisela Krahl. Die Abbildungen auf Tafel 1, Tafel 2 oben und Tafel 16 wurden aufgenommen von Dr. Jürgen Gebhardt, Reinbek.

Inhalt

Die Schwäne kehren zurück 7
Wir bekommen Enten 10
«Geh nicht so nah an die Schwäne heran!» 18
Sechs kamen geflogen 28
Der Mann mit den Schwänen 41
Die Wächter 58
Ein Krankenhausbesuch und eine neue Familie 72
Hans und Leda 87
Fliegen lernen 97
Katja und die Schwäne 109
Ikarus, Romeo und Julia 123
Das Leben geht weiter 140
1970 und 1971 146
Was ich gelernt habe 154
Nachwort 176
Anmerkungen 177
Bibliographie 186
Danksagungen 187